[MIRROR]

理想国译丛

010

想象另一种可能

理
想
国
imaginist

理想国译丛序

"如果没有翻译，"批评家乔治·斯坦纳（George Steiner）曾写道，"我们无异于住在彼此沉默、言语不通的省份。"而作家安东尼·伯吉斯（Anthony Burgess）回应说："翻译不仅仅是言词之事，它让整个文化变得可以理解。"

这两句话或许比任何复杂的阐述都更清晰地定义了理想国译丛的初衷。

自从严复与林琴南缔造中国近代翻译传统以来，译介就被两种趋势支配。

它是开放的，中国必须向外部学习，它又有某种封闭性，被一种强烈的功利主义所影响。严复期望赫伯特·斯宾塞、孟德斯鸠的思想能帮助中国获得富强之道，林琴南则希望茶花女的故事能改变国人的情感世界。他人的思想与故事，必须以我们期待的视角来呈现。

在很大程度上，这套译丛仍延续着这个传统。此刻的中国与一个世纪前不同，但她仍面临诸多崭新的挑战，我们迫切需要他人的经验来帮助我们应对难题，保持思想的开放性是面对复杂与高速变化的时代的唯一方案。但更重要的是，我们希望保持一种非功利的兴趣：对世界的丰富性、复杂性本身充满兴趣，真诚地渴望理解他人的经验。

理想国译丛主编

梁文道　刘瑜　熊培云　许知远

本译丛获理想国文化发展基金会赞助支持

[美]弗朗西斯·福山 著　　唐磊 译

大断裂

人类本性与社会秩序的重建

FRANCIS FUKUYAMA

THE GREAT DISRUPTION:
HUMAN NATURE AND THE
RECONSTITUTION OF SOCIAL ORDER

广西师范大学出版社
· 桂林 ·

著作权合同登记图字：20-2021-314

图书在版编目(CIP)数据

大断裂：人类本性与社会秩序的重建 / (美) 福山著；唐磊译.
—桂林：广西师范大学出版社，2015.5（2022.9 重印）
书名原文: THE GREAT DISRUPTION: HUMAN NATURE
AND THE RECONSTITUTION OF SOCIAL ORDER

ISBN 978-7-5495-6642-6

Ⅰ.①大… Ⅱ.①福… ②唐… Ⅲ.①社会进步 – 关系 –
道德 – 研究 Ⅳ.①B82-053

中国版本图书馆CIP数据核字(2015)第096816号

广西师范大学出版社出版发行

　　广西桂林市五里店路9号　邮政编码：541004
　　网址：www.bbtpress.com

出 版 人：黄轩庄
全国新华书店经销
发行热线：010-64284815
山东临沂新华印刷物流集团有限责任公司
　　临沂高新技术产业开发区新华路　邮政编码：276017

开本：965mm×635mm　1/16
印张：23.75 字数：311千字 图片：41幅
2015年5月第1版　2022年9月第8次印刷
定价：82.00元

如发现印装质量问题，影响阅读，请与出版社发行部门联系调换。

西方的危机？

刘 瑜

经常有人抱怨：为什么老有西方人"唱衰"中国？动辄中国即将崩溃，没看见中国正乘风破浪大步前进嘛。其实，西方知识界不但老有人"唱衰"中国，"唱衰"西方自身也是他们的传统。从斯宾格勒的《西方的没落》到奥威尔的《1984》，从熊彼特的"创造性毁灭"到 2008 年金融危机时比比皆是的"资本主义衰亡论"，过去一百年来，从某些人的角度看，西方的崩溃似乎是随时随刻的事。

《大断裂》乍一看也是一部"唱衰西方"之作。"唱衰"的角度与同时期出版的《独自打保龄球》类似：西方国家的"社会资本"在流失，而"社会资本"是民主制度（乃至市场）的文化和社会基础——一旦"社会资本"被侵蚀，民主和市场的未来就时日无多了。

"社会资本"意指人与人之间社会交往的密度与黏性。根据"社会资本"理论，人们通过密集、广泛的社会交往培养参与精神、组织能力、责任意识、契约习惯乃至信任，而民主的良好运作就依赖于上述社会资本的丰富。从参加教会活动到成立羽毛球小组、从组织读书会到为临终老人做义工，社会生活中来回穿梭的人际交往与联结，即使与政治毫无关系，也是在为民主制度输送给养与水分。

民主的"秘密"不是"制度"约束与激励,更不是开明精英,而是——至少根据一些人——"社会资本"的丰富。

然而,《大断裂》显示,有理由相信西方的"社会资本"正在大规模流失。《独自打保龄球》提供的论据是很多社团的成员数量在减少、人的社交生活在萎缩等等,而《大断裂》则主要集中于犯罪率上升、家庭乃至社区系统的损毁以及信任的流失等现象。不同的角度,都指向同一个焦虑:随着个人主义的崛起,社群主义的衰退,西方是否会出现制度危机?

福山在《大断裂》的后半部分试图寻找答案。答案在两个方向:一个是自下而上式的——人类具有寻求自发合作的天然能力,一旦旧的合作形式遭到破坏,人们有根据情势来调整合作方式的能力;关于这一点,福山大量借助于生物学、人类学甚至经济学的研究成果,来论证旧的社会资本之衰落很可能是一个危机,但同时也是一个契机。另一方面,由于人类自发合作达至善治具有相当的社会条件(比如长时段的重复博弈),在这些条件不具备的时候,政府还可以介入,为培育新的社会资本提供激励机制——这是一个自上而下、等级制的危机解决方式。

所以,归根结底,福山并没有真正"唱衰西方",而只是拉响警报,然后指出逃生的出路在哪里。

事实上,后来的历史演变以及更多研究——此书出版于1999年,至今已经有十五年——也在很大程度上支持了一种更"乐观主义"的态度。美国的犯罪率在20世纪90年代中期之后(也恰恰是福山采集数据的时间之后)一直持续下降,欧洲各国也大体如此。离婚率近二十年也是稳中有降。至于美国人的社团参与精神,许多研究显示,的确参与工会、教会这种正式组织的成员大大减少了,但是一种非正式的、松散的、水平的社会交往正在崛起——尤其是互联网兴起之后，人们正在以一种全新的方式密集"结社"。某种意义上，垂直型社团的减少以及水平型社团的增加，这是一个进步而非问题。换言之，"社会资本"不是衰退了，而是转型了。

更重要的是，个人主义这种价值观真的那么洪水猛兽？到底什么是个人主义？是指每个人自私自利、只关心自己的利益，还是指将每一个"他人"也理解为一个"自己"，其权利、尊严与利益不能被某种集体主义的口号或诉求所吞没？前者似乎只能被称为"自我主义"，后者则是某种意义上的"人本主义"——比如，不能以阶级斗争或者爱国主义的名义凌辱或虐待他人——哪怕地主或所谓叛徒，也应当享有法律权利与尊严。

如果个人主义的本质是"人本主义"而非"自我主义"，那么个人主义果真与"社会资本"相矛盾吗？显然并非如此。英格尔哈特（Ronald Inglehart）和韦尔策尔（Christian Welzel）持续了几十年的"世界价值观调查"显示，西方国家的政治文化正在从一个"物质主义"时代走向一个"后物质主义"的时代，人们普遍更认同平等（比如更鼓励女性工作权利）、更宽容（比如对同性恋）、更有创造力、更热衷于参与和表达——价值观念的这种转型，被他们称为"解放价值"的崛起。这些"解放价值"（平等、宽容、创造力和参与），不正高度近似于社会学家所说的"社会资本"？也就是说，"个人主义"的兴起，不但与社会资本的发展并行不悖，而且在很大程度上促进了社会资本的发展。

这其实没有那么难以理解。人们之所以对"个人主义"抱有一种根深蒂固的敌意，往往是因为他们将个人主义理解为"我的权利，你的责任"，但真正的个人主义，本身也内嵌着"我的责任，你的权利"这一原则。正是对"我的责任，你的权利"的价值认可，催生人们的参与精神与分享意识，而这正是民主制度得以运转的文化基础。

　　正是因此，似乎没有必要因为"个人主义"的兴起而哀叹社会资本的流失，更没有必要因此匆匆断定"西方的没落"。据我观察，在有自由的地方，社会危机通常总有出路，因为自由允许并鼓励试错与纠错，从而避免了故步自封。在这个意义上，西方人隔三差五的"西方没落论"，与其说是一种幸灾乐祸的"唱衰"，不如说是一种居安思危的警报。福山的《大断裂》也同样如此。

献给我的母亲福山敏子，

并向我的父亲福山喜雄致以纪念

Naturam expellesfurca,

tamen usque recurret,

et mala perrutnpet furtim fastidia victrix.

—Horace, *Epistles* I. x. 24-25.

你可以拿草耙一时驱走天性，

但它总会跑回来，

并以其胜利挥开你对它愚蠢的轻蔑。

——贺拉斯，《书札》I. x. 24—25.

目 录

致 谢

本书的部分内容曾于 1997 年在牛津大学布雷齐诺斯学院（Brasenose College）的"坦纳讲座"（Tanner Lecture）发表过。第十二章"技术、网络与社会资本"曾于 1997 年 2 月在纽约大学斯特恩商学院的"克拉斯诺夫讲座"（Krasnoff Lecture）发表过。在坦纳讲座发表的内容由社会市场基金会单独印行，题为《秩序的终结》。在此谨对上述机构和人员做出的努力表示感谢。

我从合作主持过的两次讲习班中获益良多：一次是有关新科学问题的，另一次则是关于信息科技和生物学双重革命的。它们先后在约翰·霍普金斯大学高级国际问题研究院的对外政策研究所和兰德公司及乔治梅森大学进行。

许多人在本项目的口头发表和成书阶段给出过建议和评论，我要向他们致以谢意，这份名单很长，包括（但不限于他们）：Karlyn Bowman, Dominic Brewer, Leon Clark, Mark Cordover, Tyler Cowen, Partha Dasgupta, John DiIulio, Esther Dyson, Nick Eberstadt, Jean Bethke Elshtain, Robin Fox, Bill Galston, Charles Griswold, Lawrence Harrison, George Holmgren, Ann

Hulbert, Don Kash, Michael Kennedy, Tjoborn Knutsen, Andrew Kohut, Jessica Korn, Timur Kuran, Everett Ladd, S. M. Lipset, John L. Locke, Andrew Marshall, Pete Molloy, David Myers, David Popenoe, Bruce Porter, Wendy Rahn, Marcella Rey, Steve Rhoads, Richard Rose, Abe Shulsky, Marcelo Siles and the Michigan State Social Capital Interest Group, Lord Robert Skidelsky, Tom Smith, Max Stackhouse, Neal Stephenson, Richard Swedberg, Lionel Tiger, Eric Uslaner, Richard Velkley, Caroline Wagner, James Q. Wilson, Clare Wolfowitz, Michael Woolcock 和 Robert Wright。

本书中有关犯罪和家庭的数据，是通过向国家各个统计部门写信征集而来的，感谢这些机构热心的工作人员，他们有求必应的回复常常带给我大量极有价值的数据。

感谢为我写作本书提供帮助的研究助手：David Marcus, Carlos Arieira, Michelle Bragg, Sanjay Marwah, Benjamin Allen, and Nikhilesh Prasad。David Marcus 慷慨地提供无偿帮助；本书的后五章写作得到林德和布雷德利基金会的资助。同时要感谢我的助手 Lucy Kennedy 和 Kelly Lawler 为本书手稿的发表所做的工作，还有 Cynthia Paddock, Richard Schum 和 Danilo Pelletiere 为科研小组提供的帮助。

感谢原自由出版社（Free Press）的编辑 Adam Bellow，最初是他为本书签约，Paul Golob 接手了这一项目，审读完全书并给予有见地的编辑意见。英国 Profile Books 出版公司的老朋友 Andrew Franklin 是一位出色的编辑，我的前两本书和本书都由他处理。国际创新管理公司（International Creative Management）的 Esther Newberg 和 Heather Schroder 以一贯的速度和出色程度完成了本书出版的事务性工作。

我的妻子劳拉耐心地阅读了本书的每一版手稿，我的编辑告诉我，她的判断远比我自己更为可靠。

　　本书手稿是在一台自组装的、拥有双处理器、232M 内存和快速 OpenGL 图形加速卡的 Windows NT 系统电脑上完成的。对于打字来说，这样的配置有点奢侈，但在后台运行 AutoCAD 和 3D Studio MAX 时就棒极了。

第一部分

大断裂

第1章

也算"导言"*

后工业时代

过去半个世纪中，美国等经济发达国家逐渐完成了向所谓"信息社会"、"信息时代"或"后工业时代"的转变。[1] 未来学家阿尔文·托夫勒（Alvin Toffler）将这一转变称为"第三次浪潮"，以此作为继人类历史上从猎狩文明向农耕社会、从农耕社会向工业社会转变之后的又一次重大的发展浪潮。[2]

这一转变由许多彼此关联的部分组成。经济方面，不断增长的服务业取代制造业成为财富的来源。信息社会中典型的工人不是工作于炼钢厂或汽车生产厂，而是就职于银行、软件公司、餐饮业、大学或社会服务机构。不管通过人还是越来越自动化的机器，都能体现出信息情报（information and intelligence）的作用无处不在，

---

* 译注：原题为"Playing by the Rules"，根据本章内容，福山显然是按照一般学术著作的"规定动作"来阐述他本项研究（著作）的研究对象、目标和方法论等等，所以他略带戏谑地将本章命名为"照章行事"，其实就是本书的"导言"。

脑力劳动即将取代体力劳动。廉价的信息技术使信息能轻易跨越国界，从而带来生产的全球化，而通过电视、广播、传真和电子邮件快速传播的信息也同时侵蚀了长久以来形成的文化共同体的疆域。

围绕信息建立起来的社会可能给人们带来更多的自由和平等，₄这是生活在现代民主国家的人们最为珍视的两样东西。选择的自由如今大大增加了，你可以自由选择观看某个有线电视频道、去某一家平价购物店或者同互联网上遇见的某些人交朋友。存在于政治机构或公司企业中的各种等级制，都遭受压力并走向崩溃。庞大而僵化的等级制力图通过规章制度及其约束力来实现对其体系内的全盘控制，而向知识经济（knowledge-based economy）的转型，通过向人们开放信息的获取而赋予他们权力，削弱了等级制的统治。就像国际商用机器公司（IBM）和美国电话电报公司（AT&T）这样等级森严的老牌公司，要让位于更小规模、更扁平化和内部更容易机会均沾的竞争对手；苏联和东德无力管控该国人民所拥有的知识而最终导致政权倒坍也是同样道理。

所有用文字或言谈探讨信息社会转变的人无不对此大加颂扬。政治立场各不相同的评论家，诸如乔治·吉尔德（George Gilder）、纽特·金里奇（Newt Gingrich）、阿尔·戈尔（Al Gore）、托夫勒夫妇（Alvin and Heidi Toffler）和尼古拉斯·尼葛洛庞帝（Nicholas Negroponte），认为信息社会的种种变化会对经济繁荣、自由民主乃至社会整体带来益处。信息社会的许多好处确实显而易见，但是不是它的全部后果都是积极的呢？

人们将20世纪90年代互联网的创立视作信息时代的开端，但工业时代的渐行渐远却始自美国传统工业区的去工业化和其他工业化国家相似的制造业转型，这一过程持续了超过一代人之久。这一时期，大约是从20世纪60年代中到20世纪90年代初，也是大多数工业化国家社会状况严重恶化的时期。犯罪率上升、社会不稳定加剧，使得最富有国家的城市中心地带变得几乎不宜人居。亲属关系，作为一种社会建制，两百多年来一直在衰落，并且在 20 世纪后半叶愈演愈甚。多数欧洲国家和日本的生育率下降，甚至到了如果没有持续的移民进入，人口将出现倒增长的地步；结婚生育的比率减少；离婚率（家庭破裂）飙升；三分之一的美国新生儿为非婚生产，在北欧，这一比例超过半数。最后，对组织机构的信任程度四十年来一直在深度下滑。20 世纪 50 年代末，多数美国和欧洲民众对政府和同胞表示信任，到了 20 世纪 90 年代初，只有少数人还怀此信任。人们彼此间的相互往来也发生了本质性变化。尽管没有证据证明人们的交往变少了，但相互的联系变得不那么持久和紧密，交往人群的规模也变小了。

　　这些显著的变化在许多相似的国家出现，并且大致发生于同一个历史时期。这些变化造成了原本在 20 世纪中期盛行的工业时代社会价值的大断裂，也是本书第一部分要致力的主题。社会统计指标如此快速而集中的变动很不寻常；即便不知事出何因，但有理由猜测这些变化是相关的。虽然像威廉·班奈特（William J. Bennett）这样的保守主义者 * 常常因为喋喋不休地讨论道德滑坡而饱受批评，但他们大抵无错：社会秩序崩塌，不是出于怀旧病、记性差或被以往时期的伪善蒙蔽。道德滑坡是可以通过犯罪率、非婚生育数量、教育产出和受教育机会减少的程度、信任缺失状况等类似统计结果来测量的。

　　西方社会中社会黏合度的降低和使民众团结在一起的普遍价值的衰落，这些负面的社会发展趋势，仅仅是这些国家的经济从工业时代转向信息时代时才发生的偶然现象吗？本书的假设是，二者其实存在紧密的联系，一个更加复杂、以信息为基础的经济，除了带给我们各种福利外，随之而来的也自然有社会和道德生活的坏事

---

* 　译注：威廉·班奈特，美国著名的保守派作家，曾在里根时期出任美国教育部长，长期
　　宣扬道德和家庭价值，曾主编《美德书》。

物。时代转型和社会趋势的变化二者之间存在技术、经济和文化上的联系。工作性质的变化逐渐使脑力劳动取代体力劳动，从而使得千百万女性走上工作岗位，并颠覆了人们对家庭基础的传统观念。避孕药和延长寿命一类的医药技术革新削弱了繁育后代和组成家庭在人们生活中的地位。原本盛行于市场和实验室中、刺激创新和发展的强烈的个人主义文化，溢流到社会规范（social norms）*的领域，侵害了各种权威，削弱了将家庭、邻里和国家团结起来的凝聚力。当然，整个情况要远比这复杂，每个国家的情形也各不一样。不过总体而言，技术变化带来了经济学家约瑟夫·熊彼特（Joseph Schumpeter）所说的市场中的"创造性破坏"，也同样造成社会关系领域相似的分裂。不如此反而是咄咄怪事。

　　不过事情也有光明的一面：社会秩序一旦紊乱，就会倾向于重新塑造。有许多如今正在形成的迹象说明了这一点。如此的期待出于一个简单的理由：人类本质上是社会性生物，其最根本的内驱力和本能会令他们塑造道德律令从而使他们以群体形式（community）团结起来。并且，他们本质上也是理性的，其理性本质使得他们能自发地创造彼此合作的方式。宗教在这一过程中常常发挥作用，但它并不像许多保守主义者认为的那样是社会秩序的必要条件。而许多左翼分子所认同的强大且宽泛的政府也并非必要条件。人类的自然状态并非霍布斯想象的那种"人人相互为敌"†的战争状态，而是由众多道德律令的存在而秩序化的公民社会。并且，这些看法已得到近来涌现自生命科学的众多实证研究成果的支撑，例如神经心理

6

---

* 译注：本书中频繁使用 social norms、social rules 等相近词汇，福山在使用它们时，意思上略有区别，一般来说，本书翻译上处理为社会规范（social norms）、社会规则（social rules）、社会规章（social regulations）、社会秩序（social orders）、社会习俗／惯例（social conventions）。

† 译注：关于霍布斯 the war of "every one against every one" 的译法有很多种，这里借鉴了周祖达教授提出的译法，参见《中国翻译》1996 年第 3 期。

学、行为遗传学、进化生物学和人类行为学，以及运用生物学方法展开的心理学和人类学研究。关于秩序如何产生，不再认为是政治或宗教方面的等级体系权威自上而下的授受，而认作是在分散的个体基础上实行自组织的结果，这是我们这个时代最有趣也是最重要的认知成果之一。本书第二部分跳出大断裂引发的当下的社会问题而提出更多一般性的问题，首要的便是社会秩序从哪里来，以及它在变动的环境中如何演进。

　　社会秩序源自某个中央集权的、理性的官僚等级体系是工业时代的代表性观念之一。社会学家马克斯·韦伯（Max Weber）通过观察 19 世纪的工业社会指出，理性化的官僚制实为现代生活的精髓所在。然而，现在我们知道，信息社会中，政府和公司企业都不会完全依靠正规的、官僚化的规则来组织受辖或受雇的人们。相反，它们会将权力分散和下放，依靠名义上归附于其下的人们自我进行组织。这种自组织的先决条件就是将行为的规则和规范内化，这也说明 21 世纪的世界将很大程度上依赖这些非正式规范（informal norms）。因此，向信息社会的转变纵然破坏了（既有的）社会规范，但一个现代的、高度科技化的社会不可能离开社会规范而运行，它会受到大量的激励来塑造（新的）社会规范。

　　本书第三部分从历史和发展两方面考察了此种秩序的来源。一些保守主义者长期以来坚持认为，社会道德秩序已经历了一个长时段的衰败过程。英国政治家埃德蒙·伯克（Edmund Burke）认为，启蒙运动及其用理性取代传统和宗教的主张是产生这一问题的根本来源，伯克的当代后继者延续其说，认为世俗的人文主义是今天社会问题的根源。虽然保守主义者对于过去几十年中道德行为在某些重要方面存在堕落这一点上的看法可能是对的，但他们容易忽视这样一个事实，即社会秩序不仅是在退步，从长远看也是在进步。19 世纪的英国和美国曾出现过这样的情形。两个国家在 18 世纪末到 19 世纪中期前后这段时期内的确出现过十分明显的道德严重衰败问题。所有大城市犯罪率上升，家庭破裂和非婚生育比率提高，人们彼此孤立，酒类饮品销量增加（美国尤甚，1830 年的人均消费量是今天美国人的三倍）。不过从 20 世纪中期至该世纪末，每十年间的上述社会指标随时间推移逐步呈现好转：犯罪率降低，大量家庭组建起来，醉汉纷纷戒酒，新兴的志愿组织纷纷涌现，给人们带来更多的社区归属感。

有相似的迹象表明，发生于 20 世纪 60 年代到 90 年代的大断裂正开始回潮。美国等国家的犯罪曾一度猖獗，而今则大幅减少。离婚率自 20 世纪 80 年代开始下降，同时有新的迹象表明，非婚生育率（至少在美国）即使没有回落，也与过去持平。对主要公共机构的信任度在 20 世纪 90 年代期间有所提高，公民社会出现繁荣景象。此外，大量感性证据表明越来越多的传统社会规范在回归，20 世纪 70 年代出现的各种形式的极端个人主义表现不再受欢迎。当然，还远没有到断言这些问题已经过去的时候。不过，同样错误的是认定我们无力对信息时代的技术、经济状况作出社会性方面的调节。

社区与社会，再次分化

技术进步带来社会秩序的紊乱并非新现象。特别是自工业革命开始以来，人类社会一直经历着某一生产过程取代另一种的无情的现代化过程。[3] 英美两国在 18 世纪末至 19 世纪初的社会失序，可以直接追因于所谓的第一次工业革命带来的破坏效应，蒸汽动力和机械化在纺织、铁路等领域催生出新的工业。一百年间里，完成了从农业社会向城市工业社会的转型，所有积累形成的带有农业或乡村社会特征的社会规范和风俗习惯，都被工厂和城市的节奏所取代。

社会规范的这一转变引发出可能是现代社会学中最著名的概念，即费迪南·滕尼斯（Ferdinand Tönnies）提出的关于"社区"（*Gemeinschaft*, community）和"社会"（*Gesellschaft*, society）

的区分。*[4] 按照滕尼斯的说法，代表社区的是典型的前现代的欧洲乡民社会（peasant society），它由一个紧密的个人关系网络构成，且个人关系严重依赖亲属关系以及在某个小型封闭的村落内的直接和面对面的交流。社会规范多半不形成文字，个体通过相互依存的网络与他人联结在一起，这种相互依存表现在生活的方方面面，从家庭、工作到此类社会享有的少量的休闲活动。而另一方面，社会，则是由代表着大规模的、城市和工业社会的法律和其他正式的规则所构成的体系。社会关系更循规蹈矩，也不那么人情化，个体之间不再寻求相互支持，也就同样地不再彼此依赖，因此他们的道德约束也大为减少。

　　非正式规范和价值将随时间推移被理性的、正式的法律和规则所取代，这一直被作为现代社会理论的支柱之一。英国法理学家亨利·梅因爵士（Sir Henry Maine）认为，在前现代社会，人们通过"地位"（status）关系而彼此联系。父亲与家庭、封建领主同奴隶和仆从建立起终生的关系，其中包含着大量非正式、未经表述的，并且常常是含混不清的相互义务关系。即使有人不喜欢这种关系也不能轻易摆脱它。而在现代资本主义社会，梅因指出，这类关系都基于"契约"，比如一份正式的雇佣协议会规定受雇者完成一定量的工作并从雇佣者那里获得一定量的工资报偿。一切都在工资契约上白纸黑字，并因此得到政府的强制执行；不再有那种老旧的连带有金钱

9

---

* 译注：本书中一般将 community 译为"社区"，即社会学理论意义上或者更严格地说滕尼斯意义上的社区，这也是遵循自 20 世纪 30 年代以来吴文藻、费孝通等社会学家即已采用的译法。但社会学理论对社区的定义也十分繁多，一般认为社区至少包括了人群、空间所在、社会互动和集体认同这些核心要素。偶尔出于行文的需要，将其翻译为"团体"（规模较小、更偏于自发形成）或"共同体"（规模更大、更偏于有组织的）。在这里，"社区"与"团体"的区别在于后者并不包含空间上所在的意蕴。另外，中文读者在理解社区一词时，有必要将之同日常语境中的具体"社区"（小区、聚居区）相区分，尽管这些具体"社区"确实是 community 的当代重要表现形式，有时为避开这种误解，将 community 译为"社群"。与社区意义相似的、福山在本书中也经常使用的词汇则有：group，一般译为群体；organization，一般译为组织。

换取服务的义务或责任。换句话说，不同于基于地位的关系，契约关系并非一种道德关系，只要合约条款被完全履行，任一缔结方都可以随时中止这种契约关系。[5]

农业社会向工业社会转变对社会规范的影响如此之大，以至于催生出一门崭新的学科领域，即社会学，其宗旨就是描绘并弄清诸种变化。实际上，19 世纪末所有伟大的社会思想家，包括滕尼斯、梅因、韦伯、埃米尔·涂尔干（Emile Durkheim）还有格奥尔格·齐美尔（Georg Simmel），都以阐明这一社会转型的实质为己任。美国社会学家罗伯特·尼斯比特（Robert Nisbet）曾经这样形容，他所在的学科成形之后的全部要旨其实可以看做一篇有关社区和社会的长论。

20 世纪中期产生了诸多标准的社会学教科书，它们都把从社区到社会的转变视作一次定终身的事件：社会不是"传统的"就是"现代"的，现代社会在某种意义上走到了社会发展的路尽头。然而，社会演进并没有止步于 20 世纪 50 年代的美国中产阶级社会，工业社会很快开始让自己转向丹尼尔·贝尔（Daniel Bell）所描绘的后工业社会或我们所知的信息社会。假如这后一种转变其影响之深远不在前一次转变之下，那么它对社会价值具有相当程度的冲击就不足为奇了。

社会秩序对于自由民主的未来何以重要

在现代这个信息时代，民主国家遭遇的最大挑战之一便是它们在面对技术和经济变革时能否保持其社会秩序。20 世纪 70 年代初至 90 年代初，在拉丁美洲、欧洲、亚洲和原先的社会主义阵营中，涌现出了诸多新兴民主国家，塞缪尔·亨廷顿（Samuel Huntington）也将之称为"第三次浪潮"，但这是一次民主的浪潮。[6]正如我在《历史的终结与最后的人》一书中所论述过的，政治体制向现代自由民主方向演进，背后有一个强有力的逻辑，它建立在经济发展同稳定的民主政治相互支持的基础上。[7]对世界上那些最发达的经济体国家而言，政治和经济体制的相互融合是缓慢形成的，没有像现在我们所面对的自由政治与经济体制顾此失彼的选择。

然而，新的民主化浪潮虽然同样是进步的趋势，却不一定在道德和社会发展方面得以体现。当代自由民主国家滑向极端个人主义的趋势可能是它们最大的长期症结所在，这在民主国家中个人主义最突出的美国表现尤甚。现代自由主义体制国家以奉行如下观念为前提，即为政治安定计，政府不会在各种宗教和传统文化所主张的道德诉求间采取有所偏倚的态度。教会和国家相互独立；在事关终极目的和本性善恶这类道德伦理的重大问题上接受多元主义。宽容成为基本的美德。以法律制度的透明框架而非道德一统来形成社会秩序。这样的政治体系不需要人民务必德行高尚，只要他们出于私己的利益而保持理性并遵守法律。同理，与政治自由主义携手同行的、以市场为基础的资本主义经济体系，也只需要人们根据长远的个人利益来实现最优的社会化生产及分配。11

构筑在这些个人主义前提之上的社会一直运转良好，甚至到20世纪行将结束之时，仍没有其他的现实选择，可以取代自由民主和市场资本主义作为现代社会基本的组织原则。要构筑社会，个人利益较诸美德是一个低位的但却是更可靠的基础。法治的创立是西方文明最值得骄傲的成就之一，比起缺少法治传统的国家，这一成就所带来的福利实在过于明显。

不过，就算正式的法律和政治经济体制具有关键意义，但它们仍不足以确保现代社会得以成功。自由民主始终都需要某些共享的文化价值观念保驾护航才不至于出偏。当我们比较美国和拉美国家时，可以清楚地看到这一点。当墨西哥、阿根廷、巴西、智利和其他拉美国家在19世纪取得独立时，很多都效法美国的总统制建立起正式的民主体制和法律体系。但自那以后，没有一个拉美国家像

美国那样实现政治稳定、经济发展和民主体制的有效运转，尽管它
们中的大多数都在 20 世纪 80 年代末重新回到民主政体上来。

这里有错综复杂的历史原因，文化方面的原因则是最要紧的：
最早殖民美国的是英国，美国承继的不仅有英国的法律体系还有其
文化，而拉美承继的是各式各样的伊比利亚半岛文化传统。尽管美
国宪法规定教会与政府相互独立，但新教在美国建国时期对于形成
美国文化起到了决定性作用。新教不仅促进了美国的个人主义，同
时也促进了托克维尔（Alexis de Tocqueville）所称扬的美国的"结
社的艺术"，即社会倾向于通过大量自发形成的团体和社团基础进
行自我组织。美国公民社会的活跃对其民主体制的稳定和经济的健
康繁荣均有至关重要的作用。相较之下，西班牙和葡萄牙的帝国及
拉丁天主教（Latin Catholic）的传统强化了对教会和政府这样大的
中央集权机构的依赖，也就造成独立自主的公民社会相对薄弱。同
样的对比存在于北欧和南欧之间，二者保持现代体制运转的能力差
别同样来自宗教遗产和文化传统的影响。

大多数现代自由民主国家的问题在于，文化上的先决条件不是
想有便有的。包括美国在内的最成功的那些国家，其稳固的正式制
度有幸能得到灵活多变的非正式文化的调适。可是，面对技术、经
济和社会变迁的冲击，正式制度自身中没有什么东西能保证民间社
会继续享有那些文化价值和规范。相反，在正式制度中建立起来的
个人主义、多元主义和宽容精神有利于鼓励文化的多样性，从而有
能力告别承继自旧时代的道德价值观。此外，变化活跃、技术上富
于创新的经济从根本上会对现存的社会关系结构产生破坏。

如此一来，宏大的政经体制便会走上一条长期向着世俗化方向
发展的道路，社会生活也体现出更多的周期律。某一历史时期运转
良好的社会规范如果遭到技术和经济发展的破坏，社会就不得不努
力挽回败势，以期在变局中重建规范。

规则的价值

向信息时代转变与社会分裂之间的文化联系，可以从 1996 年亚特兰大夏季奥运会期间，电视里成天累时播放的那组系列广告中看出端倪。由一家美国通信巨头公司赞助的这组广告中，一群身体条件好、肌肉发达的运动员展现了超凡的运动技能，诸如沿着建筑的侧面墙向上奔跑、从悬崖上纵身跳入万丈峡谷、在一栋栋摩天大楼的屋顶间跳跃。广告最后闪烁出标示主题的字幕："无拘无束"。不管有意还是无意，运动员们出色的体格唤起人们对哲学家尼采笔下的"超人"的想象。如同亲纳粹的导演莱尼·里芬斯塔尔（Leni Riefenstahl）所倾力塑造的银幕形象那样 *，这种神一般的存在可以超越凡俗道德规则的约束。

给商业广告提供赞助的电信公司和负责制作的广告公司，当然希望创造一个强大、积极又能面向未来的广告形象：在信息技术的新时代，旧的规则被打破，这些赞助公司在破坏方面冲在前线。这里隐含的信息是，旧规则——大概是用于治理前互联网时代的通信业和那些运营电话服务的大公司的那些规则——已成为没必要而且有害的约束，不仅对于电话服务本身，对更广泛意义上的人类精神而言亦是如此。谁也说不好摒弃这些规则以后人类将取得何等高度的成就，以及赞助公司将如何心甘情愿地帮助顾客达至这片应许之地。那样的话，我们都会成为广告片中的运动员那样神一般的存在。

或有意或无意地，这些商业广告的制作者使自己立足于一个强有力的文化主题，即个体从无用的、压抑的社会约制中解放出来。从 20 世纪 60 年代起，西方社会经历了一系列追求个体从大量

13

---

* 译注：莱尼·里芬斯塔尔，是一位极具才华又饱受争议的女导演，擅长通过镜头展示力与美，曾因此受希特勒委托拍摄纪录片《意志的胜利》，获得巨大成功，1936 年柏林奥运会时又拍摄了纪录片《奥林匹亚》。

传统社会规范和道德准则束缚中摆脱出来的解放运动。性革命、女性解放和女权革命，以及支持同性恋权利的运动在西方世界遍地开花。以追求每一个人的解放为目的的上述运动，视现有的社会规范和法律对个人的观念和选择进行过度限制——无论是年轻人选择性伙伴、女性寻求就业还是同性恋寻求权利认同，都存在这样的限制。大众心理学的发展，从 20 世纪 60 年代的人类潜能运动到 80 年代的重视自尊的趋势，都是力图将个体从令人压抑的社会期许中解放出来。这些运动都可以给自己打出"无拘无束"的标语。

　　左翼和右翼都在将个体从令人拘束的规约解放出来的运动中贡献了力量，不过他们的侧重点往往不同。简单来说，左翼关心的是生活方式，而右翼关心的是钱。前者不希望传统价值过分限制被社会边缘化的群体中任何一个人的选择，这些群体包括女性、少数族群、同性恋者、无家可归者、罪犯等。另一方面，右翼不希望社区对他们用个人财产来做的事加以限制——在美国的特殊国情中，就是希望捍卫用枪的权利。宣扬"无拘无束"的这组广告由一家谋求利益最大化的私营高科技公司制作，这完全在情理之中，要知道现代资本主义就是通过打破规则而繁荣起来的，在此种背景下，旧的社会关系、社区还有技术都会因新的和更有效率的替代者的出现而被遗弃。左右翼相互指责对方表现出过度的个人主义倾向。那些支持生育选择权利的人往往反对枪支或大排量汽车的购买，希望完全放开经济自由竞争的人们会因在去廉价的沃尔玛超市途中被无法无天的犯罪分子洗劫而惊魂不已。奇怪的是，双方中任何一方为了约束对方，都情愿放弃己方自由选择空间中最不舍的那一部分。

　　人们很快发现，不受约束的个人主义文化存在严重的问题，因为从某种意义上，在这一文化里，破坏规则成为唯一可以存在的游戏规则。而人们首先要面对的现实是，道德价值观与社会准则绝不单纯是施加于个人选择之上的粗暴限制，而是任何类型的合作事业赖以存在的先决条件。事实上，社会科学研究者近来业已提出将社会累积的共享观念作为社会资本。如同实物资本（土地、建筑、机器）和人力资本（我们头脑中保有的知识与技艺）一样，社会资本也创造财富，因此对国民经济而言也具有经济价值。它也是现代社会中任何形式的集体奋斗的前提，从经营街边店、游说议会到抚养孩子，无不如此。个体遵从集体规则，虽然以牺牲个人选择自由为代价，但使得他们能彼此交流、协调他们的行为，从而令个体的能力和能量都得到增强。诚实、互惠、守诺，这些社会美德不仅仅作为伦理价值值得遵从，也具备有形的价值，能帮助集体实现共同的目标。

极端个人主义文化的第二个问题在于，它最终会导致社群（community）形成基础的丧失。并不是说一群碰巧发生彼此关联的人就能形成社群，一个真正的社群是借由共享的价值观、规范和经历而团结起来的。他们所持的共同的价值观越是深厚和坚定，则该社群也越稳固。不过，这不意味着人们非要明确地在个人自由和团体二者之间做出权衡取舍。当人们从夫妻、家庭、邻里、工作单位、教会这类传统的社会纽带中解放出来后，他们发现还是可以拥有社会联结（social connectedness），并且是完全为自己而选择的社会联结。但随之他们也开始认识到，要想与他人建立更加深久的社会关系，这种可选择的亲和性（elective affinities）——对他们来说选择进入或者离开全凭一己之愿——靠不住，只会让他们感觉孤独和迷茫。

如此一来，"无拘无束"这句广告词就成问题了。一方面，我们希望打破那些不合理、不公正的或者落伍的、与时代格格不入的规则，寻求最大程度的个人自由，但另一方面，我们也会不断需要新规则，保证新型的合作事业运行或使我们感受到与集体中其他人的联结。新规则必然会使个体自由受到一定限制。若一个社会以增加个体选择自由度为名义不断颠覆社会规范和准则，则会使其自身变得愈加无序、原子化和自我孤立，并且无力达致共同的目标、完成共同的任务。若此社会希望发展"无拘无束"的技术创新，就会看到各种形式"无拘无束"的个体行为的出现，随之而来的则是犯罪率和离婚率增加、越来越多家长不能履行照顾子女的义务、邻里之间彼此缺乏照应、公民逃避公共生活的现象也会增多。

社会资本

假如我们能就人类社会需要约束和规则这一问题达成广泛的认同，随之而来的问题则是，"由谁的规则来做主？"

20 世纪末的美国社会富有、自由和多元，在这里，文化一词业已同选择这个概念相联结。也就是说，文化是艺术家、作家或其他富有想象力的人根据其内心呼唤（inner voice）而进行选择性创造的结果。对那些略欠想象力的人来说，文化是他们选择去消费的艺术、美食和娱乐。作为一种浅层次的但也是日常的文化，饮食尤其具有民族多样性：它在文化多元性上的意味是，人们可以在中国、意大利、希腊、泰国或墨西哥餐馆中选择自己的最爱。那些更重要的文化上的选择也一样等待着人们的参与，正如伍迪·艾伦（Woody Allen）塑造的银幕角色那样，当他得知身患癌症晚期后，疯狂地试图从佛教、印度教克利须那派、天主教或者犹太教那里寻找慰藉。*

另外，正如我们所受教的，相互竞争的那些文化主张很难区分出彼此的高下。在道德情操的层级谱系中，宽容居于高位，而道德主义（以一己之道德观或文化规则来试图对他人进行评判）则坏之又坏。"萝卜白菜，各有所爱"——口味偏好的事没法解释；就像各民族的饮食口味偏好一样，我们无法对一组道德规范是否优于或劣于另一组做出评判。不仅左翼中支持多元文化主义者如是告诫我们，连那些右翼自由派经济学家（他们将全部人类行为都化约为对

16

---

* 译注：这里是指美国著名导演伍迪·艾伦所导演的电影《汉娜姐妹》中的男主角米基（Mickey Sachs）身上所发生的故事，电影故事中，米基误以为自己得了癌症，其实最终证实没有。

最基本的个体 "偏好" 的追求）也如是说。[8]

为了避开文化相对主义的问题，本书不将重点明显放在文化规范方面，而是关注社会规范中构成社会资本的那套子集。社会资本可以被简单定义为：一套为某一群体成员共享并能使其形成合作的非正式的价值和规范。如果群体中的成员希望其他成员的所作所为诚实可靠，那么他们就会开始建立彼此间的信任。信任就像润滑剂一样，帮助集体和组织的运转更加有效。

共享价值观或规范的过程本身并不产生社会资本，因为被共享的价值观可能是错误的。有实际可参的例子，例如意大利南部，就是一个举世公认的缺乏社会资本和总体上没有建立相互信任的地区，尽管这里有强大的社会规范。社会学家迭戈·甘贝塔（Diego Gambetta）讲述过如下一则故事：

> 一个退休的（黑手党）头目讲述他青年时代的经历，说起也是黑手党的爸爸曾让他爬上一堵墙然后让他往下跳，并保证会在下面接住他。开始他不乐意，但经不住老爸的坚持还是跳下去了，结果摔了个脸贴地。他的老爸就是借此事来向他传递一条生存智慧，简单来说就是，"你必须学会谁也别信，爹妈也不例外"。[9]

黑手党有一套被称为 "保密帮规"（l'omerta）的极其严格的内部行为准则，黑手党徒被认为是 "光荣的人"（men of honor，也译为 "君子"）。不过，这些准则只在黑手党内部的小圈子中被奉行，在西西里岛的其他地区，社会普遍奉行的准则可以被概括为 "在一切可能情况下利用直系亲属以外的人，不然他们就会先这样利用你"，或者像迭戈举例说明的那样，就算是家人也不一定靠得住。显然这类准则不会催生社会合作，而它对政府良治和经济发展的负面影响已被广泛证实。[10] 意大利腐败丛生，对该国政治制度侵害严重，而意大利南部则是腐败的源头地，同时也是整个西欧最贫困的地区。

比照起来，能带来社会资本的社会准则必须确实包含此类美德，比如诚实、守诺、互惠。不必惊讶，这些准则的确在相当程度上同清教价值观相一致，而后者被韦伯（在其《新教伦理与资本主义精神》一书中）认为是推动西方资本主义发展的决定性因素。

一切社会都或多或少拥有社会资本；它们之间的真正区别在于我姑且称之为的"信任半径"（radius of trust）[11]，它指的是，像诚实和互惠这样的合作性社会准则在一定限度的人群范围内共享，并且拒斥与同一社会中该群体以外的其他人的共享。家庭无论在哪儿都显然是社会资本的重要来源。在美国，不管父母对他们十来岁的孩子印象多么不好，这个家庭还是更愿意信任自己家庭的成员并与之合作，而不是其他陌生人。这就是为什么几乎所有的生意都始自家族生意。

不过，家庭团结有多大力量在每个社会都不一样，而且会因其他形式的社会义务而有所不同。某些情况下，家庭对内和对外的信任和互惠联结可能出现逆相关；当一方十分强大时，另一方往往较弱。在中国和拉美国家，家庭内部关系紧密而团结，但很难信任陌生人，在公共生活中的诚实与合作度也十分低。其结果则是任人唯亲和公共领域的腐败丛生。在韦伯那里，新教改革之所以重要，不是它倡导了个体经营者的诚实、互惠和勤俭，而是因为这些美德历史上第一次在家庭以外被广泛践行。[12]

在没有社会资本的情况下，利用一系列正式的协调机制，比如契约、等级制、各种规章和法律体系等等，也完全有可能打造完美的集体。不过，非正式规范可以大幅减少经济学家所谓的交易成本（transaction costs），即对契约进行监督、缔结、调整和强制执行所需的费用。在某些特定情况下，社会资本还可以造就高水平的社会创新力和群体适应能力。

社会资本带来的好处远远超出经济领域。它对缔造一个健康的

18

公民社会（存在于家庭和国家之间的、属于群体和社区的领域）至关重要。自柏林墙倒塌以来，公民社会成为前共产党国家关注的焦点，被认为是民主成功的关键所在。社会资本使一个复杂社会中的不同群体得以团结在一起，捍卫他们的共同利益，否则这些利益就可能为一个强大的政府所罔顾。[13] 公民社会与自由民主的联系非常紧密，刚刚故去的学者厄内斯特·盖尔纳（Ernest Gellner，1925—1995）甚至曾提出这样的观点，自由民主是公民社会实际上的代表（proxy）。*[14]

尽管社会资本和公民社会被普遍赞颂为值得拥有的好东西，但他们也不总是带来益处。合作是一切社会活动（无论好坏）的必要条件。柏拉图的《理想国》是一部对话录，在书中苏格拉底与一群朋友展开何谓正义的讨论。在该书第一篇，苏格拉底对忒拉绪马霍斯（Thrasymachos）说，即使在一帮强盗中间也一定存在正义感，不然他们没法成功地进行打家劫舍活动。黑手党和三 K 党也是美国公民社会的组成部分，他们都拥有社会资本并对社会健康构成危害。在经济生活中，某种集体合作对某种生产方式是必要的，但当技术和市场发生变化时，可能就需要同另一组集体成员进行不同类型的合作。在早先时期能促进生产的互惠式社会联结在后来的时代变成阻碍，这种情况在 20 世纪 90 年代许多日本企业中出现过。还是用经济学的比喻，这种情况下的社会资本可以说是废弃物，要计入国家资本账户的损耗中。

社会资本有时可能被用来实现破坏性的目标或者不再适用于当下社会，但这并不能推翻它在一般情况下对社会是个值得拥有的好东西这一基本推断。说起来，实物资本也不总是好东西。它不仅会过时，也能用来生产突击步枪、酞胺哌啶酮类药物（按：一种可能

---

*　译注：有的学者在翻译福山关于公民社会和自由民主的文章中（也用到这个例子），将此句话翻译为："没有公民社会，就没有自由民主。"

导致孕产儿畸形的镇静药）、无聊的消遣和形形色色的社会"有害物"。不过社会自会用法律来阻止最糟糕的社会有害物（出自实物资本或社会资本）的产生，社会资本的大部分用途并不见得就比实物资本的产品差多少。

大多数使用社会资本这一概念的人也支持上述观点。"社会资本"这一术语最早是 1916 年由莱达·贾德森·哈尼范（Lyda Judson Hanifan）在一篇描述乡村学校社区中心的文章中使用的。[15] 简·雅各布斯（Jane Jacobs）在其经典著作《美国大城市的死与生》中也使用了该术语，她在书中阐明，密集的社会网络存在于功能复合的老城区中，它们形成了某种增进公共安全的社会资本。[16] 经济学家格伦·劳里（Glenn Loury）和社会学家伊万·莱特（Ivan Light）在 20 世纪 70 年代使用它来分析贫民区的经济发展：非裔美国人在其社区内部缺乏亚裔美国人和其他族群中存在的那种信任关系和社会联系，这十分有助于理解由黑人组成的小型企业相对稀少的现象。[17] 20 世纪 80 年代，社会学家詹姆斯·科尔曼（James Coleman）[18] 和政治学家罗伯特·帕特南（Robert Putnam）将社会资本的概念移用到更广泛的领域，帕特南的应用带来了一场有关社会资本的作用对公民社会影响（在意大利和美国）的激烈讨论。[19]

托克维尔，这位从不使用社会资本概念却真正完全清楚地懂得其重要性的法国贵族和旅行家，也许才是有关社会资本最为重要的理论家。在《论美国的民主》一书中，托克维尔观察到美国与自己祖国法国存在鲜明对比。美国社会富于"结社的艺术"（art of association），无论出于大事小事，民众都习惯集聚起来，自发组成社团。美国的民主和有限政府的制度之所以行之有效，全在于美国人民非常善于为实现公民意愿和政治目的而结社。事实上，这种社会自组织能力不仅意味着政府不必依赖等级制度自上而下地推行命令，并且，公民社团也是能够培养人们合作习惯的"自治学校"，人们也会把这种习惯带入到公共生活中去。有人揣测，托克维尔会

20

支持这样一种观点，没有社会资本，就不会有公民社会，而没有公民社会，就不会有成功的民主。

我们如何测量社会资本

社会学家和经济学家都对 "社会资本" 一词被广为使用的现象不太满意，前者视其为经济学侵入社会科学领域的表现之一，后者则认为这个概念过于模糊，就算可以测量也殊非易事。而事实上，测量基于诚实和互惠准则形成的合作性社会关系的总存量并非没有意义。如果我们说大断裂对社会资本构成影响，就需要找到实证基础来检验这一说法的真实性。

罗伯特·帕特南业已指出，意大利不同地区的治理水平同该地区的社会资本有关，美国从 20 世纪 60 年代以来社会资本在持续下降。他有关美国的结论的实证效度将会在下章进行讨论。不过，他的工作印证了测量社会资本时出现的一些困难。他采用了两种测量社会资本的方法。第一种是根据社会团体和团体成员的信息，从体育俱乐部、合唱团到兴趣小组和政治党派，也包括选民投票率这类政治参与指数以及新闻报纸读者数。此外，还有许多更为详细的关于人们如何度过清醒时间的时间分配调查数据和类似指标。第二种是根据调查研究，比如美国的 "综合社会调查"（General Social Survey）和涵盖四十个国家的 "世界价值观调查"（World Values Survey），它们针对人们的价值观和行为提出了一系列问题。

美国的社会资本在过去两代人的时间里一直处于下降趋势，这一论断引发了激烈的争论。无数学者要么以反例来说明社会团体和团体成员数量在过去一代人时间里保持增长，要么认为现有的数据完全没法把握像美国这样的复杂社会的团体生活的真实情况。[20] 我们将在第二章中考察这些论据。

除了是否能够全面统计团体和团体成员数量外，在社会资本的测量上至少还有三个方面的问题存在。首先，社会资本具有很强的定性特征。一个保龄球联合会或一个园艺俱乐部，可能如托克维尔所说，是培养合作和公益精神的学校，若从育成的集体行为的类型来看，它们显然和美国海军陆战队或者摩门教会这类机构明显不是一码事。保龄球联合会起码不会去攻袭海滩。对社会资本的合格的测量需要考虑到一个团体能够实现的集体行为的性质——包括集体行为的内在困难、团体行为的成果的价值、在不利环境下是否能够完成等等。

第二个问题与经济学家说的团体成员的正外部性（positive externality）或者可称为的"正信任半径"（positive radius of trust）有关。外部性是指对某一特定行动之外的一方造成的收益或成本。比如给自家草坪除草、保持房屋整洁对邻里就具有正外部性。污染则是不制造它却必须承担其成本的典型事例。虽然一切团体都需要社会资本来维持运转，但有些团体能够在其成员之外建立信任纽带（从而形成社会资本）。正如韦伯指出的，新教不仅将诚实播撒给教区内的非教徒，也将之推广给全人类。而另一方面，互惠原则只能在团体中的一小撮成员中共享。美国退休人员协会有 3 000 万会员，但不能仅仅因为其中某两位会员都向组织缴纳了会员年费，就认定他们彼此会相互信任或达成协作。

最后一个问题在于负外部性（negative externality）。有些团体有意助长对外的排斥和憎恨态度乃至暴力行为。三 K 党、伊斯兰国家派 *（Nation of Islam）和密歇根民兵组织（Michigan Militia）拥有社会资本，但一个由这类团体构成的社会恐怕不会受欢迎，甚至不会走向民主。这类团体很难相互形成合作，将其成员组织在一起

22

---

* 译注：20 世纪出现于美国的新兴教派，又译为伊斯兰民族组织，是一种混合了伊斯兰教和黑人国家主义等因素的非洲裔美国人的宗教运动。20 世纪 60 年代，该教派的活动曾引发全美的关注。

的排外性纽带，使它们与周遭环境的影响相隔绝，从而降低了这些团体的适应性。

有必要明确指出的是，想基于团体普查而得出一个可靠的数字，以此展示像美国这样庞大而复杂的社会的社会资本，几乎不可能。我们现有的经验数据，只涵盖实际存在的团体的一小部分，可靠性也参差不齐，并且没有统一的方法来判断这些数据在定性上的差异。

那么，我们该如何判定某个社会的社会资本总量是增还是减呢？一种解决办法是更多地依靠两种间接数据来源：信任度和价值观的调查数据。许多长时段的社会调查直接向受调查者提出与社会合作相关的问题，比如他们是否信任他们的同胞，是否会接受贿赂，或者会出于个人利益而去撒谎。调查数据当然会存在多方面问题，比如受调查者会因问题的叙述方式以及谁来发问而态度变化，还有数据在不同国家和不同时期内缺乏一致性。一个常见的提问是，"大体而言，你认为大多数人是可信的还是说与人打交道时越小心越好"（"综合社会调查"和"世界价值观调查"中都包含这个问题），凭借此类问题，不会得出有关受调查群体的信任半径的准确信息，人们同家人、族人、教友和陌生人等形成合作的意向强弱也不会从这类问题中获知。不过，毕竟有这样一类数据，就其展现了总体趋势而言它们还是可用的。

还有一种替代方法来测量社会资本。不是把它作为一种正向价值来测量，而是去测量其缺乏的程度，这样做可能更加容易，可以通过传统的对社会功能紊乱（social dysfunction）状况的测量来实现，比如犯罪率、家庭破裂和吸毒状况、诉讼案件数量、自杀和逃税人数等。推论的根据在于，如果社会资本反映出合作规范的存在，那么社会越轨（social deviance）就反映出社会资本的欠缺。虽然社会功能紊乱指标也不是没有问题，但它远比团体成员之类的数据要丰富得多，并且比较而言更容易获得。这一策略曾被全国城市重建委员会（National Commission on Civic Renewal）用以测量公民离散

（civic disengagement，按，指公民之间联结感的下降）的情况。[21]

值得一开始就注意的是，用社会越轨方面的数据来反向测量社会资本有一个十分严重的问题：它忽视了社会资本的分配。如同通常所说的资本在某一社会中分配并不平均一样（由财富和收入分配的研究测出），社会资本的分配也往往出现不均的情况：既有由社会化程度和自组织能力高的人群构成的阶层，也同时有处于极度原子化和社会病态（social pathology）的人群。用社会越轨作为社会资本的替代，有点儿像用贫困数据来测量社会总体财富，以这种方式看，美国就是发达国家中比较穷的一个国家了。

基于上述不同的考虑，本书在评估 20 世纪 50 年代以来发达国家社会资本变化趋势时将着眼于三大类资料：1）犯罪资料，主要根据全国刑事司法机构的自陈报告得来；2）家庭资料，包括仍是从国家统计部门获得的生育率和结婚、离婚、非婚生育的数字；3）关于信任、价值观和公民社会的调查资料。我们将在第二章中呈现这些资料，而后第三章考察对大断裂的传统解释，这些解释大部分都有缺憾。第四和第五章讨论每一个被我们关注的现象其产生的具体原因。

在社会功能紊乱的一系列指标中，引入家庭方面的数据会引发众多争议。有些人认为，没有什么"常规"类型的家庭。20 世纪50 年代以来家庭结构上发生的重大变化，仅仅反映了家庭从一种形式向另一种形式的转变。家庭能产生社会资本，但正如前文曾引述的中国和拉丁天主教国家的例子所显示的那样，家庭也可能成为阻碍对外合作的壁垒。在我看来，家庭规范除了可以产生社会资本，它对于向下一代传承社会资本也意义重大；此外，类似由单身女子主导的家庭快速发展的现象，在我看来是非常消极的社会发展。我会在第六章对上述观点进行论证。

有些类型的社会资本指标本可以发挥作用，但在本书中未予采用。其中一个是社会的诉讼水平。美国人以好打官司闻名，人均拥有的律师数量远高于其他发达国家的水平。在不少美国人看来，以

24

前握握手就能解决的问题现在似乎要在法庭上死磕到底。看上去芝麻大的或纯属荒唐的事情闹到对簿公堂——比如某个女人因在麦当劳自己把热咖啡溅到身上就要求店家赔偿,或者孩子状告父母"不当生育"(错在没去堕胎),从而造成诉讼数量的明显增长,这几乎可以看作社会信任水平——更不用说共识了——下降的证据。

遗憾的是,很难得到不同层次可资比较的民事诉讼数据,而由于采用习惯法(common law)和采用成文法(civil code)的国家存在较大差异,解释这些数据更是难上加难。另外,还不能肯定地说美国诉讼数量的增多就是社会资本下降的标志。美国往往利用侵权法来替代政府监管:比如,政府不会安排一个专门机构来监管游泳池和过山车的安全,主要依靠公民个人对诉讼权利的运用,以向游泳池和娱乐场的运营者索赔大量金额为震慑,令其不敢在关涉公共安全的事情上造次。如此说来,诉讼数量在美国增多实际上是一个积极的社会资本指标:在解决争端上不是诉诸自上而下的官方权威,作为私人的各方,尽管有一大批被付以高薪的律师帮助,但终究是在他们自己中间寻求合理的解决之道。

一项关于比较方法论的说明

在本书后续章节中,我展示了美国、英国、瑞典和日本的社会资本,并且广泛利用了其他十余个国家的数据,包括加拿大、澳大利亚、新西兰、法国、德国、荷兰、意大利、西班牙、挪威、芬兰和韩国。本书的图表列举了美、英等前四个国家的数据只是用以简单说明。读者若想了解其他国家的详细数据可以参看附录。所有上述国家都属于经济合作与发展组织(OECD)成员。[*]

---

[*] 译注:原书还提供了存储于 George Mason 大学网站的本书相关资料的链接(福山 1997—2000 年间曾在此所大学任教),但该链接已不可使用,故删去不录。

　　在研究社会规范的突然转变这类现象时，比较不同国家的数据特别重要。与自然科学家不同，社会科学家无法开展实验室研究，那里的实验过程是在可控的情况下进行的，何种因产生何种果是可以准确追寻的。我们能做到的与此最相近的是，对在诸多方面都相似而在某一特定方面不同的两个社会进行比较。因此，如果我们想了解较低的边际税率对经济发展的影响，我们可以拿20世纪80年代的新西兰和澳大利亚进行比较。而比较新西兰和巴布亚新几内亚的税收政策就没什么意义。不仅这两个国家文化上差异十分大，并且它们的社会经济发展水平是如此不同，以至于经济发展方面的一切不同点都可以说是"多元决定的"（massively overdetermined）。

　　比较方法论在社会科学中具有悠久的历史，它始于某些研究经典，比如埃米尔·涂尔干的《自杀论》，通过考察19世纪晚期欧洲不同国家的自杀率而提出了失范（anomie）的概念。只有将一国经验与其他相似国家比较，我们才能对复杂现象作出解释，并避免过分狭隘。举例来说，美国人常常把某些事态发展（比如对官方尊重度的降低）归结为政府行为所致（比如越南战争或水门丑闻）。尽管某种程度上这是对的，但如果我们了解到所有发达国家中人们对官方尊重度都在降低，那这一解释就不像看上去那么有理了。

　　由于许多社会结果（social outcomes）都同该社会的发展水平（由人均国内生产总值这类测量指标所代表）紧密相关，因此发达国家还是只能同其他发达国家进行比较。我们在后续某些章节中会 26 看到，当某些亚洲国家达到同英国或法国相当的水平时，其社会功能紊乱程度却与英、法大不相同，这说明差异的主要原因来自文化而不是发展水平。这也可以解释我为什么没有在本书中包罗所有发展中国家的数据。不是说它们的情况不重要，而是说，它们往往在太多方面同美国和其他发达国家有差别，因此它们的情况对于我们的解释来说作用不大。

第2章

犯罪、家庭和信任：怎么了

约从 1965 年开始，大量可以作为社会资本的消极测量标准的指标一时间都快速上扬。这些指标可归入大致三个类别：犯罪、家庭和信任。除了日本和韩国，这种变化在所有其他发达国家中都出现了。我们将随后看到，在这些变化里有一些规律性。北欧诸国、英语国家（美国、英国、加拿大、澳大利亚和新西兰）以及像西班牙和意大利这样的拉丁天主教国家，往往有着相似的表现。有些国家变化来得晚一些，有些国家变化发展的程度不一样，美国则因社会功能紊乱程度较高而常常在这些国家中显得与众不同。然而，所有西方社会都或早或晚受到大断裂的影响。

犯　罪

社会资本同犯罪之间有着密切的联系。如果把社会资本定义为深植于群体关系之中的社会规范（social norms），那么犯罪，这一破坏社区规范的行为，就意味着社会资本的缺失。正式的刑法只规定了很小一部分被社会全体人民同意遵守的社会规则（social rules）。触犯这样的法律不仅意味着对个体的罪行受害者造成侵害，同时也对整个大的社区及其规范体系造成了侵害。因此，在刑法中，政府而非个人是对违法者实施逮捕和惩处的主体。

当然，我们将社会资本定义为促进合作行为的非正式规范，而非正式的法律。也正是在这个层面上，社会资本和犯罪之间存在着明确而又比较复杂的联系。社区中有正式和非正式的建立规范、控制和惩处越轨的手段。理想的情况是，控制犯罪的最佳形式不是一支庞大的、具有强制力的警察队伍，而应该是这样一种社会，它首先让青年人适应社会从而遵守法律，继而通过非正式的社区影响力引导违法者回归社会主流。

在《美国大城市的死与生》一书中，简·雅各布斯描述了老邻里街区（neighborhood）内社会网络对构筑公共安全的作用。[1] 像波士顿的北角区（North End）这样的邻里街区，在 20 世纪前半叶主要居住的是意大利移民及其子女。外人看着觉得脏乱差。然而，虽然比起波士顿其他地区是穷了一些，但扎根在每条街区内的家庭关系中的社会资本却很丰富。雅各布斯指出，控制犯罪主要是一个成人监督的问题——确切地说，有多少在人行道上的成年人来留心那些身边可能惹来麻烦的年轻人，或是盯着那些可能带坏年轻人的外来者。在人口如此稠密的城区，人们频繁地出门上街，去上班、吃饭和办事。店主对店外街边发生了什么尤其关注，因为犯罪会影响生意。邻里街区的复合用途特征——它既被用于居住，也被用于商业，还点缀着一些轻工业——对于每时每刻都能保证"街头之眼"（eyes on the street）[*]数量的增加十分重要。

雅各布斯以在她曼哈顿公寓之外发生的一件事为例说明这种社会网络的威力，事情是一个男人在人行道上试图将一个小女孩拖走　29

---

* 这是雅各布斯在《美国大城市的死与生》中提出的概念，意即看着街面（相伴随的功能
　则是监控公共行为）的眼睛的数量。

却遭到反抗：

> 我从二楼的窗户看到这一切，寻思着要是可行的话应该怎样去阻止它，不过我发现没必要了。公寓楼下肉店里走出来店主妻子和她丈夫，她贴近那个男人，叉手而立，一脸坚毅。乔·科纳恰和他经营熟食店的女婿也几乎同时出现，稳稳地站在另一边。公寓楼上的窗户里探出几个头来，其中一个人匆匆把头缩回去，不一会儿又出现在那个男人身后的门口。两个男人从熟食店边上的酒吧中出来，走到门口然后等在那里。在我这边的街道上，我看见锁匠、水果贩和洗衣店老板都从他们的店铺中出来，这个场景也被我们周围的人从窗子里看到。那个男人不知道这一切，但他是被包围了。就算谁也不认识那个小女孩儿，也没人会让她被强行拉走。[2]

雅各布斯提到，其实最后那个拽走女孩的人是他父亲。

雅各布斯笔下位于曼哈顿和北角区的邻里街区，社会控制的实现不靠正式的警力，也不靠在家庭或乡村中存在的那类强社会纽带（strong social ties）。邻里街坊彼此不见得是朋友，甚至可能互不相识。然而，即使在人口拥挤、稠密的城市环境里，人们对秩序和社区规范的共同关切就足以将犯罪率保持在低水平。后来，为了给规划好的面向低收入人群的住宅区项目让出土地，许多这样的居民区被推平，而名义上常常是为了追求那种高度现代主义的城市性（urbanism）——它将井井有条、呈几何形状的城市视为终极的城市之美。[3] 功能复合的邻里街区被功能单一的住房开发区所取代，令工作的人们白天里就得离开居住的区域；大而空旷的公园和游乐场取代了拥挤的街道，随即就被黑帮和毒品贩子接管。成年人不在人行道上流连而是回到高层公寓里，于是，犯罪率开始直线上升。美国犯罪现象最严重的一些邻里街区，如位于芝加哥市南部片区的卡布里尼·格林（Cabrini-Green）住宅区和罗伯特·泰勒家园（Robert Taylor Homes），都是 20 世纪 50 至 60 年代城市改造项目的结果，这些项目并没有考虑到旧邻里街区被取代后内蕴于其中的社会资本将随之流失的问题。20 世纪 90 年代的城市改造计划集中于爆破拆除 50 年代的这批项目，就显得不足为奇。

社会资本和犯罪之间的反向关系早已为犯罪学研究文献所揭示，虽然不总是使用社会资本这一术语。罗伯特·帕克（Robert Park）和社会学界的芝加哥学派都认为，少年犯罪与城市化带来的社会错置（social dislocations）有关，要想防范它，需要让作为个体的孩子能嵌入到社会结构中去，比如加入教会和学校。[4] 也有像当代犯罪学家罗伯特·桑普森（Robert Sampson）和约翰·劳布（John Laub）这样的学者，将由比家庭组织更高一等的社区所维护的非正式的社会规范视为社会秩序的源泉。在某项研究中，桑普森、斯蒂芬·劳登布什（Stephen Raudenbush）和费尔顿·厄尔斯（Felton Earls）运用调查数据测算了邻里街区的"集体效能"（collective efficacy）。该调查问及的问题包括，如果有孩子逃学或是在街角游荡，邻里街区的人会不会出面干预，孩子们对成年人是否尊重，邻里之间是否彼此信任。通过对芝加哥数百个邻里街区的分析，他们揭示出上述这些社会资本的各种变量与是否存在邻里街区暴力密切相关。[5]

在警察国家（police states），非正式的社会规范在控制犯罪方面的重要性会在正式管控松懈的时候凸显出来。生活在威权社会或极权社会中的人们往往比生活在民主社会中的人更加严格地遵守法纪，但我们不能就此认为他们的守法一定代表了社会资本的丰富。[6] 也许这反映出人们对来自一个无所不在的、压制性政府的严刑峻法的恐惧。如果是这种情况，一旦政府倒台或者人民不再惧怕政府，犯罪就会增加。这在整个前共产主义世界里发生过，1989 年柏林墙倒塌以后，那里的犯罪率都急剧上升。我们目睹的不是俄罗斯、匈

牙利、波兰和其他国家的社会资本的大幅下降，而是这样一个事实 31
被揭穿，共产主义治下的国家，其社会资本一开始就不高或者被消
耗殆尽了。这一点不足为奇，要知道它们的目标就是消灭独立的公
民社会，并且杜绝作为公民社会基础的公民间的横向联系。

犯罪：整体情况

美国人意识到，从 20 世纪 60 年代的某个时间点开始，犯罪率
就开始持续攀升，这与美国在二战后的早年间谋杀和抢劫案件发生
率实际上有所下降的情况相比，是一个巨大的变化。[7] 战后犯罪率
剧增的情况大概始于 1963 年，此后犯罪率呈加速度上升趋势。20
世纪 60 年代晚期，"法律与秩序"*被保守主义者作为一个政治问题
来对待其实很正常。1968 年，理查德·尼克松（Richard Nixon）
击败休伯特·汉弗莱（Hubert Humphrey）成为美国总统，部分原
因是他借助了美国人对犯罪率上升的忧虑。

经历了 20 世纪 80 年代中期的小幅下降后，美国的犯罪率在 80
年代末又大幅上扬，并在 1991—1992 年前后到达高峰。此后，暴
力和财产犯罪数量逐年下降。事实上，两种犯罪率下降最快的正是
在 20 世纪 60、70 和 80 年代它们上升最快的地区——包括纽约、
芝加哥、底特律、洛杉矶和其他一些大城市。如今纽约的谋杀案发
生率回落到 20 世纪 60 年代的水平，那时大断裂才刚开始。值得注
意的是，这一次犯罪率大幅攀升的时间上同战后出生一代步入成年
相吻合，信任下降和公民离散也发生于同一时期。

美国人也许不太注意的是，在差不多同一时期，亚洲以外的发
达国家里也同样出现犯罪率上升的情况。图 2.1 显示出在英格兰、

---

* 译注："法律与秩序"（law and order）指的是政治上一个重要的争论点，它代表了支持严
　厉的刑事司法制度的主张。

图 2.1　1950—1996 年，犯罪率总体情况

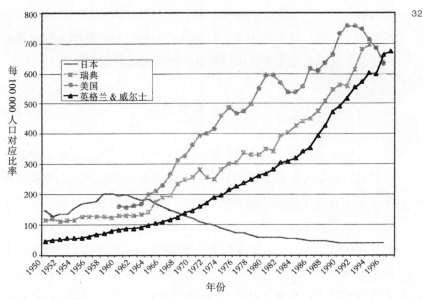

来源：见附录材料

威尔士和瑞典，暴力犯罪数量也快速上升，而日本则在下降。加拿大、
新西兰、苏格兰、芬兰、爱尔兰和荷兰等国家和地区的犯罪率也在
快速上升（参见附录）。全部暴力犯罪的构成情况在上述国家表现
得不太一样，美国的暴力犯罪中凶杀案的比例比其他国家都大，因
此，美国总体上的情况可能比图 2.1 所显示的还要糟糕。亚洲的高
收入国家，比如日本和新加坡，这一时期的暴力犯罪水平则在下降。

　　在社会资本的测量上，财产犯罪率相比暴力犯罪率而言，是一
个不那么负面的指标。暴力犯罪，尤其是凶杀，是比较少见且个体
化的行为，其所涉及的也只是相对较小的一部分人群。财产犯罪则
普遍得多，也影响了更广泛人群的行为。例如，美国在 1996 年中，
凶杀案和财产犯罪的发生比率是 1∶632。不平衡的是，暴力犯罪往
往更容易被媒体大肆渲染产生轰动效应，进而令公众对公共安全乃

图 2.2　1950—1996 年，偷窃率总体情况

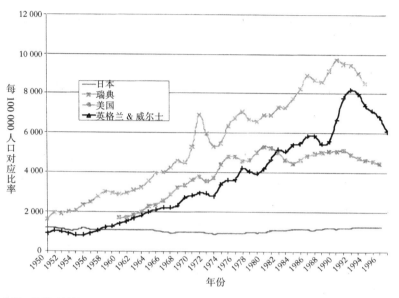

来源：见附录材料

至社会信任形成与事实不相匹配的负面看法。如图 2.2 所示，在英格兰和威尔士，以及瑞典和美国，财产犯罪率大幅增长。而在苏格兰地区以及法国、新西兰、丹麦、挪威和芬兰等国，偷窃案发生率也急速增加。美国的偷窃案发生率也在增长；不过在过去一代人时间里，新西兰、丹麦、荷兰、瑞典和加拿大的偷窃案发生率最终超过了美国。新加坡、韩国和日本再次不预此列，它们在同一时期内财产犯罪发生率较低，也没有出现明显的增长。

图 2.2 显示出，20 世纪 90 年代，美国、英格兰和威尔士、瑞典的财产犯罪率有所下降。新西兰、加拿大、芬兰、法国和丹麦也是如此（参见附录）。

白领犯罪（white-collar crime）*也是衡量社会资本的有效指标，因为犯罪者不仅仅来自社会中的贫困、边缘人群，也来自生活相对优裕的人群。遗憾的是，这方面数据远不如暴力犯罪和财产犯罪的数据好用。不同国家对白领犯罪的定义差别很大，对它的数据收集和报道也很不尽如人意。基于此，本书不会采用这方面数据。

除了暴力、财产和白领三类犯罪外，还有第四类社会越轨现象在事实上对特定社会的社会资本存量而言十分重要，同时又只有很少一部分相关统计数据得以保留。这就是某些犯罪学家所说的社会失序（social disorder），具体包括诸如流浪、行乞、在公共场所胡乱涂抹或酗酒闹事等行为。[8] 四十年前，在大断裂开始之前，美国以及大多数发达国家都把它们视为不法行为；实际上，市政警察部门一度要把大量时间用于逮捕醉汉和驱逐乞丐。在过去一代人的时间里，受到一系列法院判决的影响，大多数上述行为在美国已经合法化，其依据则是对它们的刑事制裁侵犯了个体的言论自由权、破坏了正当的司法程序等等。例如，在旧金山，因酗酒而被逮捕的人数在 20 世纪 50 年代占到 60%—70%，而这一比例到 1992 年下降到 12%；公共场合的酗酒闹事、无家可归、街头行乞等形形色色的流浪行为于是数量剧增。[9] 此外，20 世纪 70 年代大批曾被收容的精神病患者被收容机构释放，虽然本意是出于希望给他们提供更富人情的环境，但结果是让城市街道上增添了许多无家可归的精神病人。英国发生过类似情况，在"社区关怀"政策的指引下，精神严重失常的人被释放到社会中。这些变动在很多城市造成某种城市失序感，而这种失序感，正如犯罪学家韦斯利·思科甘（Wesley Skogan）所指出的，是犯罪率上升的前兆。[10]

---

* 译注：据《元照英美法辞典》，白领犯罪，"指由法人或个人在执行职务过程中所犯的各种非暴力犯罪的总称，包括盗窃罪、诈骗罪、侵占罪、商业贿赂罪、违反反垄断罪、操纵定价罪、内部人员交易罪等"。

亚洲的模式与西方发达国家大相径庭。远东地区最富有的四个社会，日本、韩国、新加坡和香港，其人均 GDP 与欧洲和北美地区相当（至少在 1997—1998 年亚洲经济危机之前），而它们的犯罪率比所有欧洲国家都低。日本的犯罪趋势尤其有趣，不仅犯罪率要明显低于其他任何一个经济合作与发展组织（OECD）成员国，并且在前面讨论的这段时期的前半段内，其总体的犯罪率一直处于下降趋势，其中暴力犯罪率在整个时期都处于下降趋势。

图 2.1 和 2.2 以及附录中所列的数据基于各国司法和内务部门的自陈报告。[11] 任何犯罪学家都可能立刻评论说，用这些数据来展示实际的犯罪水平存在很多问题，更不用说用它来描述像社会资本这样不明确的概念。[12] 最严重的问题与上报率不足（极个别情况下会出现过度上报）有关。也就是说，只有一部分实际发生的罪行被报警（有人估计，只有 44%—63% 的实际盗抢案件会被报警），另外，由警察机关上报给国家统计部门的案件也只是全部报警案件的一部分。[13] 许多报警案件被地方警察机关按照非正式方式处理掉而不做文书报告或稽核记录。犯罪学家承认，随着文书档案管理系统的进步以及罪案报告的组织规则的系统化，大多数国家的报案量都增加了。不少犯罪学家转向从受害调查（victimization surveys）而不是警察报告中了解一个社会的真实犯罪水平。[14] 这类调查随机选择受访者并询问他们是否曾受过犯罪侵害，这样就可以不必依靠警察机关获取信息。可惜的是，少有国家开展系统的犯罪调查，开展此类调查的国家（比如美国）也只是从 20 世纪 70 年代才起步。[15] 调查显示，过去数十年中，警察少上报案件的情况确实存在。另一方面，英国近来的一项比较研究表明，受侵害率（勉强能对应案件上报率）在 20 世纪 80 年代的一些国家中有过上升，但随即又降了下来。[16]

鉴于现有犯罪数据在方法论上的问题，许多犯罪学家放弃对犯罪进行比较分析，或不对长时段的犯罪情况变化趋势进行研究。[17] 不过这可能是因小失大的做法。就算我们假定发达国家中案件上报率的增长是缓慢的，但就上报情况来看，总体犯罪率在大多数发达国家都增长迅速。很难将涉及如此多国家、经历如此长时期的增长仅仅理解为一项人为的统计学结果，尤其是考虑到这些统计结果的增长正符合了人们觉得犯罪数量在增加的普遍印象。针对警察上报案件做法的改变造成二战以后犯罪数量增长的观点，犯罪史学家泰德·罗伯特·格尔（Ted Robert Gurr）提出了质疑；他举例说明，1840 年到 20 世纪早期的时间里，尽管上报工作得到了改进但经济相对发达的国家的犯罪率仍然下降了。他进而指出，案件上报率后来增长的真正原因也许就那么简单，"具有危害性的社会行为以远比早期之下降快得多的速度开始增长"。[18] 事实上，许多犯罪学研究都指出，当社会犯罪问题严重时，案件上报情况与公众对犯罪问题的感受是非常一致的。[19] 此外，很难解释为什么亚洲四小龙地区没有出现同样的趋势。难道因为唯独它们是过去几十年中经济发展而罪案上报手段没有改进的国家和地区么？

家　庭

　　若干社会规范方面的重大改变造成了大断裂，主要涉及与生育、家庭和两性关系有关的那些社会规范。20 世纪六七十年代兴起的性解放运动和女权主义深入到办公室、工厂、邻里街区、志愿团体、教育界，甚至军队之中。性别角色（gender roles）的改变对公民社会的性质也带来了巨大的冲击。

　　家庭和社会资本之间具有密切的联系。首先，家庭构成了最基本的社会合作单元，在此单元中，父母需要共同努力来孕育子女，并教育和帮助他们适应社会。让社会资本的概念大行其道的社会学家詹姆斯·科尔曼（James Coleman）将这一术语定义为"存在于家庭关系和社区社会组织中的、有益于儿童发展认知和社会生存能力的一整套资源"。[20] 家庭内部的合作得到一个被生物学所证实的事实的支持，即所有动物都会关照亲属，愿意大量地、不求回报地把资源转让给他们，这样做将大大增进家族群体内形成长期互惠的合作关系的机会。家庭成员彼此合作的倾向不仅有利于孩子的抚养，对其他如商业经营之类的社会活动也不无助益。即使在如今由非个人独有的、等级制的大公司一统天下的时代，由家庭经营占主导的小型商业安排就业的人数，占到美国经济私营部门雇员的 20%，同时也是新技术和商业实践的重要摇篮。[21] 37

　　但另一方面，过分依赖亲属关系会给家庭之外的广阔社会带来负面影响。像中国、南欧和拉美等许多地区的文化，倡导所谓的"家族主义"（familism），把加强家庭和亲属的纽带关系凌驾于其他社会义务之上。这就造成一种双重道德，它对所有类型的公共机关的道德义务都不及对亲属的道德义务。就像在中国文化中那样，家族主义受到盛行的伦理体系即儒教文化*的推崇。在这种文化中，家庭内部的社会资本更充裕，而存在于亲属关系以外的社会资本则相对不足。

　　19、20 世纪之交形成的诸多古典社会理论相信，随着社会的现代化，家庭的重要性会减弱，取而代之的是形式上更加非个人化的社会联结。这是滕尼斯所说的社区与社会二者间最基本的区别：在现代社会中，当人们需要借贷或聘请一名会计师时，不是依靠他们的叔侄，而是去找银行，或从广告、黄页中找寻。家族主义会导致裙带关系。因此，出于经济效率的需求，人们会基于资质和能力而不是血缘关系来客观地选择商业伙伴、客户和银行服务商。现代官僚机构（至少在理论上）的募员不是来自亲朋好友，而是那些客观上符合工作要求的通过正规考试的人。如此一来，家庭的重要性在

---

* 福山在本书中更多把儒家思想文化及其衍生制度（在汉代被凝定为官方学说和一整套政治制度并为后世中国沿用和发展）作为一种宗教性的存在来探讨，故本书遇到 Confucianism 及其同根词一律译为儒教（的）。

所有正通向现代化的社会中都实际上下降了。在殖民时期的美国，大部分美国人依附于家庭农庄而生活，家庭是基本的生产单元，除了食物之外也生产其他家庭生活用品。家庭要教育子女、照顾老人，考虑到物理空间上的隔绝和交通工具的匮乏，家庭自身也是提供娱乐的来源。在后来的岁月里，家庭的上述功能几乎都被剥离。先是男人接着是女人走出家门到工厂和公司寻找工作，孩子被送到公立学校接受教育 *，老人被送到养老院或私立疗养院，娱乐则由迪士尼、米高梅一类的商业公司来提供。到 20 世纪中期，家庭的范围缩减到以两代人为核心，其所剩下的功能也就是生育下一代了。

　　20 世纪中期在社会科学中流行的现代化理论不将家庭生活当做特别的问题来对待：大家庭（extended families）只会向着小家庭（nuclear families）方向发展 †，以适应工业社会的生活。但到了 1950 年，家庭的演化并没有停止。大断裂甚至导致小家庭也进入长期的衰落，最终危及家庭核心的生育功能。与经济生产、教育、休闲活动以及其他被放到家庭以外的功能不同，我们尚不能确定在小家庭之外是否有某种替代品可以实现繁衍后代的功能，这也解释了为什么家庭结构的变化会对社会资本产生如此重大的影响。

　　西方家庭业已发生的这些变化对大多数人来说并不陌生，它们也在有关生育率、结婚率、离婚率、非婚生育率的统计资料中得到体现。

人口生育

　　尽管陈述下面这个显而易见的观点似乎有点无聊，但社会资本

38

---

* 译注：在英格兰，Public school 通常是收费昂贵的私立学校，但在美国、澳大利亚等国则主要指公立学校，而且通常是免费的。

† 译注：人类学上，将几代同堂的家庭称为大家庭，将仅由父母子女构成的家庭称为小家庭或核心家庭。

确实离开人无法存在，而西方社会正陷入人口出生数量不足而难以维持自身发展的境地。20 世纪六七十年代出生的一代在人口爆炸和全球环境危机的消息中长大，他们中许多人坚定地认为未来人类生存的主要威胁之一就是"人口过剩"。许多第三世界国家也这么认为。但对于任何一个发达国家而言，真正的问题却正好相反：他们正在经历人口减少。

　　到 20 世纪 80 年代，所有发达国家都实际上经过了人口过渡期，这些国家的总和生育率（TFR，平均起来一个妇女一生潜在的生育率）低于维持人口处于稳定水平所必需的生育率（略大于 2）。[22] 图 2.3 展示了美国、英国、瑞典和日本的总和生育率。某些国家，如西班牙、意大利和日本，它们的生育率远低于更替生育率（replacement fertility），以至于下一代人的人口总量总比上一代人减少 30%。[23] 由于缺少从次发达国家迁来的移民，日本和多数欧洲国家每年人口数量将减少 1 个百分点，如此年复一年，到 21 世纪末它们的人口规模将仅相当于现在的一小半。日本是发达国家中第一个经历人口快速下降的国家，其人口从 20 世纪 50 年代起就开始大幅下降。结果之一便是，虽然由于人口惯性（demographic momentum）的存在，人口总量的增长可以维持到 21 世纪初，但日本劳动力的绝对数量在 20 世纪 90 年代末已开始减少，到 2015 年，如果没有大规模的移民，劳动力将减少 1 000 万。[24]

　　20 世纪最后二十年间总和生育率的滑落已经并且将持续带来十分具有破坏力的社会结果，原因在于这种转变是接着二战后的生育高峰期（生育率相对较高）发生的。由于种种少有人口学家能洞察到的原因，"婴儿潮"（baby boom）这个词只是在个别英语国家被使用，例如美国、新西兰和澳大利亚。不过这不妨碍像荷兰、丹麦、挪威、法国和德国这些国家也同样在战后经历了生育率的增长。英语国家的婴儿潮始于 20 世纪 40 年代晚期，到 20 世纪 50 年代晚期或 60 年代早期达到顶峰，意大利、瑞典和法国直到 20 世纪 60 年

39

40

图 2.3　总和生育率，1950—1996 年

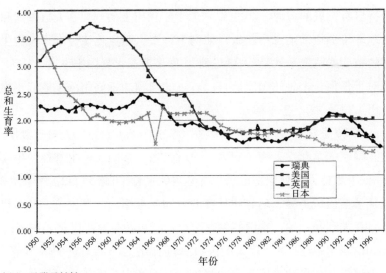

来源：见附录材料

代中期甚至更晚才迎来战后人口生育率的高峰期。

　　虽然生育率远低于更替水平的现象史无前例，但低生育率并不新鲜。法国的生育率从 19 世纪就开始下降，且在一战前就已成为担心落后于崛起中的德国的法国决策者的心头大患。20 世纪 30 年代整个欧洲也遭遇了低生育率，一些知识分子开始讨论人口减少的意味和后果。[25] 不少欧洲国家，例如法国和瑞典，尝试施行鼓励多生的政策，包括给家庭的每个孩子提供补贴以及日间儿童托管、充足的产假（育儿假也在增加）等其他社会服务*。大多数鼓励多生的政策成本巨大，而实际上对提高出生率没有什么效果。尽管有丰厚

---

* 译注：在欧美国家，产假（maternal leave）是提供给母亲的福利，而育儿假（paternal leave）可以由母亲或父亲机动选择由谁来休假，各国规定的休假时长不一样，产假一般在一年以内，而育儿假甚至可以长达三至四年。

的家庭补贴，法国的生育率依旧不高。瑞典以十倍于意大利或西班牙的投入来鼓励公民生育，在 1983 年到 20 世纪 90 年代初期这段时间里才勉强将生育率提高到更替水平。然而从 20 世纪 90 年代中期开始，其生育率又发生骤降，如今跌回至 1.5 的水平。

结婚与离婚

除了规模变小、难以繁育后代之外，西方的家庭也开始经历分裂，同时，不少孩子是非婚生育，或者他们在孩童时代就遭遇了父母离异。鉴于表明小家庭经历了长期衰落及其对孩子造成严重影响的证据大量存在，很难理解为何社会科学家长期以来致力于论证这方面没有发生什么明显变化。社会学家大卫·波普诺（David Popenoe）指出，在大断裂发生的那些年，社会学入门教科书普遍对“有关家庭衰落的虚张声势”嗤之以鼻。[26] 这可能表明，在 20 世纪 50 年代到 60 年代早期，美国和西欧国家的家庭亲密度有所增进，婴儿潮期间生育率也在提高。大萧条和二战虽然对家庭模式造成严重的冲击，但到了 20 世纪 50 年代晚期，家庭重回稳定，并超过了战前的水平。

然而，到了 20 世纪 70 和 80 年代，各种指标开始急剧下滑。人们更晚结婚，婚姻维持时间变短，结婚率也偏低。与生育率一样，20 世纪 60 年代结婚率上扬的情况在美国、荷兰、新西兰、加拿大等国都曾出现；不过，从 20 世纪 70 年代起，结婚率就开始急剧下降。美国从南北战争时期起，离婚率在每个十年间都有所增长，但增长率只是到 20 世纪 60 年代中期才开始迅猛加速。尽管在 20 世纪 80 年代离婚率增长的情况稳定下来，但这并不表明，随着婴儿潮中出生的一代人度过了他们最有可能出现离婚情况的时期，婚姻稳定性在增加。美国差不多有一半在 20 世纪 80 年代缔结的婚姻可能最终以离婚收场。离婚者同结婚者的比率，其增长速度更快，这也是出

图 2.4　1950—1996 年间每千人的离婚率

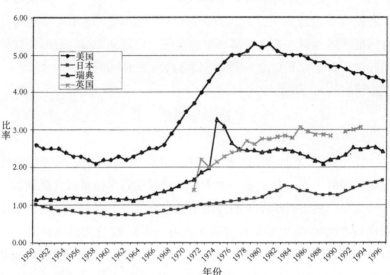

来源：见附录材料

于同一时期结婚率下降的缘故。从整个美国来看，三十年间这一比率增长了四倍还多。[27]

　　在美国，离婚的倾向与暴力犯罪一样不同寻常。美国在大断裂开始之际离婚率就比其他发达国家要高，到大断裂结束之时，其离婚率依然很高。不过大多数欧洲国家也遭遇了离婚率猛增的情况，图 2.4 显示了美国在内四个国家离婚率变化的情况。20 世纪 50 年代经历了从战时较高的离婚率趋于回落后，从 60 年代后半程开始，荷兰、加拿大、英国以及所有北欧国家的家庭开始破裂。个别来说情况又有差别——德国和法国离婚率相对较低，而北欧国家和英国相对较高。欧洲的天主教国家如意大利、西班牙和葡萄牙直到很晚才使离婚合法化（分别是在 1970、1981 和 1974 年），此后离婚率虽有增长但也相对缓慢。[28] 日本再次因离婚率低而显得突出，其比率只不过比南欧的天主教国家略高一点。

42

非婚生育

婚姻以外生育的孩子所占比例在逐步增长。美国全部活产胎儿中由非婚妇女所生的比例从 1940 年的 5% 上涨到 1993 年的 31%。[29] 不同种族的非婚生育率差别很大。1993 年，美国白人的非婚生育率为 23.6%，而黑人为 68.7%。[30] 有相当一部分黑人孩子没有父亲，在某些穷人集中的地方，孩子拥有成婚的父母的情况十分少见。

值得注意的是，从 1994 年到 1997 年，美国单身母亲生子所占的比率不再继续上升并趋于稳定。[31] 未成年人（她们绝大部分没有成婚）生子的比率跌落得比较明显，十五到十九岁之间的女孩生子的比例，从 1991 年每千人中有 62.1 人降到 1993 年每千人中有 54.7 人。在黑人女孩中，这种下降势头尤其急剧，从 1991 年到 1996 年间跌落了 21%。[32] 虽然上述变化不像 20 世纪 90 年代犯罪率的下降那样突出，但它说明非婚生育现象的发展不是单向的。

一些评论者业已指出，非婚生子女同婚生子女的比率增长如此明显，主要原因不在于未婚女性生育数量的增长，而是已婚女性生育率下降太多。[33] 这一事实有时被用来说明美国相对较高的未婚生育率不值得大惊小怪。对于有最好条件来抚养孩子的女性选择少生而条件不好的女性选择多生这一现象，人们是不是真可以泰然处之，这一点还不是十分确定。未婚女性生育率在 20 世纪 70 年代中期以后的增长，不是一个小数目，而且那之后到 1990 年，未婚生育率增长了一倍还多，随即趋于稳定，其后才逐步下降。[34]

如果我们把目光从美国转向其他经济合作与发展组织成员国家就会发现，美国不再那么与众不同；几乎所有发达国家（日本以及意大利、西班牙这样的天主教国家再次不预此列）经历了非婚生育率异常快速的增长（见图 2.5 及附录）。有些国家，如法国和英国，非婚生育率变高的时间要比美国略晚，可一旦迎来增长，势头甚至更猛。北欧国家的非婚生育率全世界最高，比美国还高出不少。德

图 2.5　1950—1996 年间单身母亲生育子女的情况

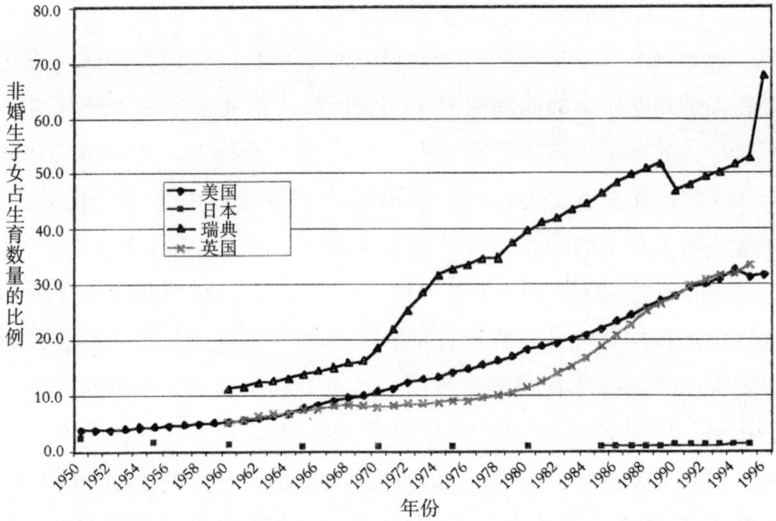

来源：见附录材料

国和荷兰，还是由于信奉天主教的人口较多，非婚生育率也相对欧
洲其他国家较低，意大利则更低。就非婚生育现象而言，日本是真　44
正的异数，其比率明显低于任何欧洲国家，增长速度也不快。

在欧洲，非婚生育的意味跟在美国是不一样的，因为大多数欧
洲国家的同居率都很高。二十到二十四岁年龄段中，45% 的丹麦女
性、44% 的瑞士女性和 19% 的德国女性处于同居状态，而美国这
样的比例只有 14%。[35] 在美国，约有 25% 的非婚生育来自同居男女；
法国、丹麦和荷兰这一比例更高，瑞典甚至可能高达 90%。[36] 很难
准确统计出各国婚外同居的数量及其所占全部男女同居数（婚内婚
外）的比例随时间变化的情况，不过所有评论者都同意以同居代替
婚姻的变化。[37] 在瑞典，人们的结婚率很低(1 000 个居民中仅有 3.6
人结婚)，而婚外同居率很高（占全部配对男女的 30%），据此可以
认为，那里的婚姻制度步入了长期衰落。[38] 在美国，由单身母亲和　45

未成年人所生的孩子的数量最为醒目。[39]

某一年间生活于单亲家庭的孩子的数量是由如下几个因素来决定的：婚外生育率、同居率、离婚率、同居分手率、复婚及同居复合率。美国单亲家庭比例较高是因为，相对而言它的非婚生育率和离婚率高而同居率低。

欧洲许多生育了孩子的夫妇保持同居而不结婚，并不意味着那里的家庭生活没有经历像美国那样的分裂。同居比婚姻更不稳定。人口学家拉里·邦帕斯（Larry Bumpass）和詹姆斯·斯威特（James Sweet）发现，不仅同居结合的男女十年后分手的比例是结婚夫妇的两倍，并且经过一段同居而后缔结的婚姻也不如无婚前同居的婚姻稳定。[40] 这就颠覆了那种流行的设想，即相信同居可以帮助男女双方在缔结婚约之前更好地适应彼此，故而认为婚前同居有益于婚姻。也有研究表明同居比婚姻更容易引发家庭暴力和与社会脱离。[41]

瑞典的非婚生育率和非婚同居率都很高。因此，比起美国来，那里的孩子更有可能同其生身父母住在一起。另外，瑞典近来离婚率增长迅速，离婚率在欧洲国家中已经排名靠前。由于瑞典人不怎么喜欢结婚，因此同居分手率是比离婚率更可靠的衡量家庭稳定性的指标。然而，它的统计数字又异常难以确定。有研究调查了 1936 年到 1960 年出生的瑞典女性，结果显示拥有一个孩子的同居男女分手几率是同样拥有一个孩子的结婚夫妇的三倍。这显然说明同居关系不如婚姻稳定。男女双方选择同居可能是因为这样做约束比终身伴侣少。无论何种情况，同居男女在解散家庭时面对的法律限制要少得多。这让大卫·波普诺等人推测，瑞典有可能是工业化国家中家庭破裂比例最高的国家。[42]

仅仅靠离婚率或非婚生育率抑或单亲家庭率，都无法描述孩子经历家庭破碎和单亲／失亲生活的程度。美国在 1990 年，有 67% 的孩子出生于已婚夫妇的家庭，其中有 45% 的孩子在十八岁前会眼见父母离异。[43] 在某些小型社区，比如非裔美国人构成的小社区，

46

该比率会更高，结果是能够在整个童年都生活在亲生父母跟前的孩子少得可怜。

这样的比率并非史无前例。在殖民时期的美国，跟随亲生父母成长的孩子到了十八岁时，将近有一半会失去父母。[44] 当然，情况不同的是，在 18 世纪，失去父母的原因大多数时候是疾病和早死，而到了 20 世纪晚期，则主要是出于父母自己的选择。有些评论者用这种先例来论证说，对孩子而言，如今的单亲家庭率来说不像普遍想象的那么糟糕——这实在是奇谈怪论。童年遭遇父母一方身故想必是人生早年的一件痛苦难忘的事，会令孩子的生活机遇充满风险；从那以后，人们的预期寿命大为增加，而这正是现代医疗保健技术最值得骄傲的成果之一。到了 20 世纪晚期，我们却在想方设法重蹈殖民时期美国的覆辙，面对这一事实我们不该处之泰然。并且，有充分理由说明，主动造成的家庭破裂要比被动的家庭破裂造成的心理创伤严重。[45]

我们不得不做出这样的结论，即核心家庭已全面衰落，其所保留的功能（比如繁殖后代）也发挥得不是很好。[46] 这恐怕会对社会资本产生重大的影响，因为家庭是社会资本的源泉，也是其传递媒介。

接下来的材料关系到家庭之外的社会资本的测量。   47

信任、道德价值和公民社会

在美国或其他西方国家度过从 20 世纪 50 年代到 90 年代这数十年的居民，恐怕鲜有人察觉不到在这一时期内所发生的价值观的巨大变化。这些发生在规范和价值领域的变化错综复杂，可以大致归结为日益增长的个人主义。用拉尔夫·达伦多夫（Ralf Dahrendorf）的话说，传统社会的自由选择空间不大而联结纽带（比如同他人的社会联结）众多：人们在婚姻对象、工作、居住地或者信仰问题上没有太多自主选择的机会，但经常受到来自家庭、宗族、社会地位、宗教、封建义务等压迫性联结的约束。[47] 现代社会中，个人的选择余地大大增加，将他们绑缚在社会义务之网中的纽带联结也大为放松。

在最乐观的情形下，现代生活也没有将上述联结纽带全然抛掉。实际上，由固有的社会阶级、宗教、性别、人种、民族等所形成的被动的纽带和义务被自发建立的联结所取代。并非人们同他人之间的联系减少了，而是他们只同他们选定的人建立联系。工会和专业团体取代了职业等级（occupational caste）；人们可以选择加入五旬节教派（Pentecostal）或者成为卫理公会派（Methodist）信徒，而不一定非要到国家教会（state church）*做祈祷；由子女自己而不是他们的父母去选择婚姻伴侣。从某种意义上，互联网技术具有把人们自发的社会联结提升到他们不曾梦想过的新高度的潜力：人们可以基于任何一种共同兴趣而在世界范围内相互联系，从禅宗佛教到埃塞俄比亚美食，所处位置再也不成其为障碍。

无数学者，包括彼得·伯格（Peter Berger）、阿拉斯代尔·麦金尔泰（Alasdair McIntyre）和达伦多夫自己都曾指出，这一乐观的场景的问题在于，传统纽带的消解并不仅止于代表着传统或专制社会的压迫性联结的解除，它还继续侵蚀着那些恰为自发制度奠定基础的社会关系，而现代社会就需要这样的自发制度。因此，人们不仅会质疑来自专制君主和宗教领袖的权威，也会质疑民选官员、科学家和教师的权威。他们会在婚姻和家庭义务的约束下发生龃龉，

48

---

* 译注：国家教会（state church）是一个与基督教有关的概念。历史上，曾有民族国家为摆脱教皇的制约，而进行自己民族国家的宗教改革，建立所谓的国教，典型的例子如英国国教（Church of England），英国国王是该国教教会的最高领导人。现代国家中，国家与教会通常是分离的，但也有国家规定某一宗教为国教（established religion）。福山这里说的国家教会指受到一国官方认可和支持的基督教教派组织——一般该国的国教就是基督教，例如丹麦、冰岛、挪威这些北欧国家的国家教派就是路德教派，而希腊的国家教派是东正教派。

尽管这是他们自己自愿做出的承担。他们也不愿被宗教灌输的道德教诲过多地束缚，尽管他们随时可以自由加入或退出他们所选的教派。个人主义，作为现代社会的基底，开始将自由民曾引以为豪的自给自足引向某种狭隘排外的自私自利，而最大限度的发展个体自由却无视对他人的责任将导致个体自由的最终丧失。

在自由选择余地之大前所未有的社会里，人们反而更加憎恶那些残存的束缚他们的联结纽带。这种社会的危险在于，人们会蓦然发现他们在社会中处于孤立的境地，虽然可以自由地同人交往，却无法做出能让他们在真正的社团中相互联结的道德承诺。20 世纪 90 年代浮现的有关社会资本的争论，实际上关乎的是创造和维系自发性联结的可能性，这种联结又为人类群体出于功利的或崇高的目的而产生的集体行动提供了可能。

大断裂时期出现的有关社会规范的种种变化，要概括其大体面貌并不难，但要以实证方式来论述它就殊非易事。对此，至少有两种解决办法：第一，借助调查人们价值观和行为的直接访问材料；第二，对构成现代公民社会的社会机构、团体和组织的数量和质量直接进行测评。

罗伯特·帕特南曾指出，美国的这两类资料反映出同一个动向：一段时间以来，人们对组织机构和人们彼此之间的信任减少了，同时团体数量和团体成员的数量也减少了。他认为这两种现象应该具有联系，这一见解不无道理，也就是说，在公民社会中，信任对于人们在一起工作以及加入团体组织是不可或缺的，因此二者都可以用来测量社会资本。[48]

然而，事实表明，信任和团体组织的成员人数之间并不存在必然的联系。尽管人们间的信任程度明显下降了，但有大量资料表明，种类繁多的团体组织及其成员数量实际上在增加。

在美国以外也存在类似的现象。在大多数西方发达国家，人们对政客、警察和军队这类传统类型的权威的信任下降了，那些本该

49

构成信任关系之基础的自我报告的道德行为（self-reported ethical behavior）*也不如从前了。与此同时，有证据表明，不仅团体种类和团体成员的构成发生了变化，总体上参与团体的人数也在增加。

在公民社会看来运转良好的同时，怎么会出现人们道德冷漠的表现大为增多呢？又怎么解释社会转向更深重的个人主义呢？答案与“道德的微型化”（moral miniaturization）有关：虽然人们继续参与团体生活，但团体本身的权威性在下降，其所营造的信任半径也在缩小。总体上看，能为社会共享的价值观越来越少，而团体之间的竞争越来越多。

信任在美国

信任是构成社会资本的合作性社会规范的主要副产品。[49] 假如人们如所想的那样信守承诺、奉行互惠准则、拒斥机会主义行为，团体就很容易形成，如此形成的团体也更有能力达至共同的目标。

如果信任可以作为衡量社会资本的重要指标，就会有很明显的指征说明社会资本在减少。很多美国人都意识到，人们对以美国政府为首 [50] 的各类机构的信任在逐步减少，到 20 世纪 90 年代降至历史低点。1958 年，73% 的受调查的美国人声称自己相信美国政府“大多数时候”或“几乎总是”能做正确的事。到了 1994 年，这一比率跌落到 15%（根据民意调查结果），只是在 1996—1997 年间，信任度才再度有所回升，稳定在 20% 多的水平。与此对照的是，认为政府“从不可信”或只是“有时可信”的人，从 1958 年的占受调查人数的 23% 上升到 1985 年的 85%（在随后的年份有小幅下降）。[51]

---

* 译注：自我报告调查是行为研究的基本方法之一，受访人在问卷或调查表中填写或选择自我行为的表现、频率、动机等等。

其他大多数美国公共机构的情况也只是略微好点而已。公司、 50
劳工组织、银行、医药业、宗教组织、军队、教育机构、电视媒体
和出版机构，都在 20 世纪 70 年代到 90 年代初期间遭遇了人们对
其信任的下降。[52] 在政府机构中，只有最高法院让美国人感觉"十分"
可信而不是"难以"相信，行政部门的情形则相反，国会的情况最糟。
只有科学共同体拥有相对持久稳定的受信任度。[53]

公共领域的信任变弱的同时，私人领域的信任——它是公民间
形成的合作关系的副产品——也在减少。有调查曾提出这样的问题：
"一般情况下，你会认为大多数人是可信的吗，还是说你觉得与人
交往再怎么小心也不为过？"结果显示，在 20 世纪 60 年代，倾向
信任他人的美国人比倾向不信任的多 10%，此后情况发生变化，到
了 20 世纪 90 年代，倾向不信任者超过倾向信任者 20%。尽管有人
认为不信任是体现在婴儿潮一代的特定现象，但图 2.6 显示出不信
任现象在 1958—1972 年间出生的高中生那里也有类似的增长。温
迪·拉恩（Wendy Rahn）的研究证实了这一点，该研究还表明，
不信任现象在"被遗忘的一代"比婴儿潮一代更严重*，而后者又比
其父辈一代的社会信任度要低。[54]

美国内部，不同种族群体表现出不同程度的信任。非裔美国人
远比其他种族群体不信任感强烈：80.9% 的黑人会认为他人不值得
信赖，而抱此看法的白人比例是 51.2%，此外，60.6% 的黑人会认
为别人不会公正待人，而抱此看法的白人比例是 31.5%。[55] 拉美裔
的不信任感比非裔稍好，亚裔族群的信任感还是更高些。年长者较
年轻者更容易产生信任，教众与非教众也是如此（不过原教旨主义
者比主流教派信徒的不信任感要严重）。信任与收入水平有关，更
与受教育程度密切相关：大学及以上教育水平的人相对更能用和善

---

* 译注：婴儿潮一代主要指 1946—1965 年出生的美国人，而被遗忘的一代（generation X）
  指 1961—1971 年出生的美国人。

图 2.6　1975—1992 年间高中毕业生群体中的信任度

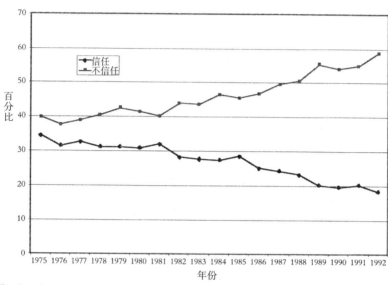

资 料 来 源：Tom W. Smith，"Factors Relating to Misanthropy in Contemporary American Society," *Social Science Research* 26 (1997): 170–196.

的眼光看待世界。[56] 最后，郊区居民比大城市居民更容易表现出信任。

　　有必要提醒的是，信任就其自身而言，不是一种道德品质，而是品德的副产品；只有当人们分享诚实互惠的行为标准，并在此基础上开展合作，才会产生。过分自私和投机取巧会摧毁信任。很难直接测量自私的程度，但在美国人中间肯定形成了"如今人们更加自私"的看法。例如，社会学家艾伦·沃尔夫（Alan Wolfe）的"中产阶级道德研究项目"对大量不同阶层和群体的美国人进行了深度访谈，很大一部分人同意这样的判断：与二十年前相比，"美国人更自私了"。[57] 除有关信任的问题外，普通社会调查（GSS）也问及人们是否公正和乐于助人。对于前者，结果显示，1972—1994 年间，

51

人们的公正程度略呈下降趋势，而关于后者则看不出任何变化趋势。另一方面，针对高中毕业生的"追踪未来"调查显示，1976—1995 年间，高中毕业生信任他人的程度和对他人是公正的和乐于助人的所怀有的信心明显都在持续下降。[58]

52

公民社会在美国

罗伯特·帕特南为证明美国社团成员数量下降而搜集的数据令人叹为观止，除了上面引用过的调查数据外，还包括从童子军（Boy Scouts）到家长—教师协会等各组织成员的数据、来自各类纵向研究的平行数据、有关美国人一周生活的详细时间预算的研究数据。帕特南指出，许多传统社团，比如友爱互助会（Moose）、慈善互助会（Elks）、基瓦尼斯俱乐部（Kiwanis）、圣地兄弟会（Shriners）等其他"千奇百怪"的组织，其成员数量都在减少，另外，根据普通社会调查的数据，从1974年到20世纪90年代中期，受调查者中属于社团组织成员的人数减少了约四分之一。

大体来说，只有当人们真正了解联结不同社会群体的各种纽带（即我前文所说的"正信任半径"）在定性上的重大差别时，帕特南的论点才站得住脚。更具体来说，烟草行业的利益会催生一个团体，向国会游说为烟草业降低消费税，但大多数美国人会认为，这种团体的活动与人类家园国际组织（Habitat for Humanity）这种以信仰为本的团体（它组织了市中心贫民邻里街区的房舍建设）迥然不同。前一团体拥有大量社会资本，也实现了合作目标，但大多数团体成员都是有动机的（有人猜测主要是因为所获的薪俸），并且他们也很少有动力去其利益群体之外寻求合作。另一方面，人类家园组织则相较而言拥有更多的共同价值，并且能够发展出超越其当前团体的价值，从而在整体上创造出更高层次的社会资本。代表着银行业、医疗行业、保险业和其他利益群体的大型游说团体的增加是不可回避的现实，但人们会质疑这些团体是否在其成员中建立起了其他类型的合作联结。

基于常识的道德理性会告诉我们，烟草游说团伙和人类家园组织还有另一个重大区别。前者直言不讳地称自己要为华盛顿的烟草制造商争取更多利益。人们可以辩称，民主政治体制允许社会中所有大型利益集团拥有自己在政治上的代表。但另一方面，利益集团政治有明显的缺点：通过投资选举来换取政治上的影响力，会加重民主政治过程中选举人的犬儒主义。正如经济学家曼瑟尔·奥尔森（Mancur Olson）所指出的，既得利益群体的积聚会导致寻租和其他寄生形式的妨害经济发展的行为。[59] 人类家园组织则不同，它不会从联邦政府那里牟利或寻求补贴，它的明确目标是为有需要的贫民建造他们买得起的住房。其实，两种类型的群体对于一个成功的现代社会都重要，但我们对健康的公民社会的看法，会根据这个社会充斥的完全是商业利益群体，还是完全由慈善性的志愿组织占据，而截然不同。任何有关美国公民社会已经衰落的观点都必须基于对这两类群体的辨析基础之上。

康涅狄格大学的埃弗里特·拉德（Everett Ladd），多年来一直在主持罗珀（Roper）调查，他在《拉德报告》（The Ladd Report）[60] 一书中，实际上对帕特南有关美国公民社会的数据进行了逐一质疑。他在该书一开始就批评帕特南没有把美国社会的众多新兴团体计算在内，但考虑到美国的幅员辽阔和多样化特点，这一任务实在棘手。他所举的一些例子十分具有说服力。例如，帕特南指出，家长—教师协会（PTAs）的成员数量从 1962 年的 1 210 万人锐减到 1982 年的不到 530 万人，此后略有增长，但如果将此成员数量转换为全美范围内每名学生所拥有的家长—教师协会成员数，则三十年来这一比率在持续下降。[61] 拉德则指出，家长—教师协会成员数量的减少不是因为家长参与少了，而是他们转而加入到这些协会的分支机构——所谓的家长—教师组织（PTOs）。这些组织不向全国性的协会交纳会费，与教师联合会也没有紧密的联系，而且大体来说组织形式松散。一项由拉德和罗珀中心共同主持的调查认为，在大多数学区[*]，家长—教师协会的数量减少到大约是该区全部家长—教师组织数量的四分之一。因此，过去三十年中家长对子女教育的参与实际上是在单纯地增长，这一点可以被家长自我报告的参与学校相关活动的调查数据所证明。

　　其他类型的组织也同样经历了家长—教师协会的遭遇。比如成员全为男性的"兄弟会"组织（"animal"organizations）衰落了；而另一方面，过去十年中，非正式的艾滋病互助组织数量激增，其成员数量很难准确估量。[†]美国儿童如今选择玩起了足球而不是加入少年棒球联合会（Little Leagues），但没有证据说明人们投入在围绕体育运动展开的社交活动上的时间总体上减少了。

　　人们花了很多力气对美国的团体和协会进行统计调查。美国商务部 1949 年开展的一项调查估算出，美国社会中有 201 000 个不同层次的非盈利的志愿性的商贸组织、妇女团体、工会、公民服务团体、午餐俱乐部[‡]和专业协会。^[62]非营利部门比较研究计划的负责人莱斯特·萨拉蒙（Lester Salamon）估计，截至 1989 年，美国有 114 万个非盈利组织，整体而言其增长率远远超过人口的增长率。^[63]要想对现代社会中所有类型的非正式社会网络和小圈子进行全覆盖的调查统计几乎是不可能的，仅仅一项针对扬基城（Yankee City）的研究就在 17 000 人的社区中调查出 22 000 个不同的团体。^[64]技术变迁又改变了社团的形式。举例来说，随着 20 世纪 90 年代个人电脑的普及，在线讨论组、聊天室、邮件讨论组突然大量涌现，对此

54

---

* 译注：学区（School District）是美国教育管理的最基层单位，类似于我国的基层教委或教育局。

† 译注：最早的男同性恋组织 Mattachine Society 1951 年成立于洛杉矶；1981 年，第一例艾滋病在美国被发现。

‡ 译注：主要面向老年人提供价格低廉的午餐服务的社会福利性组织。

我们该做出何种解释呢？[65]

　　普通社会调查数据并没有明确指出参与各种社团的人数下降了，但它就不同类型的组织的成员数量提出了一系列具体的问题，涉及工会、专业协会、兴趣小组、运动俱乐部、互助会和教会群体等。很难寻觅出某个强劲的趋势；有些类型的组织如工会其成员数量减少了，而另一些类型的组织如专业协会其成员则增多了。[66]另外一些来源的数据则表明公民参与的程度在提高。比如，1998年由美国广播公司（ABC）和华盛顿邮报联合开展的一项民意测验显示，过去一年中承认自己参与过志愿工作的受访者的比例从1984年的44%增加到1997年的55%。另一项关于受访者是否参与过任何慈善或社会服务活动的调查结果为，回答"是"的人数比例从1977年的26%上升为1995年的54%。艾伦·沃尔夫根据对美国中产阶级的访问调查推测，由于不太看重兴趣小组、社会团体这类组织，受访者在说到参与社团的情况时往往自打折扣。接受艾伦亲自访谈的人们则表示所参与的志愿活动以及参与时间都变少了，这又与他们对自己生活中充满着各种社会活动的状况总结相矛盾。不过，人们所属的组织往往是市民组织或宗教组织，而不仅仅是一般性的社会组织或互助会。[67]有两项调查证实了社会信任程度和社团成员数量二者吊诡的分裂现象，分别是针对高中毕业生的"追踪未来"调查（其结果显示受调查者对社区事务和志愿工作参与增加了但对他人的信任度降低了）[68]，以及一项针对费城的调研[69]。

其他发达国家的信任情况

　　要在美国以外的国家找到可资对比的说明过去四十年中社会信任度降低的数据殊非易事。唯一一项涉及多国的、提出一系列价值观方面问题的调研是由密歇根大学的罗纳德·英格尔哈特（Ronald

Inglehart）主持的世界价值观调查（WVS）。遗憾的是，用这些数据无法测量历时的趋势，因为该项调查只实施过三次（分别在1981年、1990年和1995年，而且至笔者写完本书之时还未获得1995年的数据）。我们无法只根据每个国家两个时间点的数据来发掘什么历时的趋势；而且在1965—1981年间，很多重大的变化不仅发生在价值观领域，也发生在犯罪和家庭方面。仅靠每个国家两个时间点的数据我们无法做出历时趋势的结论；而且在这段时间里，变化不仅发生在价值观领域，同样也发生在犯罪和家庭方面。

虽然数据集不大，但如果我们将世界价值观调查中所提到的问题视为与信任有关的问题，就可以发现有些情况同在美国身上看到的差别不大。[70]与信任相关的问题可以分为两类：一类与对主要社会机构的信任有关，另一类则与伦理价值观念（ethical values）有关。有必要再次指出，信任是共同的伦理行为规范的副产品。如果人们承认其行为并不那么值得信赖——比如说他们比较愿意接受贿赂、在出租车费收取上敲诈或在纳税申报单上弄虚作假——这样信任他人的客观基础就比较薄弱，而无需理会人们被直接问及信任情况时做出了何种回答。

针对包括美国在内的十四个西方发达国家的世界价值观调查显示，1981—1990年间，许多国家民众对该国大多数机构的信任度都下降了；奇怪的是，只有新闻出版界和大公司在大多数国家中赢得的信任在增加。[71]尤其是权威的传统来源——例如教会、军队、司法体系以及警察部门——受信度的下降在大多数国家表现得明显。[72]世界价值观调查中还有一些针对伦理价值的数据可以同信任关联起来，比如人们是否曾动念获取本不属于自己的利益、乘坐公交系统时逃票或在报税时弄虚作假。[73]大多数发达国家中，根据人们的自我报告，他们对避免从事欺诈行为的自我约束力似乎也在下降。

考虑到美国民众惯于反对政府的政治传统，美国人比欧洲人更不信任政府就不足为奇。[74]皮尤研究中心的一项调查表明，

56

1997 年，56% 的美国人声称他们不信任政府，而针对欧洲五国的一项调查结果显示，欧洲的相应比例只有 45%。认为政府效率低下、浪费资源的美国民众也比同样持此看法的欧洲民众多。不过，有证据表明，欧洲人对政府不信任的态度在某些方面开始同美国人接近。1991—1997 年间，认同"政府对我们的日常生活控制过多"这一观点的欧洲人从 53% 上升到 61%（1997 年持此看法的美国人比例为 64%）。[75]

　　一定程度上，上述变化印证了罗纳德·英格尔哈特宣称的发达国家普遍存在的向"后实利主义"（postmaterialist）价值观的转变。[76]按照英格尔哈特的解释，实利主义者重视经济安全和人身安全，而后实利主义者重视自由、个性表现和生活质量的提高。在世界价值观调查和欧盟委员会的"欧洲晴雨表"（Eurobarometer）调查的基础上，英格尔哈特提出，欧洲主要国家从 20 世纪 70 年代起就开始了向后实利主义的转变，并且认为在发生转变的国家里，通过增进民众的政治参与和对公共政策事务的关注，这一转变将有助于民主的质量。

　　不过，也可以用与英格尔哈特不同的方式来解读他得到的数据。他所使用的"实利主义"、"后实利主义"的标签也会产生误导，因为它们意味着处于前一类别的人们会出于私利来关注自身经济上的或个人的需求，而处于后一类别的人们会对诸如社会公平和环境问题这类涉及面更广的事情感兴趣。可是，对于前一类人也可以这样解读，他们愿意遵从各种大的公共机构的权威（比如警察部门、公司和教会），而后一类人会更加个人主义化，以牺牲团体为代价来要求自身权利被承认。毫无疑问，个人主义是现代民主制度的基石，可过度的个人主义会让社会凝聚难以实现，从而给民主带来负面影响。向后实利主义价值观的转向因此可能意味着某些类型社会资本的减少。

57

其他发达国家的公民社会发展

当我们从价值观转而观察群体成员，就会发现美国以外的世界大抵与美国相同的状况，即一方面有充分的证据表明，对主要机构和自我报告的伦理行为的信任度下降了，而另一方面看起来人们对公民社会中各种团体的参与度在上升。

最积极力主公民社会在全球范围内飞跃发展的是莱斯特·萨拉蒙，他主持的非营利部门比较研究项目试图证实公民社会的这一世界性的发展趋势。[77] 他认为，一场真实的"'结社革命'如今似乎在全球范围内发生，它构成 20 世纪晚期一次社会和政治的重大发展，正如 19 世纪晚期民族国家的兴起那样"。[78] 萨拉蒙给出大量的文献资料以说明美国非政府组织数量的增长，同样的情况也出现于欧洲："私人社团的数量在法国也同样猛增。1987 年一年有54 000 家这样的社团成立，而 20 世纪 60 年代每年新增社团数只有10 000 到 12 000 家。1980—1986 年间，英国各类慈善团体的收入大约增长了 221%。根据最近的估算，英国有大约 275 000 家慈善团体，其总年收入超过国民生产总值的 4%。"[79] 不仅欧洲的非政府组织数量猛增，据说在第三世界国家也是如此。[80]

出于某些原因，萨拉蒙关于全球公民社会的部分论断及这些论断透露给我们的有关社会资本的情况，恐怕值得怀疑。首先，萨拉蒙统计的新兴组织都是正式的非营利机构，它们都不计麻烦地使自己成为合法性社团。很可能在全球范围内存在一种网络和群体由非正式向正式的转变，但公民社会是由二者共同构成，把两者都考虑进来是否构成净增长尚不可知。此外，萨拉蒙认为的作为公民社会组成部分的许多组织实际上是规模很大、实行科层化运作的系统（诸如大学、医院、研究实验室、教育基金会等），它们被收录在美国国税局非营利组织目录范围内，但常常难以同政府官僚部门或者营利性企业区别开来。事实上，萨拉蒙的观点中包括这样一条，即美国和其他国家政府越来越多地将原本由政府机关履行的责任转移给属于"第三部门"的组织，这也在很大程度上解释了后者发展的原因。这些群体组织不是自发地形成，而是通过政府的授权而得以创立，也可以被视为现代政府的延伸。[81]

全球性的结社猛增这一结论可堪质疑的第二个原因与调查数据的质量有关。就像我们对前述帕特南论点的争议双方的实证依据进行细致审查所发现的那样，对美国这样一个拥有最丰富（关于自身的）数据来源的国家来说，很难立刻就判断出它的公民社会是发展或衰落，还是两种变化兼而有之。我们在美国发现的这一问题在其他国家也确实存在。我们不仅需要确切了解有多少新的组织诞生了，还需要了解有多少已经不存在了，还有群体组织成员的数量变化呈何种趋势以及社群生活的质量如何。[82]尽管如此，仍然有理由让我们相信，在发达国家中，至少还没有出现志愿组织数量净减少的情况，反而是在很多国家呈现总体增长趋势。世界价值观调查向受访者询问他们是否加入了各类组织（比如教会、政党、联盟或社会福利组织），以及他们在过去一年中是否为任一上述组织提供过无偿劳动。结果显示出两极分化的趋势。有些类别的组织如贸易联盟和社区行动团体在许多国家都出现数量的减少，而另一些类别的组织，比如教育、艺术、人权和环境相关的团体，在多数发达国家中都明显增多。人们从事无偿工作的时间量也具有同样的变化趋势。除了青年工作以外，大多数国家的各型组织都出现志愿服务增多的情况。

在过去一代人的时间里，发达国家中发生的价值观的转变令大断裂显而易见，这还只是被现有的关于价值观的实证数据所大致描绘出来的转变。虽然每一西方发达国家中有关信任、价值观和公民社会的情况都不尽相同，但总体的变化模式已经显现。首先是，在几乎全部接受调查的国家里都出现对组织机构信任度下降的趋势，特别是针对那些与权力和强制相关的旧式机构（比如警察部门、军队和教会）。并且，可视为信任之基础的自我报告的伦理行为，其水平也不如从前：在多数国家，1990 年的调查结果表明，人们比 1981 年时更容易做出某种形式的欺诈性行为。这两种变化模式在美国也都得到体现。

另一方面，团体和团体成员数量在多数国家都趋于上升。同样，每个国家的情况不一样，不同团体类型的相互比例也随时间发生了变化，不过，对机构信任的丧失和伦理行为的堕落，似乎并没有对人们与他人在某种层面上建立联系的能力构成严重的损害。[83]

美国在以下两个方面保持突出：对机构的不信任度处于最高水平，同时参与团体的人数和社区志愿活动比例也最高。

根据已有的有关价值观的比较数据，亚洲发达国家与西方发达国家相比并非全然不同。日本和韩国（世界价值观调查中仅有的两个高收入亚洲国家）均表现出同欧洲和北美相同的对机构信任度的下滑。日本国内自我报告的对伦理价值的信仰普遍呈上升趋势（这一点同爱尔兰和西班牙相同），韩国的相关数据则不全。团体成员数量上则没有明显的变化趋势：日本的团体成员数量（尤其是贸易联盟）趋于下降，而韩国的团体成员数量（尤其是宗教组织）趋于上升。

本章小结

犯罪和社会失序的加剧，作为社会联结源泉的家庭和亲属关系的衰落、信任度的降低，这些都构成大断裂的特点。这些变化普遍出现于 20 世纪 60 年代的发达国家中，与此前规范变动的时代相比，这一时期的变化来得十分迅猛。存在某些固定的变动模式：日本和韩国呈现出较低的犯罪增长率和家庭破裂率，但人们彼此不信任的情况令人苦恼；意大利和西班牙等拉丁天主教国家的家庭破裂率比较低，同时向生育率过低的方向发展。关于社会资本的削弱我们当然可以有其他测量手段，但这里所用的测量手段向我们揭示出令人触目惊心的不断严重的社会失序状况。我们接下来有必要探讨导致出现这些变化的原因。

第3章
关于原因的一般看法

前面章节中所描述的那些重大变化显然是多方面原因造成的，要想对它们做出精简的解释实属不可能。然而，在大约同一时期内众多工业化国家的各种不同社会指标一齐发生变动的事实，多少为我们指示出一种在更加普遍的层面进行解释的路径，从而把繁难的分析任务简化。如果同样的现象在一大批国家里发生，我们就可以把仅仅适宜于某一国家的解释剔除在外。

接下来，我将介绍社会理论家提供的有关大断裂不同方面的可能原因的解释，它们已经成为被多数人接受的意见。我首先介绍意图同时能解释大断裂所有方面的宏大阐释，然后转向针对大断裂某一具体方面问题的那些解析。这些解释，我有的赞成，有的则视之为谬论或不完备之论。

美国例外论

首先我们要提出的问题是，究竟是否发生了大断裂。许多欧洲人倾向认为社会秩序的崩坏只是发生于美国的独特现象，大多数困扰美国的严重的社会症候都没有降临在他们的社会中。正如第二章中举出的数据所显示的那样，美国总是拥有明显更高的离婚率和犯罪率，更严重的社会不平等及其他社会病，同时又在经济增长、创新、科技以及发达的公民社会方面胜出一筹。[1]美国例外论在暴力犯罪率问题上最为明显，美国是发达国家中谋杀、绑架和严重人身伤害案发生率最高的国家。谋杀率比欧洲许多国家以及日本高出一个量级，纽约市一个城市发生的谋杀案曾一度比英国或日本全国还多。[2]

如果大断裂只发生于美国，我们也许会被引向一种解释，即这种情况源于美国独特的历史和文化环境，以及 20 世纪 60 年代美国发生的一系列事件，比如越南战争、水门事件或里根主义大行其道。像罗伯特·默顿（Robert K. Merton）和西蒙·马丁·李普赛特（Seymour Martin Lipset）这些评论家业已就美国文化的特别之处做出详尽的分析，诸如反国家主义、憎恶权威、对经济流动性的热盼等，这些特点都特别容易导致家庭破裂、犯罪和社会失范。[3]美国的少数族群（比其他发达国家人数比例要大）也造成上述方面指标的恶化。例如，美国非拉美裔白人的非婚生育率，就处于欧洲国家未婚生育率高低排名的中游水平。

不管对美国例外论所做的跨文化解释多么成理，它们仍无法解释从 20 世纪 60 年代开始在众多发达国家中都出现的离婚、未婚生育、犯罪和不信任的比率同时上升的现象。

实际上，欧洲许多国家的家庭破裂和犯罪的统计指标其增长率超过美国（尽管它们的起步水平较低）。[4]这反过来说明，引起变化的不仅仅是美国独有的因素，而是西方发达国家作为一个整体所共同面对的那些因素。

除此之外，考虑到一系列更广泛的指标，美国不像人们想象的那样与众不同。我们已经了解到，多数北欧国家非婚生育率高于美国，其他英语国家如英国、加拿大和新西兰的非婚生育率也不逊

63

于美国。犯罪率的情况也是如此。犯罪学家詹姆斯·林奇（James Lynch）指出，在严重财产犯罪方面，1988年和1992年，与美国相比，澳大利亚的破门盗窃率高出40%，加拿大高出12%，英格兰和威尔士则高出30%。20世纪90年代，美国的财产犯罪率在降低，而同一时期该指标高于美国的欧洲国家数量却在增多。人们的一般印象中，美国的刑事司法体系最严苛，这种看法也不对：美国人均坐监率高的同时，其暴力犯罪数量也最多。美国对于某一罪行给予监禁惩处的可能和对杀人犯判处的刑期并不是特别高，有时实际上还比较低。美国有着欧洲所没有的庞大的社会底层（underclass），这是一个汇聚了长期居于贫苦的社会阶层，与劳动阶层（working class）不同的是，它代表着暴力犯罪、吸毒、失业、教育不良以及家庭破裂。社会底层在许多欧洲城市不是出现在城市中心而是在郊区地带，特别是来自第三世界的移民集中的地区。不过，欧洲的贫困往往比美国的贫困要更具规律性，性质上属于结构性贫困而非文化性贫困。[5]

一般原因

概括而言，至少有四种观点被提出来用以解释为什么与大断裂有关的那些现象会发生：一是它们源于不断增长的贫困和／或收入不平等，二是相反的原因，即不断增长的财富，三是视之为现代福利国家的结果，四是将它们归因于一场更广泛的文化转变，包括宗教衰落和个人主义的自我满足超越社团义务等。

在我看来，上述所有观点在解释为何社会规范从1965年起发生如此迅猛转变时均有缺陷。这些变化的确根源于价值观，因此也就深植于第一章中所说的文化方面更为广泛的转变之中。不过这依然存有疑问，即为何文化价值观在那个时候发生转变，而不是在之前或之后的一代。发生在两性和家庭规范领域里的转变，我想可以用两个因素来解释。一是在工业时代的经济向信息时代的经济转型

64

过程中劳动性质发生的重大转变，二是一项个别的技术创新——避孕药。这些具体的原因将在随后的两章中进行讨论。

解释之一：贫困和不平等导致了大断裂

　　所有人都认为，家庭破裂、贫困、犯罪、不信任、社会原子化、吸毒、教育水平低下和社会资本匮乏，这些社会问题之间存在紧密的联系。左右两派围绕它们进行了高度意识形态化的论争，所提出的观点则直指经济和文化两种因素之间的因果关系。左派认为，犯罪、家庭破裂和不信任主要是就业岗位、发展机遇和受教育机会少以及经济上的不平等所致。不少评论者还把种族主义和对少数族裔的歧视列入原因范围。这种因果逻辑分析导致人们呼吁美国实行欧洲式的福利国家的制度，以保障贫困人群的就业和收入，同时把日益严重的家庭破裂问题归咎于美国的福利国家发展得不够"现代化"。[6]

　　历史上富甲一方的国家一旦遭遇经济贫困就会带来社会规范方面如上所说的重大变化，这样的看法可以休矣。美国今天穷人的绝对生活水平比上几代美国人要高，他们的人均财富也比当代第三世界国家中家庭结构更加完整的人要多。美国并没有在 20 世纪后三分之一的时间里变穷；按不变价格的美元计算，美国人均收入从 1965 年的 14 792 元上涨到 1995 年的 25 615 元，人均消费支出从 9 257 元上涨到 17 403 元。[7]贫困率在 20 世纪 60 年代急剧下降，随后稍有回升，它并没有按照能够解释社会失序大幅增长的方向发展（见图 3.1）。

　　偏爱经济学假设的人们认为，贫困的绝对水平不是问题的根源。现代社会，尽管总体上更加富裕，但也更加不公平或遭遇了能导致社会功能紊乱的经济动荡和失业问题。在有关家庭破裂问题上，对离婚率和非婚生育率数据稍加关注便会发现，贫困导致社会失范的说法不太可能成立。对经合组织国家略一考察就知道，旨在提高经

图 3.1　美国官方报告的贫困率

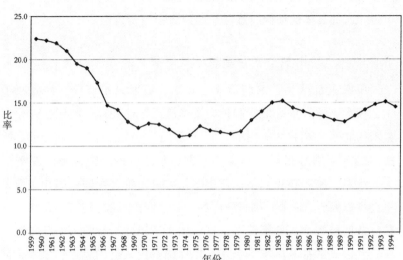

来源：美国人口普查局的《1997 年美国统计摘要》（华盛顿特区：政府印刷局，1997 年），
第 472 页。

济平等程度的福利水平和家庭稳定之间不存在正相关。事实上，在
高福利待遇水平和非婚生育现象之间存在某种微弱的联系，这种现
象往往印证了美国保守主义者所提出的福利国家是家庭破裂的致因
而非疗法。非婚生育率最高的是奉行平等主义的北欧国家，例如瑞
典和丹麦，超过一半以上的 GDP 被政府用于向人民返还福利。[8]
日本和韩国对贫困人群的国家福利保障最少，但在经合组织国家中
离婚率和非婚生育率也最低。[9] 具有丰厚福利保障的国家，其家庭
破裂和贫困之间的联系更是微弱。美国单亲家庭的贫困率比福利更
优越的其他经合组织国家要高，这表明各种家庭扶持和收入保障计
划似乎行之有效。[10] 不少看到这些数据的欧洲人于是相信，他们的
福利国家制度使他们能无须承受美国式的社会问题。

　　然而，仔细审视这些数据会发现，福利国家并没有解决潜在的

社会问题。这些国家只是单纯地取代了父亲的角色，向母亲和孩子 67
提供保障生存和养育所需的资源，人类学家莱昂内尔·泰格尔（Lionel
Tiger）将这一过程称为"政府婚"（bureaugamy）。[11] 在此过程中，
福利国家并没有消除家庭破裂的社会成本，而只是把它从个人身上
转嫁到纳税人、消费者和失业者那里。政府是否足以取代父亲的角
色令人怀疑，后者不仅为家庭提供资源，还要在子女适应社会和受
教育过程中发挥作用。而且，欧洲的福利国家在 20 世纪 90 年代遭
遇了严重的经济问题，几乎所有的欧洲大陆国家的失业率都持续上
扬。拿这些国家同没有受到潜在的家庭破裂问题困扰的日本相比将
富于启示意义，这一对比将在后面的章节中展开。

　　犯罪问题同样如此。民主社会中的政治家和选民普遍持有贫困
和不平等会导致犯罪的观念，他们也千方百计为福利和扶贫计划寻
求正当性。不过，即使有充分理由证明收入不平等和犯罪之间存在
广泛联系 [12]，这种联系也不足以为西方世界犯罪率如此快速上升提
供一个言之有理的解释。从 20 世纪 60 年代到 90 年代，没有发生
可以作为犯罪率骤然提高原因的经济萧条，并且实际上美国战后的
犯罪浪潮始自一个就业充分和普遍繁荣的时代。（20 世纪 30 年代的
大萧条时期，美国的暴力犯罪率反而下降了。）后来美国的收入不
平等扩大，但同一时期其他西方发达国家（平均主义程度要高于美
国）的犯罪率也上升了。美国社会较大的经济不平等，也许可以在
某种程度上解释其犯罪率在任何年份都比其他国家比如瑞典要高，
但却无法解释为何瑞典的犯罪率在同样的时期内开始增高。此外，
20 世纪 90 年代，美国的收入不平等继续扩大，但犯罪率却下降了；
那么这段时间里不平等和犯罪之间的联系变成了负相关。[13]

　　贫困也同不信任有关。但如果美国没有出现与大断裂构成相关
的贫困的大幅增加，那么贫困就不大可能成为不信任度上升的理由。
无论何种情况，只占相对很小部分的美国人跌入贫困线以下的事实，
无法解释大多数美国人表现出来的对机构和其他美国人的不信任。

另一方面，经济动荡和收入不平等的持续扩大本身可能导冷漠心态 68
的加重。大断裂时期，美国人的经济不安全感在增加。20 世纪 70
年代围绕石油供给和通货膨胀产生了一系列经济危机；80 年代早期，
美国的锈带地区（Rust Belt）*发生了严重的衰退，同时在海外竞争
的影响下出现大批失业者。而在 90 年代早期，美国的公司大幅裁员，
大型企业的终身雇用理念一去不复返。

艾伦·沃尔夫关于中产阶级道德研究的访谈可以用来说明经
济变化滋生不信任的一些方式。与欧洲人不同，美国人不太认为经
济不平等本质上是不公正的或标志着某种根本上就不公平的社会制
度。不少受访者对公司裁员表示理解，并指出它们这样做是为了保
持竞争力；也有不少人对工会提出质疑，认为它们试图在不提高生
产率的情况下保留工作岗位和待遇。不过，他们也批评了由于新的、
无情的竞争造成的不忠于职守，以及企业负责人在把工资减半的同
时又为自己保留大量特权。[14] 面对 20 世纪 90 年代企业的裁员和收
入减少，人们不得不把自己对工作单位的忠诚进行分配和限定，这
种情况比他们上一代人要严重得多。在一个盛行兼职或做临时工、
给人当顾问、频繁跳槽的新世界里，人们之间的联结虽有增加但都
不紧密。

解释之二：大断裂源于更多的财富和安全

有关大断裂时期价值观转变的第二种一般性解释恰恰与第一种
相反：不是由于贫困和不平等，反而是不断增长的繁荣所致。这一
观点由民意调查者丹尼尔·扬克洛维奇（Daniel Yankelovkh）提出，
他主持的民意调查追踪了 20 世纪 50 年代以来人们的价值观从社区
导向到个人主义导向的转变。[15] 罗纳德·英格尔哈特的研究工作也

---

* 译注：锈带指从前工业繁盛而今衰落的发达国家的某些地区，尤指美国东北部走向萧条
  的工业区。

指明了这一点，他的"后实利主义价值观"表明，由于要满足经济需求这一基本需求，使得人们在追求更高层次的需求时需要区分一系列的轻重缓急。

扬克洛维奇观察到三种阶段的"富足效应"（affluence effect）。 69
第一阶段，人们刚开始变得富有，但对经济上缺乏保障的生活还记忆犹新，那个时候他们最关心的是日常生计，自我实现、个人发展还有自我满足都是奢侈的想法。在第二阶段，当人们安然于眼前的繁荣后，他们开始放纵自己，这种态度的外在表现就是人们不大情愿牺牲自己的利益来抚育孩子，但却更愿意去冒险。家庭破裂和社会越轨现象都可能是在第二阶段所出现的后果。最后，随着年龄的增长，他们发现不能把生活富足视为理所当然，而是需要从长远来考虑。扬克洛维奇指出，不少美国人在 1991—1992 年间的经济衰退期进入第三阶段，这也许可以用来解释 20 世纪 90 年代社会功能紊乱程度有所降低的现象。

表面上看，把个人主义的滋长和社会诸问题归咎于大繁荣的观点要比其反面观点（源自贫困的增加）要合理得多。毕竟，如前所示，家庭破裂、犯罪和不信任程度在一长段时间里的加重，发生于那些同一时期富有程度稳步增长的国家。此外，经合组织国家里，价值观变迁同收入水平存在广泛的联系；像美国、加拿大、北欧诸国这类较富裕的国家，社会分裂的程度往往高于相对贫穷的国家，比如葡萄牙、爱尔兰和西班牙。人们凭直观感觉认为，随着收入水平的提高，那种使他们在家庭和社区中紧密团结在一起的相互依赖式联结会逐渐变弱，因为他们现在独自生活的能力提高了。在经济不景气的时候，抛下亲人和邻居可能令所爱的人陷入贫穷或严重的困窘境地；这时的人们会小心翼翼地维护蝇头微利，只想着眼前的满足而不愿担任何风险。

虽然在这条逻辑的论点上有很多合理之处，但仍不能令人满足。首先，在大断裂时期实际行为方式（在有关家庭破裂、犯罪和不信任方面）改变最多的是那些在社会上拥有财富最少的人群。例如收入低的非裔美国人，他们最没有理由把他们在 20 世纪 60 年代期间创造的经济成果视为唾手可得，也正是这一群体在随后几十年中经受了最严重的社会规范的解体。另外，用 1991—1992 年经济衰退期出现的经济上的不安全感来解释 90 年代价值观向更加保守的方向转变，有过于简单之嫌。即使经济繁荣和价值观转变二者有联系，它们之间的联系（正如英格尔哈特的研究所示）也不会太过紧密。也就是说，不管富裕程度和（历经一代人或几代人时间的）价值观转变之间有何种联系，个人主义并不随短经济周期而出现强弱起伏。

解释之三：错误的政府政策导致了大断裂

关于不断加重的社会失序的第三种一般性解释由保守主义者所提出，被认为最有代表性的观点来自查尔斯·穆雷（Charles Murray）的《脱离实际》（Losing Ground）一书，在穆雷之前提出这一解释的有经济学家加里·贝克（Gary Becker）。这种观点认为正是福利国家那种倒错的激励导致了家庭破裂和犯罪的增加，恰与左派的观点构成鲜明的对照。[16] 美国的第一项国家福利计划针对的是贫困的妇女，大萧条时期的"对有子女家庭补助计划"（AFDC）只向单身母亲提供福利金，这对那些同孩子父亲结婚的母亲来说就极不公平。[17] 美国在 1996 年通过的福利改革法案中废止了这一计划，部分原因正是考虑到它倒错的激励影响。[18]

同样，许多保守主义者认为犯罪数量的增加源于同一时期刑事制裁力度的减弱。加里·贝克就曾指出，犯罪可以视为另一种形式的理性选择：假如犯罪的回报增加而成本（受惩情况）降低，就会出现更多的犯罪而不是相反。[19] 不少保守主义者认为，正是由于社会容许度的增加才会出现 20 世纪 60 年代犯罪数量的增加，并认为那时的法律制度是在"纵容犯罪"。如果按照这种逻辑，20 世纪 90

年代犯罪率下降的一个重要原因就是，80 年代全美各地都采取了更
为严厉的强制措施（更严厉的处罚，更多监禁，有时是更多的街头
警力）。美国 1997 年的监禁率是 1985 年的两倍，是 1975 年的三倍。[20]　71
抛开严刑峻法对一般人的威慑效应不论，只计算犯罪者中未被收监
的那些惯犯的犯罪数量，就可以在很大程度上解释 90 年代犯罪率
的下降。[21] 詹姆斯·威尔逊（James Q. Wilson）也认为，跟英国相比，
美国在 20 世纪 90 年代犯罪率下降得较快与施用重典有关。[22] 除
了施用重典以外，警方的手段也向社区警务（community policing）
方向转变，这是一项能够起到减少犯罪率的积极作用的创新。

　　福利补助金会造成经济学家所说的"道德危机"（moral
hazard）并挫伤人们工作的积极性，对此很少会有人反对。[23] 但它
们对家庭结构会造成何等影响却没有多少人清楚。乍看之下，比较
数据更能支持穆雷的假设而非左翼人士的推论，前者视福利为家庭
破裂的原因之一：瑞典、丹麦这类高福利国家的非婚生育率比日本
这类低福利国家要高。但也存在无数的反例，先拿美国来说，其福
利水平大大低于（比如说）德国，而非婚生育率也远高于后者。就
美国福利补助金问题所做的精细的计量经济学研究发现，当把福利
补助水平同非婚生育率联系在一起时，无论是基于各州（被授权自
主决定其福利补助水平）还是历时的比较，都会出现类似的矛盾之
处。[24] 在后面的例子中，扣除物价因素，福利补助水平在 20 世纪
80 年代趋于稳定并开始下降，但家庭破裂率在整个 90 年代中期仍
未见减少。[25] 有分析者指出，美国的家庭破裂，只有不到 15% 的
情况可以归咎于"对有子女家庭补助"和其他福利计划。[26]

　　保守主义者的论点更根本的弱点在于，非婚生育只是家庭纽带
衰弱这一大问题的方面之一，其他还有生育率下降、离婚、同居取
代婚姻以及同居伙伴的分手等问题。非婚生育现象在美国和多数其
他国家，首先（即使不是仅仅）与贫困有关。然而，在西方，离婚
和同居现象主要流行于中上层社会人士。除了国家在法律上令离婚

变得更为容易以外，很难将离婚率大涨和结婚率下降的责任都赖在
政府身上。20 世纪 90 年代犯罪率的下降也许同改进警务方法、提   72
高惩处力度有很大关系，但很难说 60 年代犯罪率高涨的浪潮就单
纯是治安不力的后果。美国在 20 世纪 60 年代由最高法院通过了一
系列决议——其中最著名的案例莫过于"米兰达诉亚利桑那州案"
（Miranda v. Arizona），这些旨在保护刑事被告人权益的决议的确限
制了警察和公诉人的行为。但是警察部门很快学会了如何适应在办
案过程中完全遵循合法的程序。在后续章节中我们将看到，晚近出
现的大量犯罪学理论，把犯罪归诸犯罪者在人生早期社会化程度和
冲动控制力的低下。潜在的犯罪者并非不会在面对可能的惩罚时做
出理性的反应，而是他们对一定程度的惩罚的反应以及从事犯罪活
动的倾向性很大程度取决于他们从小接受的教育。与理解犯罪数量
迅猛增长的现象更为相关的不是惩罚的力度，而是起中介作用的各
种社会建制（social institutions）（比如家庭、邻里、学校）在这一
时期所发生的变化，以及年轻人从大的文化环境那里所接受的信号
的变化。

解释之四：大断裂由更大的文化转变所引起

　　这一解释将我们引向文化上的解释，它在上述四种解释中看似
最为合理。不断增长的个人主义和不断放松的公共管控显然会对家
庭生活、两性行为以及人们遵纪守法的意愿产生重大影响。按照这
一解释的逻辑，问题不在于文化是否构成因素之一，而在于文化的
解释能否充分照顾时间上的节奏：文化的演变通常十分缓慢，但为
什么在 20 世纪 60 年代中期以后发生了如此异乎寻常的迅猛变化？

　　在英国和美国，社会公共控制的力度在 19 世纪最后三十几年
的维多利亚时期达到顶峰，当时以男性为主导的婚姻家庭仍是广为
接受的理想模式，青少年性行为受到严格的控制。冲决维多利亚式
道德体系的文化转变可以被分为多个层次。最上层的是由哲学家、   73

科学家、艺术家和学者散播的抽象理念，偶尔也会有个别兜骗之徒参与其中，他们为更广泛的转变奠定了理论基础。第二层是大众文化，它是复杂的抽象理念的简明版本，经由书籍、报纸和其他形式的大众媒介被传播给更广泛的受众。内蕴于抽象和大众化的理念之中的新规范逐渐显现于广大民众的行为当中，于是构成了实际行为这最后一个层次。

维多利亚式道德体系的衰落可以从 19 世纪末 20 世纪初的若干思想发展中看出端倪，20 世纪 40 年代出现过这种思想发展的第二个高潮。在思想的最高层次，西方唯理论者因为得出的结论无法为普适的行为规范找到合理的依据，从而自毁根基。这一点在弗里德里希·尼采（Friedrich Nietzsche）这位现代相对主义之父那里体现得最明显。事实上，尼采认为人这种"红脸颊野兽"（beast with red cheeks）是创造价值的动物，不同人类文化中所使用的各类"有关善恶的语言"是意志的产物，而不是出自真理或理性。启蒙不会带来有关权利或道德不证自明的真理，它反而揭示了在道德约定问题上无穷的多样性。想把价值观立基于人性或上帝的努力，都注定会被发现是那些价值观的塑造者的有意为之。尼采那句"没有事实，唯有解释"的箴言，成为后代那些汇聚于结构主义和后现代主义大旗下的相对主义者的口号。

在社会科学中，首先撼动维多利亚式价值观根基的是心理学家的研究工作。约翰·杜威（John Dewey）、威廉·詹姆斯（William James）、约翰·沃森（John Watson），三位心理学行为主义学派的创始人，出于不同原因都对维多利亚式和基督教的那种认为人生而有罪的观念提出质疑，并进而论证对人们行为加以严格的社会控制并非维持社会秩序所必须。行为主义论者主张，人类心灵是一种洛克式"白板"（tabula rasa），有待文化内容来填充；这意味着人类远比此前我们想象的那样更富有（社会压力和政策之下的）可塑性。西格蒙德·弗洛伊德（Sigmund Freud）和他创立的精神分析学派在如下思想的传播上影响甚巨，即神经官能症源于社会对性冲动过度的压抑。甚至，受精神分析学流风所及的影响，整整一代人都习于谈论性，并把日常心理问题同"力比多"（libido）及其被压抑联系起来。

人们容易对高度复杂的思想潮流进行过于简单化的处理。心理学中的詹姆斯·威廉学派、行为主义学派和弗洛伊德学派都对本能、文化以及更一般的人性问题有着各自明确的看法。也许，比起每一学派的影响来说，更重要的是心理学本身的兴起，不仅作为一门学科，也作为一种看待自我的方式。可以有把握地说，19世纪的美国人（在这一问题上也包括19世纪的欧洲人）并没有本着治疗的目的花时间对内心最深处的感受进行内省式的探究。就激励人们自省而言，其目的在于使人们根据外部的、同更大的团体和机构相联系的约束性规范和律令来调整内心的想法和外在的行为。相比之下，20世纪对心理学的重视则为人们能合法地追求个体的愉悦和满足做出了相当的贡献。当代生活的这种"心理化"（psychologization）特征导致出现了社会学家詹姆斯·诺兰（James Nolan）所说的"疗治型国家"（therapeutic state）[27]，即政府致力于满足公民的内在的心理需要，且政府的合法性也来自它使民众感觉更加良好的能力。加利福尼亚的"自尊"运动可以视为对数十年前兴起的那场思想潮流的一点微弱反响，在这场运动中，公立学校努力帮助年轻人提高自尊心，并从因无法达到不合理的行为标准而产生的焦虑中解脱出来。

在20世纪中发展起来的另一种关于性行为的高级理念出自人类学。哥伦比亚大学的人类学家弗朗茨·博厄斯（Franz Boas）抨击了此前关于种族等级的那种社会达尔文主义理论，也批评了西方的种族中心主义对各古老文化的武断裁决。博厄斯的学生玛格丽特·米德（Margaret Mead）于1928年写就了《萨摩亚人的成年》（*Coming of Age in Samoa*）一书，她在其中直接运用文化相对主义

的概念来分析美国人的性行为问题。她指出，萨摩亚的女孩与受清 75
教文化和维多利亚文化影响的美国女孩不同，她们可以像成年人一
样表达自己的性兴趣；由于没有压抑性的清规戒律，总体上像犯罪、
猜忌、好胜这类问题在萨摩亚社会要少得多。[28] 米德不仅著书立说，
而且还在《生活》杂志开有定期专栏，在广播、电视等新媒体上也
有定期栏目，这些都令她的影响不可轻估。

　　在大众文化层面，文化历史学者詹姆斯·林肯·科利尔（James
Lincoln Collier）指出，1912 年前后是维多利亚式性规范在美国走
向瓦解的关键时期。一系列新式舞蹈在这段时间里风靡全国，随之
而来的则是，人们普遍接受了正派女人可以出现在舞蹈俱乐部的观
念；酒类的消费量上涨了；爵士一词首度出现在出版物中，白人越
来越多地接受拉格泰姆调、迪克西兰风这些黑人流行音乐类型；女
权主义运动初露端倪；电影和现代大众娱乐相关技术的普及；以彻
底打破既有文化价值合法性为要旨的文学现代主义步入高潮阶段；
性方面的道德观念（基于人们在此时期少得可怜的实际经验知识）
也开始变化。[29] 科利尔认为，20 世纪 60 年代性革命的思想文化基
础在 20 年代就已在美国精英人群中生根发芽。只是这些思想文化
基础在其他民众中的普及因大萧条和战争而滞后，大萧条和战争的
影响在于使人们更加关注养家糊口而非自我表现和自我满足，后者
对于他们大多数人来说怎么也享受不起。

　　因此，大断裂时期在社会规范上发生的转变，关键问题不在于
它有没有文化方面的根源（它当然有），而在于我们能否解释随后
的转型为何在那段时间、以那样迅猛的速度发生。关于文化，我们
的认知从来就是，它的转变比起其他因素的转变（比如经济状况、
公共政策或意识形态）要慢得多。在文化规范快速变化的地方，比
如快速走向现代化的第三世界国家，文化的转变显然受到经济转变
的驱动，而不是一个独立自主的因素。

　　大断裂也是如此：在大断裂开始前的两三代人时间里，已经发

生了摆脱维多利亚式价值观的转变；紧接着，变化的速度突然间急
剧加快。很难相信，在短短二三十年里，发达国家的民众只是单纯
地决定，他们要在婚姻、离异、育儿、权威认同和社区生活这类基
本问题上改变态度，而没有其他强力因素的驱动来造成价值观的转
变。将文化变量同美国历史上的具体事件（越南战争、水门事件或
20 世纪 60 年代的反主流文化运动）相联系的那类解释，暴露出更
为严重的地方主义：为何在其他国家，从瑞典、挪威到新西兰和西
班牙，也都发生了社会规范的分崩离析呢？

　　假如上述对大断裂的宽泛解释不尽如人意，我们就需要更具体
地考察造成大断裂的种种因素，并探寻它们彼此之间是否存在联系。

第4章

人口、经济与文化方面的原因

犯罪率为何上升？

如果不仅仅把犯罪率的上升作为警察报告制度改进后的一种统计意义上的成果，我们就需要提出以下几个问题。为何犯罪率在相对较短时期内以及在诸多国家中急剧上升？为何在美国和其他若干西方国家中犯罪率开始下降或趋于稳定？为何亚洲的发达国家不在这一模式的范围之列？

同离婚率上升的情况类似，关于犯罪率在 20 世纪 60 年代末到 80 年代期间上升并随即下降，人口原因首先且也许是最直接的一个解释。大多数犯罪实施者是十四到二十五岁之间的年轻男性。这里存在与男性的暴力和挑衅倾向有关的基因方面的原因，这也意味着只要生育率上升，犯罪率就会在其后十四到二十五年内上升。[1] 在美国，1950—1960 年间，十四至二十五岁年龄段的年轻人增加了 2 000 万，其后十年又增加了 1 200 万，其所带来的冲击不亚于"蛮族入侵"（barbarian invasion）。[2] 大量增加的年轻人不仅扩大了潜在
罪犯的基数，他们对青年文化的痴迷还可能导致社会上蔑视权威的

行为不可收拾地滋长起来。我们可以进行年龄控制，拿犯罪数量同某一社会中年轻男性的人数进行比较，而不是与该社会的总人口数进行比较。这样一来，图 2.1 和图 2.2 中的上升曲线和下降曲线就会变得平缓。的确，美国在婴儿潮时期生育率的上涨快过其他发达国家，这是造成美国 20 世纪 60 年代至 90 年代犯罪率较高的原因之一。[3] 新西兰在二战以后生育率急剧增长，甚至超过美国，该国的财产犯罪率也在 20 世纪 70 至 80 年代快速上升。

但生育高峰只是 20 世纪 60 至 70 年代犯罪率上升的一部分原因。有犯罪学家估计，美国谋杀犯罪的实际增长量，是该国人口结构转变所预期的谋杀犯罪增长量的十倍。[4] 也有其他研究表明，年龄结构变化同犯罪数量增长之间的联系在跨国层面就表现得不够紧密。[5]

第二种解释把犯罪率同现代化以及与之相关的城市化、人口稠密、犯罪机会等现象联系起来。人们按常理会认为，大城市中的偷车和入室盗窃现象比乡村农场一带多，因为在大城市犯罪分子才能轻易找到汽车和无人的房舍。20 世纪 40 年代的亨利·萧（Henry Shaw）和克利福德·麦凯（Clifford McKay）[6] 以及晚近的罗德尼·斯塔克（Rodney Stark）等人则提出"生态论"，将犯罪同特定类型的环境联系起来——包括人口稠密的城市地区、功能复合的邻里街区或是吸引暂住人口的聚居区。[7] 这些类型的环境往往为社会的经济现代化所造就，因此想当然的，人口从农场和乡村向外迁徙进入城市会带来犯罪率的增加。

城市化和外在环境的改变难以用来解释 20 世纪 60 年代以后发达国家犯罪率的上升。这些国家在 20 世纪 60 年代之前就已成为工业化和城市化社会；它们在 1965 年以后就没有出现过人口从农村向城市快速迁徙的现象。在美国，南方地区的谋杀率远高于北方地区，尽管后者的城市化和人口稠密程度较前者要高。事实上，南方的暴力犯罪往往发生在农村地区，而且，对此有过深入考察的观察 79

家坚信，那里的高犯罪率主要出于文化因素而非生态环境因素。[8]
日本、韩国、新加坡和香港地区有着世界上人口最稠密、城市最拥
挤的环境，但在城市化过程中并没有出现犯罪率升高的现象。简·雅
各布斯认为"街头之眼"的数量同犯罪数量成反比，如果我们倾向
接受她的观点，则恰恰是这类被生态论者认为容易滋生犯罪的城市
环境（包括拥挤的人行道和功能复合的邻里街区），对雅各布斯来
说是（拥有丰富社会资本的）邻里街区犯罪率低的原因。这说明人
类的社会环境在决定犯罪率水平方面比自然环境重要得多：同样一
些城市街区，当新的人群涌入时，有可能变得风衰俗败，也有可能
焕然一新。换句话说，我们又回到社会资本的论点上来：犯罪率上
升是由于某一邻里街区或社群的社会资本减少了，反之亦然。

　　第三类解释有时被委婉地称作"社会异质性"（social
heterogeneity）。[9] 就是说，许多社会中犯罪现象主要发生在少数族
群（racial or ethnic minorites）中，当社会的种族多样化程度增高
（正如西方发达国家过去两代人时间里所实际发生的那样），我们就
会推想到犯罪率的上升。正如犯罪学家理查德·克罗沃德（Richard
Cloward）和劳埃德·奥林（Lloyd Ohlin）所指出 [10]，少数族群犯
罪率通常较高的原因在于，对于多数社群成员而言的那种社会流动
的合法性途径，在少数族群成员那里却被阻塞了。如果是在文化、
语言、宗教和民族等方面高度多样化的邻里街区，它们就根本不会
凝聚成为以非正式规范对其成员进行约束的共同体，在这种情况下，
异质性这种简单化的论据本身就应受到责难。最后，并非所有发展
受到社会所阻碍的少数族群，其犯罪率都大体相当。某些少数族群
的犯罪率更高可能仅仅是其社群自身文化的结果。

　　作为对犯罪率上升现象的一种总体性解释，社会异质性对于欧
洲国家要比对美国可能更具有解释效力。在美国，种族多样性随着
新移民尤其是拉美和亚洲移民的涌入与日俱增。然而，我们无法断
定拉美裔移民的总体犯罪率要明显高于土生土长的美国人，反正到

20 世纪 60 年代以后，生于美国本土和生于美国以外的人群，他们的犯罪率都升高了。而在欧洲，受法国的"让·玛丽·勒庞国民阵线"（Jean-Marie Le Pen's Front National）和德国共和党这类右翼团体煽动，反移民情绪很盛，而且这种情绪颇受那种把犯罪问题主要归咎于移民的观念的刺激。但在这里，本土出生人群的犯罪率同样也上升了。[11]

还有一种解释把毒品牵扯进来。如果仅考虑婴儿潮出生的一代人步入成年时期间，我们就会预期犯罪率的降低应该发生在 20 世纪 80 年代（就像此时离婚率趋于平稳一样）而不是 90 年代末期。对暴力犯罪率维持在高水平并在 90 年代末期陡然下降的一种解释认为，这种现象与 80 年代中期霹雳可卡因（crack cocaine）进入美国城市并随之形成稳定的市场有关。[12] 但这一解释并没有阐明最初犯罪率增长的原因，仅仅有助于理解犯罪率居高不下的问题。

基于上述这些解释的局限性，我们不禁会问，犯罪率的上升难道同大断裂的其他方面没有关系，尤其是与当代社会的家庭变化一点关系都没有吗？当代美国犯罪学研究的主流学派认为，儿童在成长初期的社会化状况是决定他们后来犯罪行为水平的最重要因素。大多数人不像理性选择学派不时声称的那样，他们不会基于回报和风险的考量来对是否实施犯罪进行例行的选择。出于人生早期的习得，大多数人遵纪守法，尤其不会涉足严重的违法乱纪活动。与此相对照，大多数犯罪行为出于那些屡教不改的惯犯，他们没能养成基本程度的自我控制力。在很多时候，他们的行为并非出于理性，而是出于冲动。由于不计后果，他们也不会被将要面临的惩处震慑住。

证明早期儿童社会化之重要性的最著名的犯罪学研究成果之一，出自谢尔登·格卢茨克和埃莉诺·格卢茨克（Sheldon and Eleanor Glueck）夫妇之手，并被收录于他们合著的《青少年犯罪揭秘》（*Unraveling Juvenile Delinquency*）一书中。[13] 格卢茨克夫妇对同样来自波士顿穷人邻里街区的一群男孩儿进行了历时的跟踪调查直至他们成年，借此来弄清究竟是何原因让他们中的一些人走上犯罪道路，而其他人则安居乐业。该研究的发现之一是，那些少年时期有过犯罪记录的男孩成年后依旧会出问题——进一步犯罪、婚姻失败、沉溺于酒精或毒品、没有稳定工作，等等。这说明他们自我控制力低下的习性是在人生较早阶段养成的，而自我控制力是实际上得自家庭的最重要的社会资本内容之一。

特拉维斯·赫希（Travis Hirshi）和迈克尔·戈特弗雷森（Michael Gottfredson）也得出了同样的结论，基于人生历程受到父母在孩子小时候对其进行社会化教育的基础塑造，他们认为用"犯罪生涯"要比用个体犯罪行为更具有解释力。[14]通过一项针对家庭和犯罪关系的综合调查，罗尔夫·洛伯（Rolf Loeber）和玛格达·斯托萨默—洛伯（Magda Stouthamer-Loeber）证实了一个大多数人的常规看法，即父母对孩子的忽视、同孩子的冲突或者疏离以及父母自身的偏常行为、婚姻矛盾等，都会对孩子未来的犯罪倾向产生影响。[15]

20 世纪 90 年代，罗伯特·桑普森（Robert Sampson）和约翰·劳布（John Laub）重新分析了格卢茨克夫妇的数据，并确证了后者所说的"以年龄分级的非正式社会控制"的重要性，以及未能适当社会化的儿童会终生与犯罪相伴随的观点。[16]桑普森和劳布跟格卢茨克夫妇及其他"控制论"者结论上略有不同的地方在于，他们认为诸如同学、同事、同行这类后来建立的社会关系也会对个体步入犯罪生涯的倾向产生影响。在他们看来，不仅家庭是社会资本的重要来源，内蕴于邻里街区的社会资本同样能影响到青少年犯罪的数量。不过，他们对家庭和犯罪之间的基本联系以及家庭对于保持邻里街区内社会成本的重要性并无异议。

家庭破裂能够解释发达国家在 1965 年后犯罪率普遍上升的现象吗？用这一时期出现的家庭生活状况的恶化来解释犯罪率的大幅上扬不无道理，也确实有大量经验证据表明二者之间的联系。[17] 家庭破裂常常可作为一种重要的中介变量来解释贫困同犯罪存在联系 [18]：家庭贫穷不仅是由于缺乏教育和交通不便而难以得到工作机会，也经常出于家中缺少父亲来激励、规训子女，为他们树立榜样，以及提供其他能使他们适应社会生活的帮助。

另一方面，统计结果上的家庭破裂和犯罪之间的联系不像它们一开始看上去那样明显，前者常常同许多其他因素例如家庭贫困、所入学校差、住在危险社区等有关，这些因素也对孩子如何适应社会生活构成影响。[19] 要厘清这些不同因素往往很难，每个国家的头绪也不一样。例如在瑞典，家庭之外的社区成员——邻里、陌生成年人、日间托儿所的专职人员、教师等等——在孩子的社会化过程中所起的作用，可能要比美国的同样群体的作用大得多。单亲家庭给孩子成长造成的负面后果也因此要小。

即使在美国，用家庭破裂来解释 20 世纪 60 年代犯罪率的上升也成问题。如果家庭破裂是造成犯罪的一大因素，那么可以预期在离婚率和非婚生育率上升后十五至二十年也应出现犯罪率的上升，因为出于这些破裂家庭的孩子将会带来犯罪潮。然而犯罪率、离婚率和非婚生育率都是在同一时期开始上升的。那些在 20 世纪 60 年代末和 70 年代初从事犯罪活动的年轻人应该生于 1945—1960 年间，彼时正值战后婴儿潮，也是美国家庭稳定程度在增加的时期。显然在 20 世纪 50 年代，当时家庭生活的表象之下潜藏着某些不对劲的地方，因为在这种家庭生活中成长起来的一代人成年后在各种各样诱惑面前表现得异乎寻常的脆弱。20 世纪 90 年代初犯罪率的持续偏高肯定同家庭破裂有关联，但要追究大断裂的起因看来还是应该找到导致犯罪和家庭破裂的某个共同因素。

但是，家庭和犯罪之间的联系显然是存在的，而且我猜测这种联系在美国要比在欧洲或日本更为紧密。一般来说，所有社会都要面对的中心问题是，如何控制社会上年轻男人的侵略性、强烈的欲求和潜在的暴力倾向，并将其引导到安全和富于生产性的轨道上。

83

在多数社会中，这一任务通常落到社区中年长的男人身上，他们会想方设法让侵略性按一定规程得到释放，控制对女性的骚扰和纠缠，并建立起一张规范和准则之网以约束年轻男人的行为。[20] 承担这一角色的年长者可以是年轻男人的生身父亲，也可以是兄长、叔伯或是来自母亲一方的某位男性亲长。在当代美国社会中，正如托马斯·里克斯（Thomas Ricks）在《缔造军队》（*Making the Corps*）中所展示的那样，海军陆战队教官也可以作为这样的年长男性，书中描绘的教官十分出色地帮助因家庭破裂而缺乏指引的男孩走出迷途并成长为自律和坚毅的男人。[21]

　　家庭破裂和社会失序之间的联系，在欧洲不像在美国那么紧密，在我看来，这不仅因为欧洲有更多的国家福利来给单亲家庭提供资源，也因为那里有更多的成年男性来参与男孩的教育和社会化过程。有些情况下，孩子的生身父亲与母亲保持同居关系但两人并不结合。另外的情况下，行为规范是由邻里、远亲或者社区中的其他人负责执行。欧洲人的迁移（更不必说社会经济上的流动性）不如美国活跃，这意味着邻里街区和地方社区（local community）更加稳定，也更加相似。按照简·雅各布斯的说法，一个典型的欧洲邻里街区中"街头之眼"的数量要多于一个典型的美国邻里街区。因此在抚养子女时，欧洲的单身母亲将比美国的单身母亲获得更多的帮助。

　　如果我们把总体犯罪率具体到虐待儿童的问题上，就会发现，家庭结构的变化同日益严重的虐待儿童问题之间的关系要显而易见得多。儿童保护基金会根据对专职儿童看护人员的采访调研发现，因被虐待而致严重受伤的儿童数量，1993 年是 1986 年的将近三倍——仅仅七年时间就出现了如此令人咋舌的增长。[22] 美国卫生和公众服务部的一项研究表明，1980—1993 年间，针对儿童的肉体虐待、性虐待和精神虐待，虽然不是急剧增加但也有大幅上涨。[23] 尽管媒体为追求轰动效应往往会夸大公众对这一问题的关注[24]，但有理由相信虐待儿童的现象在大断裂时期确实增多了。

84

从生物学的视角来看，离婚率和非婚生育率的增加会造成替身父母（substitute parents）虐待儿童的问题，特别是那些起初只想跟孩子母亲上床的男人，对他们来说孩子再好也是个麻烦。马丁·戴利（Martin Daly）和马戈·威尔逊（Margo Wilson），两位进化论心理学家，曾对此问题做过细致的研究，他们认为，"若以父母动机问题的达尔文主义观点来看，最明显的预判就是，替身父母通常对孩子的照顾不如亲生父母那般精细"。[25] 他们指出，几乎在世界上每一种文化中，都有描写狠毒的继父母的那类"灰姑娘式"的民间故事。有些城市警方记录良好，区分了替身父母还是亲生父母实施暴力，结果显示孩子在替身父母遭受虐待的可能性是在亲生父母那里的十到一百倍。英国的"家庭教育信托"（Family Education Trust）机构也得出了相似的研究结论：同亲生父母生活的孩子遭受虐待的可能性是平均起来每个孩子遭受虐待的可能性的一半，只有母亲陪伴的孩子遭受虐待的可能性是平均情况的 1.7 到 2.3 倍，而同生母和继父一起生活的孩子遭受虐待的可能性是平均情况的 2.8 到 5 倍。[26] 美国卫生和公共服务部的一项有关儿童被虐待和被忽视的研究表明，单亲家庭孩子遭受虐待的几率"是总体上双亲家庭孩子遭受（符合'伤害标准'的）*家长虐待几率的 1.75 倍"；单亲家庭发生儿童被忽视的几率是双亲家庭的 2.2 倍。[27] 实际上，在某些情况下，针对儿童的暴力也会扩大到孩子母亲那里，成为危害她们的因素。[28]

事实上，虐待儿童的现象也与家庭收入和其他经济社会状况的指标有密切的联系，只是前面引述的研究都没能采用更加复杂的多

---

* 译注：美国卫生和公共服务部对虐待儿童的情况做了详细的分类，这种分类评估主要基于两种标准。第一种是经受伤害的标准（Under the Harm Standard），即孩子确实因被虐待而经受了伤害，这一标准还详细区分了每一种情况的虐待及该情况下孩子受伤害的严重程度。第二种是受到危害的标准（Under the Endangerment Standard），即只要认为孩子会因被忽视或虐待而受到某种伤害，就要计算在虐待儿童范围内。

变量分析，来厘清社会等级和家庭结构的对应影响。贫困会引发虐待儿童的事情。有必要指出，贫困率（至少在美国）往往随经济周期变动，然而，一般而言，并没有出现与虐待儿童案件大幅上升相对应的贫困人数的增长。[29] 正如大断裂的其他方面那样，很难单凭大的经济变量来解释社会指标的显著变动。

当然，世界上也有很多尽心尽责的继父母，对继子继女的关爱和照料一点不比其亲生子女少。[30] 亲属固然值得珍贵，但只要人们愿意，也能与其他生命缔结在一起，从孩子到宠物都如此。实际上，很可能有许多继父母会对继子继女付出更多的努力、给予过度补偿的关爱，以此显示他们没有厚此薄彼。存在继父母的重组家庭，其环境微妙，因此可能带来完全不同的问题，新的父亲不愿介入对孩子的干涉和约制，因为作为非亲生父亲他觉得他没有权利这么做。[31]

不信任为何增加？

在信任、价值观和公民社会的领域，我们需要分别解读两个不相关的现象：首先，为何对机构和其他人的信任度都出现了大范围的下降，以及如何总体把握一种矛盾现象，即共同规范逐渐减少的同时，团体数量和公民社会的紧密度在增加。

在美国，对信任度下降的原因一直争讼不休。罗伯特·帕特南早就提出，这一问题可能与电视的兴起有关，最早在电视机前长大的一代恰恰是信任度水平降低最急剧的一代。[32] 不仅因为热衷于性和暴力的电视节目内容滋生了冷漠多疑（cynicism）的态度，而且在一个平均每人每天有四小时坐在电视机前的国度里，那些坐在电视机前沙发上的人自我限制了自己与其他人面对面交流的社会活动。

不过有人认为，像信任度下降这样一个涉及面广的复杂现象，有着多种不同原因，电视只是其中之一。如前所引（第50页，见边码），国家民意研究中心（National Opinion Research Center）的汤姆·史密斯（Tom Smith）曾基于有关信任的调查数据进行过一项多元分析，他发现不信任现象同较差的社会经济状况、少数种族身份、痛苦的人生经历、原教旨主义信仰、未能加入主流教会以及所处代际（比如是否婴儿潮一代或被遗忘的一代中的一员）有关。曾是犯罪行为的受害者或者健康状况不良，这类带来痛苦经历的生活事件，也必然会影响到信任。

上述这些因素中哪一个从20世纪60年代起发生急剧变化，并导致了信任度的降低呢？收入不平等有所增加，马里兰大学的埃里克·尤斯兰纳（Eric Uslaner）认为这是不信任之所以增加的部分原因。[33]这段时期贫困率高低起伏，但并没有出现整体的上升，所谓的中产阶级规模在减小，但这并不意味着大多数美国人的实际收入下跌到薪水从来不见涨的水平。正如我们所见，这一时期经济运行的不平稳（从石油危机到裁员风潮）如何造成了冷漠多疑风气的增长。

1965—1990年间，犯罪数量急剧上升，人们因此会很自然地想到，假如有人成为犯罪受害者或是日复一日地从地方电视新闻中看到可怖的犯罪报道，这人就会产生不信任感，这种感觉不是针对亲朋好友，却是针对着外面的世界。所以，犯罪是1965年后社会上的不信任感加强的一条重要因素，这一结论也为大量详细的分析研究所支撑。[34]

另一种主要的社会变化是离婚和家庭破碎率的上升，这种变化能带来痛苦的人生经历。从社会上的一般认识来看，经历过父母离婚或生活在单亲家庭中同母亲的一个又一个男友打过交道的孩子，往往会对大人心存戒备，这种情况可能极有助于我们理解调查数据所显示的不信任水平的上升。然而，在史密斯的分析中，离婚或单亲并非一个重要的解释变量。[35]另一方面，存在大量间接联系：家庭破裂同犯罪和贫困相联系，而它们又很容易滋生冷漠多疑的态度。温迪·拉恩（Wendy Rahn）和约翰·特兰斯（John Transue）的一项研究表明，缺少父亲的家庭，孩子容易养成物欲主义价值观，这种价值观又转而同不信任相联系。[36]

　　宗教显然对信任有两重彼此矛盾的影响；原教旨主义者和不去教堂的人往往比其他人更不容易产生信任。许多美国人认为在过去一代人时间里他们所处的社会变得更加远离宗教，这主要发生在公共领域，在那里政教分离的原则被越来越严格地贯彻；而在私人信仰领域，尚不能肯定美国人在宗教信念方面表现出大的衰减。[37] 不过，信任度下降可能部分出于社会变得更加世俗化，与此趋势悖谬的是，同时发生的还有原教旨主义教会成员数量的增多。

　　年轻群体往往比年长群体显出更多的不信任，但这一情况并不能解释社会不信任度的上升；反倒是它引发了这样一个问题，即为什么年轻人更容易冷漠多疑。另一方面，它说明不信任的增加不只是一种简单的生命周期效应——即人们在一生中的特定阶段表现出的特点；同时也不是任何一代同龄人（比如说婴儿潮一代）的共同特点，因为它看上去更像是所谓的被遗忘的一代人的特征。

　　我们能从统计结果确认犯罪率和经济不安感的上升对社会信任度的负面影响，并推测出家庭破裂同样也起了作用。不过，人们能感觉到，对文化方面的变动采用如上所述的实证分析手段还很粗糙，因此有必要对所发生的事情做更精细的定性观察。

社团的小型化

　　即使在信任和共同价值观看似在走下坡路的时候，团体和团体成员依然保持增长，这一事实可以从多个角度来解释，所有这些解释角度都符合本书开头的那个大的设定，即当代社会最重大的变化是个人主义的抬头。美国公民社会的性质事实上发生过一场重大的转变，可能其他西方发达国家也有类似的经历。但从那些在所谓的帕特南论争中被来回引用的（关于社会组织数量和规模的）定量结果中，找不到任何关于这场变化业已发生的迹象。无论是关于今日占支配地位的团体性质的变化，还是关于广大社会中个体之间道德关系特点的变化，这些重大变化都是质的变化。

　　要处理信任程度走低和团体成员数量走高之间的矛盾，最显著的办法是将我们所说的信任半径进行缩减。比如说，由于破门盗窃现象的忽然猖獗，某一家庭加入邻里守望组织参与街头巡检。这里，邻里守望活动起着托克维尔所说的公民学校的作用，并构成了一种可作为公民社会组成部分的新型团体。其成员在其中学习如何与他人开展合作，并在此过程中创造了社会资本。另一方面，这种组织形成的原因首先是因为犯罪，其次是出于邻里街区中的人们对那些在社会上给他们带来不安全感的人的不信任。如果公民社会的发展是基于这类信任半径小、以防卫为宗旨的团体的繁荣，则可以预言，普遍意义上的社会信任度水平会发生跌落。更糟糕的情况是，人们退缩到偏执或富于进攻性的团体中，进而造成社会中信任存量的减少。科幻小说作家尼尔·斯蒂芬森（Neal Stephenson）在其作品《雪崩》（*Snow Crash*）中向我们展示了一幅关于未来美国的黑色而幽默的图景。在他笔下，美国被分割为成千上万的独立的"郊区飞地"（Burbclaves）*——实际上的住宅小区和业主联合会变成了需要护照和签证方能进入的主权实体。在这个世界里，联邦政府的权力被削弱得所剩无几，只是拥有几栋破旧不堪的建筑而已。黑人、机车族、华裔甚至种族主义者都住在一个叫做"新南非"的封闭管理式小区中，过着一种互不关心甚至彼此敌视的社区生活。

---

* 译注：Burbclave 是一个由 suburban enclave 缩写而成的词。小说中，它指的是遍布于美国郊区的独立"城邦"，它可以拥有自己的宪法、完整的司法体系和警察队伍等一切本属于国家的特权。

　　当代的美国还没有沦落至此，不过也已沿此方向在发展。除了信任半径在缩减这一结论外，我们很难再以其他方式来解读价值观或公民社会方面的调查材料，不论美国还是所有发达国家均是如此。人们一如既往地共享规范和价值观，并以此缔造社会资本，他们也越来越多地加入社会团体和组织，但团体的类型变动很大。大多数大型组织的权威在下降，而从人们日常生活中生长出来的小型社团的重要性则增加了。人们不再为自己是某个强大的劳工联盟的成员、某大公司的职员或者在军队为国效力而感到自豪，而代之以在本地健身操班、新生代同龄帮、互助小组或是网络聊天室中发展社交能力。人们也不再从曾形塑了社会文化的国家教会中寻觅具有权威地位的价值观，而是置身于由志趣相投的人所组成的小型社团，并根据每个人的不同情况来选择他们信奉何种价值观。

　　向较小半径团体的转变在政治上的表现为，利益集团几近普遍的崛起以及与此同时民众基础广泛的政党的衰落。像德国基督教民主联盟（German Christian Democrats）和英国工党这样的政党，在应对来自社会的各方面问题（从国防到福利）时，采取的意识形态立场是一贯的。尽管它们立基于特定的社会阶层，但仍然能将广泛的利益联盟和个体联盟团结在它周围。另一方面，某一利益团体会关注单一问题，例如雨林保护或者促进中西部偏北地区的家禽养殖业；它的组成范围可能是跨国界的，但就所应对的问题面或所聚集的人员数量而言比政党要小很多。

　　艾伦·沃尔夫对美国中产阶级的访谈提供了大量有关美国当代社会中社团与道德趋于小型化的确证。沃尔夫指出，今日的美国不存在那种伴随着不同团体之间势不两立的对抗的真正的"文化战争"。人们彼此间没有爆发战争的原因在于，美国的中产阶级不认为对什么事物的信仰能够强烈到足以令他们非要把自己的价值观强加于别人，因此也就没有理由与人发生严重的文化冲突。沃尔夫的采访对象很多都是宗教信徒，他们对当代美国社会的伦理问题都表示了关注。他们仍然珍视社团，非常反感那些给社团制造麻烦的对象（从奉行种族政治的企业家到裁员公司）。但他们更加努力奉行的一条原则是，不以自己的标准审判别人的价值观。他们无意把自己的宗教和伦理信仰强加于人，更反感这样一种观念，即他们的生活需要得到外部权威的指导，实际上，无论何种形式的权威他们都不欢迎。

　　沃尔夫认为，这种随和的道德相对主义最终是件好事：它实际上将作为自由主义核心品德的宽容精神奉为神圣；它在反歧视行动、女权主义、爱国主义等一系列问题上发挥着微妙的作用；它也意味着，在美国人道德世界的中心，有很多为人们所共享的实用主义的东西。沃尔夫批评欧文·克里斯托尔（Irving Kristol）、罗伯特·博克（Robert Bork）等保守派知识分子的观点，后两者认为多数美国人希望回到宗教和道德权威时代。理由首先是基于实证材料的：就我们所知的大多数美国人的想法，他们希望在社团和社会秩序方面受益于正统，但绝不想以牺牲大量个人自由为代价来实现这一目的。他们哀叹家庭观念的丧失，却又反对废止无过错离婚；他们喜欢态度友善的夫妻店，同时又迷恋买得便宜和尽情挑选的感觉。似乎这些事实应验了埃米尔·涂尔干的断言，他认为现代社会中唯一能把人团结在一起的价值观恰恰是个人主义价值观：人们将他们最大的道德义愤留给了其他人的道德主义。[38]

　　我们要暂且将"道德的萎缩"（morality writ small）对未来民主社会意味着什么这个问题放一放。不过，对于信任度在不断降低和公民社会在不断发展这两个明显相互冲突的研究结论，道德相对主义是一条关键性的联结纽带。社区的存在以共同的价值观为基础：人们越是广泛而且死心塌地地接受这些共同价值观，社团就越是稳固，整体的社会信任程度也越高。但日益增长的个人主义和对尽可能增加个体自主性的追求会导致对权威的全面质疑，特别是对那些被赋予莫大权力的大型机构。

当代的美国人，也包括欧洲人，追求着自我矛盾的东西。一方面他们对一切限制自由选择的政治或道德方面的权威都表示不信任，另一方面他们又想享受社群感以及出自社团的种种好处，比如相互认可、参与感、归属感以及身份认同。但我们能在忠诚和成员身份可以重叠的那类小而灵活的团体和组织那里找到社团的踪迹，人们加入或退出这类组织的成本也很低。在这种情况下，人们也许能够调谐向往社团和渴望自主这对矛盾。但在达成平衡的过程中，人们最终所拥有的社团要比此前存在过的所有社团在规模上和势力上都要小。相关社团之间的往来交流较少，社团对所属人群的控制力也比较弱。人们能够彼此信任的圈子也就必然较窄。价值观的转变是大断裂的中心问题，而这一转变的实质则是道德个人主义的张扬以及与之相应的社团的小型化。

91

第5章

女性的特殊作用

我们业已看到，家庭结构的变化与犯罪有关系，也在较小一些的程度上与不信任有关。过去三十年里家庭所发生的重大变化，明显同 20 世纪 60 年代和 70 年代发生的性革命和女权主义革命这两次剧变相关。很多人认为这两场革命是纯粹自发的文化选择。右派抨击家庭价值的衰落，而左派则将传统规范视为那些"吃不到葡萄"（just don't get it）的男人的问题。然而，是与工业时代的终结相联系的那些重大的技术和经济进步，激生了价值方面的改变，同时也解释了为何在这个时候发生改变。人们并不是缺乏自由意志，也没有放弃道德选择，但人们的道德选择是在特定的技术和经济体系内进行的，这种体系在特定时期（而非其他时期）造成特定的结果。

生育状况

自 20 世纪 60 年代起，避孕和堕胎合法化逐渐在许多发达国家广被接受，这一背景解释了自那时起不同寻常的低生育水平。但是避孕和堕胎只是问题的一部分。很多国家，像法国和日本，

20 世纪 60 年代之前生育率就处于下滑状态。简单举出避孕一条并不能完全解释为何生育率会降至如此低水平。要是避孕能让更低的指标尽可能实现，那为什么意大利的总体生育率到了 20 世纪 90 年代跌到 1.2% 而不是 0.2% 呢？

人口学家倾向于用经济模型来解释生育状况。按照这种思路，父母需要孩子就像是他们需要其他经济物品一样。[1] 他们当然爱孩子也珍视孩子，但他们绝不会因为爱孩子而放弃生活中其他所有的美好事物。抚养孩子的成本包括：用于衣、食、住和教育的这类最直接的开销，家长（尤其是母亲）所付出的机会成本——为抚养孩子而付出的时间和放弃的收入。孩子通过爱和感动父母来回馈家长，当孩子能够赚钱时，他们也许还会通过赡养父母来直接偿还这些成本。但是生养孩子毕竟意味着父母对孩子进行资源的纯粹单向输送，也意味着一种需要减少其他类型的支出方能平衡的生活成本。

在现代的信息化社会，生养孩子的直接成本和机会成本都大幅度增长。随着财富的增加（通过人均收入来衡量）和经济生产中技术水平的提高，技能和教育（或经济学家所说的人力资本）对于年轻人的生存机会而言变得愈加重要。像印度这样的贫穷国家，一个七八岁的孩子可以通过参加工作而把自己变成经济资产。在美国则相反，一个八岁的孩子做不了什么挣钱的事，甚至对那些有高中文凭的人来说，就业机会也越来越少。在 20 世纪 90 年代，一个孩子接受四年高等教育的成本已经超过了十万美金。与此同时，父母（尤其是母亲）进入劳动力市场和获得更多工资的机会增加了。对于女性而言，花几个月或几年时间去生养孩子可能造成几万或几十万美金的损失。出于生物学的原因，家长希望尽可能提高生育成功率，但他们同时也清醒地认识到，在现代社会中，自己的孩子只有在拥有适当的技能、教育以及其他附属资源的情况下才会有不错的人生表现。

尽管这种对生育状况的解释似乎令很多人满意，但它对不少特

94

定情况和反常现象就缺乏解释力。例如法国从 19 世纪开始总体生育率就开始下降，为什么它出现这种情况要早于其他同等发展程度的国家呢？日本在 20 世纪 50 年代的人均国内生产总值和女性劳动力就业率都比美国、英国或加拿大低得多，而日本的生育率骤然出现快速下跌，同时其他三个国家经历了一个生育高峰期，这又是为什么？[2] 为什么会发生婴儿潮？瑞士那种利用经济刺激手段鼓励人们多生育的政策，为何在 20 世纪 80 年代看似行之有效而在 90 年代却遭遇失败呢？

除了用经济模型来解释外，决定生育状况的还有其他一系列因素，包括难以量化的文化因素。文化因素常常超过经济考量的影响。在美国，诸如哈西德派犹太教（Hasidic Jews）或摩门教（Mormons）之类的社群，其生育率要明显高于全国平均水平，这是由于他们的宗教信仰要求他们拥有大家庭。战后的生育高峰，一方面是由于一代人早存的期待至此终有机会来实现，他们本该在大萧条和战争发生的那段时期组成家庭，另一方面是由于人们历经多年乱离之后需要回归家庭安全感和家庭生活之中。

同样，过去一代人的时间里发生在欧洲的生育率下降，很难说同人们在家庭生活重要性（比之于其他美好事物）方面的文化偏好的改变没有关系，也很难说不就是对每个孩子生养成本和收入损失进行考量的结果。[3] 对许多受过教育的欧洲人和美国人来说，生孩子和养家糊口就是不怎么流行了。《纽约时报》援引一位瑞典妇女的说法："过去我也许会觉得如果不要孩子，我会错过一些重要的东西……但是今天，女人终于有了那么多机会去过自己想要的生活。她们可以旅游、工作还有学习。这令人兴奋也富于挑战。我只是发现现在很难找到时间来生养孩子。"[4]

生育率方面的变化趋势，进而可以在某种程度上解释大断裂时期离婚率上升的现象。夫妻在结婚头几年离婚的几率往往较高；因此在经历了生育高峰的国家里，当生育高峰期出生的孩子到了二三十岁时，该国的离婚率就有望走高。此外，寿命的延长意味着婚姻必然得以持续得更久；如果平均来看，夫妻分离更多出于离婚而非一方死亡。因此，先前描述的生育（率）和死亡（率）模式会引导我们形成这样的判断，即夫妻的分离情况在 20 世纪 70 年代和 80 年代在变糟。

然而，家庭生活所实际发生的分裂，远比这些人口学因素所能意味的程度要严重，因此我们需要去寻找其他原因。但是在我们能够确定这些社会因素之前，我们需要了解生物学背景，社会分裂带来的变化并没有超出这一背景之外。

家庭的生物学起源

博厄斯之后的人类学，其基本内容之一是，不认为存在自然的或正常的人类家庭。人类学这一学科的大部分任务是研究人类的亲属系统中存在的丰富的多样性，而且人们确实难以辨识出各种家庭模式的明确共性。20 世纪 50 年代美国那种被人类学家所称的夫妇式家庭或上下两代人构成的核心家庭（小家庭），既不代表那个时代其他国家的家庭特征，也非早期发展阶段的西方社会的典型。因此，事实上，20 世纪 60 年代之后核心家庭出现瓦解并不意味着背离了某种古老规范。

另一方面，如果我们把人类的亲属关系置于更广泛的动物物种亲属关系这一背景中，就会发现，尽管亲属系统表面上存在多样性，但它无疑服务于特定的进化目的。很少有人会质疑这样的观点，即，人类母子之间的关系如同其他动物物种一样，具有生物学基础。刚做母亲的人会在听到婴儿的哭声时喂奶；她会本能地用左手拥住婴儿摇晃，婴儿这样躺在臂弯里就能听到母亲的心跳。[5] 大量研究表明，是基因而非文化控制着母亲和婴儿之间自发的交流和各种形式的互动。[6] 孩子若要健康快乐，母亲必不可少；很多成年后表现

96

出来的反社会行为，其原因可被追溯到相对幼小时期发生的母子
关系的断裂。[7]

男性在养育后代中的作用问题重重，而且在其他物种中，雄性
起到的作用也差异很大。尽管人们喜欢把鸟类中一对一配对的现象
看做是人类家庭的某种自然模式[8]，但在大多数有性繁殖的物种中，
雄性在生养后代方面所做的贡献不过是提供了一个精子细胞而已。
类人猿——与人类最接近的灵长类亲属物种——也是如此。比如，
黑猩猩是乱交的，不会形成任何较长时间的配对关系；尽管在其群
落中，雄性会致力于保护和喂养家属，但是年轻的黑猩猩实际上在
单亲家庭中被抚养长大。某一动物物种的雄性在何种程度上担负起
家长的责任，与抚养年幼者所需的各种资源（因不同物种生存的环
境而不同）以及它们获取这些资源的能力有关。[9]

就人类而言，男性被往不同方向拉扯。一方面，同抚育其他物
种的后代相比，人类的孩子更需要亲代投资，这使男性的作用变得
重要。尽管要经过相当长的妊娠阶段，但人类的大脑太大，孩子在
出生时还未发育成熟，许多发育要在子宫外完成（其他动物则在妊
娠期间就完成了）。因此和其他大部分物种（包括所有类人猿）相
比，人类的婴儿在出生时自理能力很差。人类婴儿需要经过很长时
间才能独立生存，在此之前他们脆弱、易受伤害而且依赖父母。母
亲无疑是孩子生存下去必不可少的条件，但人类孩子的需求是如此
之大，以至于男性也要在其中发挥重要作用。人类的基因组成在狩
猎采集时代就已定型，男人的重要性体现在采集动物肉以提供蛋白
质，以及保护自己的群体以免受其他群体和自然环境的危害。因此   97
也就不难理解为何一夫一妻制在人类社会中要比在其他动物物种中
普遍得多。

而另一方面，由于生物学上的原因，能让男性陪在孩子身边的
动机远不如女性的强烈，因此父子之间的联结本质上就相对脆弱。
任何动物最根本的生物学本能是让其基因能代代相传下去。这对人

类母亲来说（对动物王国中其他大多数母亲也是如此）意味着，她不仅要在孩子诞生之时就给予他 / 她最好的基因，还要给他 / 她资源使其存活下去并有能力传宗接代。通常，女性不得不比男性付出更多的生物学家所谓的"亲代投资"（parental investment）。尤其是对哺乳动物来说，雌性必须孕育、照看幼小，寻找食物以喂养它们，还会拼命保护自己的孩子免于捕食者和环境的伤害。即使人类中男性对孩子的付出要高于其他物种中雄性的付出，他们对生儿育女的贡献（付出的成本）仍然不如女性。例如，母亲一生中能生育后代的数量比起父亲能繁衍后代的数量而言，存在较低的自然限度。就人类来说，女人一生也许只能生养 12 个孩子，但男人可以上千次地播种。因此，女性如果在选择配偶上拥有很高的眼光——首先是为了确保自己的孩子得到最好的基因传承，其次是确保男性配偶的资源能够让孩子出生后成长无忧——她就能增加将自己基因传递下去的机会。而对男性来说，他们倾向于通过机会数量最大化来传递基因，即少有挑剔地同尽可能多的女性交配。

结果，女性在选择性伴侣时比男性更为挑剔这种情况是一种普遍现象，正如人们所见，它不仅存在于几乎所有已知的人类文化中，也存在于几乎所有进行有性繁殖的物种中。生物学家罗伯特·特里弗斯（Robert Trivers）这样说：

> 大部分物种中的雌性在挑选配偶时眼光犀利，而雄性则没那么挑剔。在典型情况下，当雌性面对很多雄性追求时，会拒绝大多数而只接受其中一名或少数几名。这种选择绝不是随机的。不管在世界上哪个地方进行雌性偏好的研究，都会发现其选择方式的特殊性。同一物种中的雌性大多会以相似的方式做出选择，结果就是雌性和某些雄性进行多次交配而从不给其他雄性机会……不同的是，雄性会向许多雌性求爱，同大部分甚至全部接受它（他）们示好的雌性交配。人们也已观察到，雄

性会向其他雄性、非同类物种的雌性、雌性标本、雌性标本的身体部分以及非活体对象求爱，甚至有时向上述一系列对象求爱。[10]

据特里弗斯所说，在人们所知的物种中，只有很少一部分的性取向是相反的，包括瓣蹼鹬、摩门螽斯及某些种类的海马。[11]

换句话说，由于生物学上的倾向，男人在满足性需求过程中实际上比女人更不检点且不加挑剔。*这一发现符合我们对男人和女人在性方面的表现的日常观察，也解释了为什么是男人而非女人是卖淫和色情产业的主要消费者。这还解释了为什么男同性恋者的平均伴侣数量要比男异性恋者平均伴侣数量多很多，而女同性恋者伴侣数量要比女异性恋者少很多：造成男同性恋伴侣众多的原因不是因为男同性恋的性质，而是由于前面所说的男性特点在这种情况下不再受女性择偶特点的约束。[12]

生物学还告诉我们，家庭中男性的那部分作用集中于为女人和子女提供生活所需的资源，不过生物学也暗示出，男性的这一角色是脆弱的、易于瓦解的。男性能在多大程度上坚守一夫一妻关系，以及在养育孩子时能起到多大的积极作用，更多取决于更大社群的

99

------

* 可能有人会问，既然每次性行为都必须有一位异性伴侣，为何男异性恋者会比女异性恋者更加放纵。这种看法在严格意义上是对的，但在大多数社会中往往发生的是，富有或地位高的男性同女性发生性关系（因此拥有更多性伙伴和同她们生儿育女）的机会要比地位低下的男性多得多。那些地位低下的男性一般也都希望有同样的机会，只是无法得到而已。在某些盛行一夫多妻的社会里——据说阿兹特克的皇帝蒙特祖马（Montezuma）有四千妃嫔，印度皇帝乌达雅玛（Udayama）有一万六千名，而中国皇帝有一万名——有相当部分地位低下的男性确实终生都没有机会过性生活或是组建自己的家庭。现代社会不再允许一夫多妻，但社会地位较高的男性却仍然拥有更多的性机会，唯一不同的是，美国的公司高管们只能一次又一次的娶妻生子，而不再能够像土耳其帕夏或是中国古代的官员那样同时拥有很多妻子和孩子。此外，同样是性行为，在男人和女人那里往往得到不同的理解。对男人来说，这只是多一个玩伴或一次体验，而对女人来说，这是同一个男人建立更深入的亲密关系的机会。就算最终无非都是做爱，但男性和女性的意图是不同的，以至于其中一方常常到最后感觉受到了欺骗。——作者注。

各种社会规范、惩戒措施和外部压力，而非他们的本性。正如人类学家莱昂纳尔·泰格尔和罗宾·福克斯（Robin Fox）所解释的那样，尽管人类在不同文化中的亲属关系表现形式大不相同，但内在结构却是一样的："不管一个社会体系会做些别的什么事，它都必须采取一些措施去确保母亲和婴儿之间关系的稳固，至少要维持到他们能够自行活动并有能力生存下去（有望长大成人）的那一天。"[13] 孩子的父亲、舅舅或社群里的其他成员都可以做这件事，但不管是谁，总得有人去做。问题在于要确保这一职责有人承担："夫妻一旦结合就要在一起，大多数社会都为此制定了详尽而且强力的规则。但这些规则很难说代表了婚配联结（mating bond）本然的常态，而只是暗示出这种联结其实多么不牢靠。与亲属和婚姻关系有关的习俗之多种多样和悠久深远，并不意味着组建家庭是本该如此并且水到渠成：它们是保护母亲—孩子这一单元结构不受婚配联结的潜在脆弱性伤害的手段。"[14]

影响人类男性的两种相互矛盾的生物学动机——参与家庭事务和逃脱家庭纽带——也许可以解释家庭形式的多样性和核心家庭的复杂起源。核心家庭并不像它的批评者所认为的是晚近才出现或是暂时的现象，也不像它的辩护者倾向认为的是普遍的和天然形成的。从另一方面看，核心家庭是只有在工业化后才兴起的一种近代产物，这一观点在 19 世纪就被广为讨论，直至今日仍为不少人奉持。[15] 在工业化之前，人们都生活在部落和宗族这类更为庞大的亲属团体中，核心家庭被认为只是小而次要的组成部分。人们仍然能在中国南方、中东以及第三世界的一些地方看到这种宗族。随着时间的流逝，这些宗族渐渐瓦解变成了联合家庭或大型家庭，即三世或多世同堂；之后，由于工业革命，大型家庭演变为核心家庭。根据这种解释，核心家庭只不过是家庭演化过程中的一个站点，而且未来可能被单亲家庭或形式更为灵活的家庭组织所取代。

尽管核心家庭并非普遍情况，但它实际上在人类历史中的普遍程度远比上述说法所描述的要大得多，在狩猎采集时代就是亲属关系的主要形式。[16] 人类学家亚当·库伯（Adam Kuper）认为，"当代社会人类学家对直到最近还在流行的那些模型表示怀疑，这些模型把非洲、美洲和太平洋地区社会描述为大型亲族集体的联合，家庭和个人被淹没于这种大的血亲成员集体中。事实相反，核心家庭如雨后春笋般在各地涌现，而且通常是当地最主要的家庭组织形式，家庭负责人负责就政治联盟做出务实的选择"。[17] 澳大利亚的土著居民、南太平洋特罗布里恩群岛的族人（Trobriand Islanders）、俾格米人（pygmies，译按：分布在非洲中部等地的矮人一族）、喀拉哈里沙漠的布须曼人（bushmen）以及亚马孙流域一带的土著居民，全都用核心家庭组织自己。[18] 庞大而繁多的亲族体系进入人类学家研究视野似乎是从对农业问题的探究开始。在某种意义上，再度探索核心家庭问题——历史学家彼得·拉斯利特（Peter Laslett）指出这一模式在工业革命发生很久以前就已出现于北欧——标志着向某种十分古老的模式的回归。[19]

因此，一夫一妻制的配对和核心家庭不一定是近期的历史产物。父亲在人类的亲属关系中明确扮演着某种的角色——比起类人猿来，人类父亲的角色更加重要，与孩子的联系也更为紧密，但是，这一角色的确切性质却在不同历史时期和不同人类社会中具有重大的差异。换句话说，母亲的角色可以肯定具有生物学基础，而父亲的角色却在更大程度上是社会建构的产物。[20] 正如玛格丽特·米德所说，"在人类历史发端之际，社会发明出某些东西，其中一条是男性担当起养家糊口的责任"。男性的角色以向家庭供给资源为基础，"无论在哪儿，人类中的男性就要为女性和孩子提供食物"。但是作为一种后天习得，男性养家糊口的角色容易被瓦解，"事实表明，在讨论男人与女人时需要区别对待——男人不得不去学习如何养育别人，但这种行为由于是后天习得故而脆弱，当社会条件变得使这种传习不够有效时，它就很容易退化消失"。[21] 也可以说，父亲的角色因文化与传统的不同而变化，从高度参与孩子的抚养和教育，到作为关系更为疏远的监护者和管教者，甚至是只给寄钱而几乎不露面。要想让母亲离开她新生的孩子难上加难，而相反，要让父亲参与孩子的抚养教育则是一件相当不容易的事。

节育与职业女性

一旦我们将亲属关系和家庭置于生物学的背景中，就不难理解为什么在过去两代人时间里核心家庭以如此之快的速度分崩离析。女人用生育后代换来男人的资源，这种基于交换的家庭纽带十分脆弱。在大断裂发生之前，全部西方社会都具备了一整套复杂的正式或非正式的法律、规则、规范和义务，以限制父亲弃家另组的自由，以此来保护母子之间的纽带联结。今天很多人则开始认为结婚是两个成人之间性与感情结合的一种公共仪式，这就是为什么同性恋婚姻在美国和其他一些发达国家中是可能的。但从历史角度来看，婚姻制度的存在是为了合法地保护母亲—孩子这一单元结构，并确保孩子能够从父亲那里获得足够的经济来源以长大成人。此外，还有大量非正式的规范作为这种保护的补充。

这些约束男性行为的规范和维系家庭的契约是因何土崩瓦解的呢？二战后不久出现了两个非常重大的变化。第一个变化涉及医学技术的进步——主要是避孕药的发明，它使女性能够更好地控制她们的生育周期。第二个变化则发生在大多数工业化国家中，过去三十年里，妇女纷纷成为有偿劳动力，而且她们的收入（包括小时工资、中位收入和终身收入）相对于男性都发生了稳定的增长。

节育的重要性不仅在于它降低了生育率，早在 19 世纪，避孕和堕胎技术被广泛运用之前，某些社会中生育率就已经开始下滑。[22]实际上，如果节育的作用在于减少意外怀孕，那么人们就很难解释为什么它的到来伴随着私生子的大量涌现和堕胎率的上升 [23]，也很难解释为什么节育措施的使用率同经合组织成员国的私生子率之间呈正相关。[24]

经济学家珍妮特·耶伦（Janet Yellen）、乔治·阿克罗夫（George Akerlof）和迈克尔·卡茨（Michael Katz）指出，避孕药和随后性革命的主要影响在于大大改变了人们对性行为风险的考量，从而也改变了男性的行为。[25] 节育措施的使用率和堕胎率、私生子率接踵上升的原因，与另一个比率的同时大幅下降有关，那就是奉子成婚率。根据这几位经济学家的测算，在 1965—1969 年间，有 56% 的白人新娘和 25% 的黑人新娘奉子成婚。在那些年中，年轻人显然有许多婚前性行为，但是男人要对自己亲生孩子负责这一社会规范缓和了婚前生子这类社会结果。到了 1980—1984 年，上述比例分别降到了 42% 和 11%。由于避孕药和堕胎技术，女人头一次可以在做爱时不计后果，于是男人们觉得自己已经从社会规范中解放出来，即不必再照顾那些被他们弄怀孕的女人。

第二个改变男性行为的因素是女性成为有偿劳动力。许多经济学家认同家庭破裂应与女性收入有关这一观点，加里·贝克在其《论家庭》一书中对此所述最详。[26] 这一对关系背后的假设是，不少婚姻契约是在缺少完整信息的情况下缔结的：一旦结了婚，丈夫和妻子就会发现婚姻生活不是一场长久的蜜月，配偶的行为会迥异于婚前，或他们自己对于伴侣的期待发生了改变。尽管不是不想换一个更为称心的丈夫或摆脱暴虐的伴侣，现实情况却是，许多女性由于缺少工作技能或工作经验而无法养活自己。但随着女性收入的增加，女性越来越有能力独自养活自己和孩子。不过，女性收入的增长也同时提高了养育孩子的机会成本，这就会造成低生育率。少生孩子意味着贝克所说的婚姻中联合资本的减少，因此离婚的可能性变大了。

103

无数实证依据将离婚和婚外生育同女性收入的提高联系在一

图 5.1　1994 年的离婚率与女性劳动参与率

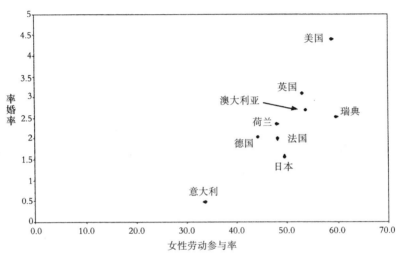

资料来源：国际劳工组织统计局：《经济活跃人口，1950—2010》（日内瓦，1996）；离婚率统计见附录。

起。[27] 图 5.1 标示出 1994 年若干经合组织成员国的女性加入劳动力比率和离婚率的对照情况。图上的点沿着自左下至右上的轴线分布，日本和意大利的女性劳动参与率（labor participation rate）和离婚率都比较低，而像瑞典这样的北欧国家，则是双高。如果我们把女性劳动参与率同私生子率标绘出来进行比较，也可以发现相似结果。

　　女性进入劳动力市场更微妙的后果是，造成有关男性责任的社　　104会规范被进一步削弱，同时强化了现有的由节育手段所引发的社会趋势。以往要同对自己有依赖的妻子离婚，丈夫不得不要么提供赡养费，要么看着自己孩子陷入贫困。如今随着妻子收入越来越接近丈夫，这个问题显然不再是什么问题。反过来，男性责任的社会规范日益削弱，又令女性借助工作技能来保护自己，从而愈发不再依赖越来越靠不住的丈夫。由于婚姻大有可能以离婚告终，当代女性如果不做好去工作的准备将是不明智的。

当然，经济从工业时代向信息时代的转变有多种表现，但其中最重要的一个肯定是工作性质的转变。从边际角度看，信息经济以信息取代实物产品：智能交通系统能为司机更好地安排线路，使既有的高速公路更有通行效率；及时生产制工厂（just-in-time factory）能在恰当的时机调配所需数量的原料投入，而不必再维持大量原材料库存。在这样一个世界里，服务业在国民经济中所占比例持续扩大，而传统制造业的比例则会减少。人力资本开始获得越来越高的回报率。获得高薪的并不是沃尔玛里拿着条形码识读器的低技术含量员工，而是帮助设计条形码识读器的程序员。

在自动化已经渗透到工作环境方方面面的时代，人们很容易忘记工业革命时期的大部分工作是多么耗费体力。肖珊娜·祖博夫（Shoshana Zuboff）敏锐地描述了从工业经济向信息经济的转变，工业革命时期的工人必需更加在意他们自己的身体。正如她解释的：

> 煤炭是用镐和铲开采出来的——"工具越简单，所要付出的体力越多"。开采黏土需要重型镐。大堆的矿泥必须被充分翻搅才能达到所需的黏度。面包坊几乎完全依靠人工制作面包，揉好生面团是其中最难的工序，"通常是在昏暗的地窖一角，一个上身赤裸的男人，交替将握紧的双拳用力插入面团，然后再费劲地从黏糊糊的一堆面中把手抽出来"。[28]

技术含量低的工作对体力要求高，但提供的工作岗位也相对较多。1914 年，亨利·福特将其汽车厂工人的小时工资增加到普遍水平的两倍（每天五美元），以吸引更多低技术劳动力；大量新工人继而涌入底特律，令这座城市在 20 世纪头十年中人口规模扩大了好几倍。研究表明，在 20 世纪早期，上大学不会带来巨大回报；

大学毕业生的工资不见得比高中文凭的人高多少，并且他们还因读书而损失了四年的薪金与福利。[29] 工会运动保证了实际工资的平稳增长，并带来了 20 世纪 40—50 年代汽车、钢铁、肉类加工业及相似产业中低技术工人、蓝领就业的高峰期。

　　到 20 世纪 70 和 80 年代，大量需要低技能、蓝领工人的世界不复存在。由于国际竞争、管制解除和技术发展，许多新的高技术工种出现，而低技术工种开始消失。教育逐步回潮，随之而来的是，受四年及以上高等教育的人同高中及以下学历的人之间的差距逐步扩大。表 5.1 显示了 1970—1990 年间七国集团国家中制造业就业人数的急剧下降，这种趋势在英美两国最为明显。

表 5.1　七国集团各国制造业就业人数占总就业人数的百分比

	美国	英国	意大利	德国	日本	加拿大	法国
1970	25.9	38.7	27.3	38.6	26	19.7	27.7
1990	17.5	22.5	21.8	32.2	23.6	14.9	21.3

来源：曼纽尔·卡斯特（Manuel Castells）：《网络社会的崛起》（布莱克维尔出版社，1996）。

　　就最明显的形式上看，信息时代经济实现了脑力劳动对体力劳动的取代，在这样的世界里，女性必然会大有用武之地。1960—1995 年间，美国女性劳动参与率从 35% 上升至 55%；处于生育黄金期（二十至三十九岁）的女性劳动参与率从 37% 上升至 76%。同时，男性劳动参与率轻微下滑，从 79% 降至 71%。这些变化也发生在所有工业化国家（见图 5.2），特别是北欧国家。同一时期，日本女性劳动参与率一开始就比大多数西方国家要高（可能是出于太平洋战争导致男性减少），但之后的增长率则缓慢得多。

106

图 5.2　二十至三十九岁的女性劳动参与率，1950—2000 年

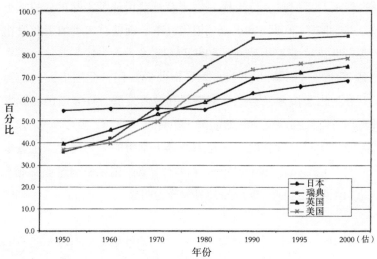

来源：国际劳工组织统计局，《经济活跃人口，1950—2010》（日内瓦，1996）。

图 5.3　美国男性—女性的中位收入情况，1947—1995 年

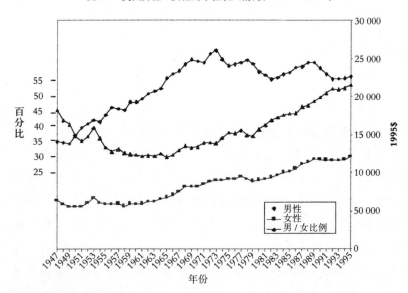

来源：美国统计局网站（http://www.census.gov:80/hhes/incomc/histinc/ p02.htm）。

不仅有更多女性参与就业，女性的收入也在增长。图 5.3 显示了 1947—1995 年间男性和女性的中位收入及其比值。这段时期里，尽管在 20 世纪 90 年代收入增长略有减少，但总体上女性赢得了稳定的绝对收益。研究该现象的经济学家将女性收入的增长归因于一系列因素，包括工作经验的累积增多、基于工作经验的报酬提高、受教育程度的提高以及可供女性选择的职业类型的多样化（比如说，选择做律师而不是教师）。[30] 其中最重要的也许是第一个因素。女性不再因为要花几年时间抚养孩子，而损失资历、经验，或无法具备能力要求高的工作的准入条件，她们生育孩子的数量不如过去多了，而且能够一边抚养孩子一边工作。她们也不再被限制在打字员或文秘这类传统上由女性承担的岗位上，而是直接同男性在可以稳步升迁的职场上展开竞争。

从二战结束到 20 世纪 70 年代初这段时期，大体上对美国男性来说是一段黄金时期，他们的实际收入在 1973 年达到了最高值。确实，相对收入也是如此，在 20 世纪 40 年代末到 50 年代这段生育高峰期的早期时间里，从男性和女性的相对收入比较来看，收入比的变化显示出男性占优。但 1973 年以后，这一相对优势开始呈现颓势，到了 20 世纪 90 年代中期，男性实际的中位收入下降超过 13%。[31]

男性收入和男性劳动参与率的下降原因比较复杂。男性劳动参与率走低，部分是因为越来越多的男性能够活到退休年龄，并且在退休前几年自愿退出劳动岗位。但是劳动经济学家注意到另一个因素：越来越多的年轻男性，特别是技能和受教育程度都不高的人，主动从劳动力市场中退出，尽管工作机会是存在的。[32] 的确，这一群体中男性所遭遇的危机要比统计数字所显示的情形严重得多。收入差距的日渐扩大对男性打击要比对女性更深重；处于收入分配顶端的男人卷钱逃开，而位于底层的男人则眼睁睁看着他们的实际收入一落千丈。[33] 考虑到在 20 世纪 80 年代仍有 41%

图 5.4　1972—1996 年间美国十六至十九岁青少年的失业率（分种族和性别）

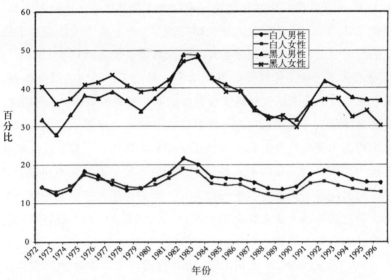

来源：美国劳工部劳动力统计局（http://www.bls.gov/ webapps/legacy/cpsatab2.htm）。

的男性从事蓝领工作，而女性的这一比例仅为 9%，去工业化进程
（deindustrialization）主要对男性造成影响。[34] 男人之所失与女人
之所得确实存在直接关联。尤其在低端劳动力市场，新的女性成员
显得更加聪明、坚韧和富有闯劲，在职场中比男性更具有竞争力。[35]
少有人力资源经理愿意公开承认但事实如此，即同样具备正式资格
的男人和女人在竞争某一低技能非体力工作时，经理更倾向录用后
者，因为在行为表现上女人比男人的疏漏要少。

　　这一转变对工薪阶层的婚姻所带来的影响显而易见。同流行看
法相反，在 20 世纪 70 和 80 年代造成女性就业和收入强劲增长的，
不是那些高收入的女播音员和女律师，而是处于收入分配平均线以
下的低技能女性员工。[36] 蓝领身份的丈夫相对价值跌至谷底。同上
一代情况完全截然不同的是，许多工薪阶层女性突然发现自己能比

图 5.5　1951—1995 年间男女中位收入的比较（百分比）

来源：美国统计局网站（http://www.census.gov:80/hhes/income/histinc/p02.htm）。

丈夫或男友给家庭带来更多的收入。鉴于女性更有可能同社会阶层更高的人结婚，情况对低技能男性来说也许更糟，他们更难找到适配的伴侣。制造业重要性的变化也许能够解释各国家庭分裂率的差异；去工业化对美国和英国的打击要远大于德国和日本，它们所面临的离婚率和非婚生育率增长的情况也更严重。

　　这一危机对于年轻的黑人男性来说更是雪上加霜。以往失业率会随着经济周期涨落；在经历 20 世纪 70 年代的经济动荡后，年轻黑人男性的失业率上升，即使到 80 年代就业机会充足的时候，他们的失业率也未能像人们预期的那样迅速下降。图 5.4 显示了黑人和白人青少年的失业率。在 20 世纪 70 年代的大部分时间里，黑人男性的失业率要低于黑人女性，但是到了 20 世纪 90 年代，前者要

109

大幅高于后者。

与黑人男性的事业与收入停滞相反的是，黑人女性取得了惊人   110
的收益。到了 20 世纪 90 年代晚期，即便白人男性和黑人男性之间
的差距越来越大，但是黑人女性基本上已经在收入、教育程度、预
期寿命和其他一些方面追上了白人女性。造成这种状况的原因——
这是不是唯有美国黑人男性才遭遇到的种族主义、经济的结构性缺
陷或文化难题的结果呢——是这一时期最大的谜团之一。[37]（这个
问题同样存在于白人青少年男性身上，尽管并没有像黑人那么严
重。）证据表明，黑人女性的高劳动力参与率只能通过文化因素进
行解释。[38]

如赫伯特·古特曼的研究所示，黑人家庭的不稳定率尽管高于
白人家庭，但家庭破裂的程度如此之高是史无前例的。[39] 像社会学
家威廉·朱利叶斯·威尔逊（William Julius Wilson）这类分析者把
年轻黑人男性的高失业率视作城市家庭破裂的重要原因之一，而且
前引的失业率数据所示，这确实是一个重要原因。[40] 然而，尽管家
庭不稳定的情况主要出现在贫穷的非裔美国人那里，但也同样波及
中产阶级的黑人家庭。就黑人中产阶级而言，男女收入比可能较相
对失业率更为重要。图 5.5 将 1951—1995 年间黑人男女中位数收入
比的变化同全美工人的情况进行了比较。可见在黑人男女收入比上，
女性比重逐渐上升，且这一变化趋势较其他种族都快得多。二战结
束伊始，黑人男女收入比同全美男女收入比大致相当；但到了图示
时期的末段，黑人男女收入比要比全体人口男女收入比高 15%。当
把从业者相对收入的变化同黑人男性失业率上升（相比黑人女性而
言）联系在一起，就能清楚地发现，黑人男性群体在过去一代人时
间里处于极度失势的状况。

按照一项有关家庭的经济理论，图 5.3 所显示的男女收入比主
要追踪了美国家庭的财富状况。20 世纪 40 年代末到 50 年代正是生
育高峰期和生育率增长期，也是历经战时分裂后人们重新回归家庭   111

的时期，这一时期收入比变化侧重在男性收入的提高。但从 20 世纪 60 年代中期开始，该比例变化开始向女性倾斜，并且这一趋势一直维持到 20 世纪 90 年代才略有回转，其原因令大多数观察者难以捉摸。[41] 60 年代中期，正如所见，恰是大断裂的开始之时。

第6章

大断裂的后果

在本书开篇我就将犯罪、家庭破裂和信任减少作为测算社会资本的负面指标，有必要进一步阐明的是，前述章节中曾详细指出的规范的转变，如何影响了人们出于合作目的彼此联合的能力，以及如何影响到人们之间的信任水平。

持续下降的生育率对社会关系的后果

生育率持续下降首先引发的是有关社会保障风险的问题，即如果出现上一代年长者纷纷退休并靠数量日益减少的年轻工人（的社保缴费）来过活这种情况，社会保障体系是否还能维系下去。[1] 与此同等重要但更为本书重点关切的是，持续下降的生育率对家庭生活和社会资本的影响。其所产生的这些后果不仅难以预料，也可能彼此冲突。按照明显的道理，如果社会失序往往是由年轻气盛的男性造成的，那么持续下降的出生率应该能带来社会秩序整体水平的提高，因为年轻男性占总人口的比例越来越小。未来数十年中，超过一半的欧洲人和日本人将年逾半百。年届五十以上的人群绝不会让人觉得他们富于革命激情或犯罪倾向。从经济学上看也是如此，人口减少不会带来明显的损失：虽然 GDP 绝对数量可能会有所下降，但人均收入也许反而大为增加。随着人口规模变小和国民收入减少，出现这些变化的国家在国际舞台上所发挥的能力和影响也会变弱，但这些国家中的年长群体是否怀有强烈的帝国野心和征服世界的欲望则难以遽断。

人均寿命的不断增长这一人口发展形势，是发达国家认识到自身需要以其他方式增加其社会资本的原因之一。多年前，法国社会学家让·富拉斯蒂耶（Jean Fourastié）曾指出，人们预期寿命的增长大大延长了他们能够接受教育和保持创造力高峰的年限——他说的情况主要发生在人的四十到五十岁阶段。[2] 由于现代社会不再对高质量教育实行强制配给，活至老年的人中有相当大一部分会体会到"第三级人生"（tertiary life，即成年人接受全面教育的那种生活）的发达。社会资本通过各种形式的教育得以形成，学生不再只是因为要获得能力和知识而接受教育，而是出于符合各行各业的需要而接受社会化改造。因此，年长者社会化程度之所以更高，不仅由于他们的心智更成熟，也由于他们更好地接受了社会的磨炼。

另一方面，生育率的持续下降带来作为社会资本的亲属关系的进一步衰弱，也因此给社会凝聚力带来一些难题。大断裂时期造成离婚率上升的另一原因正是人们寿命的延长。如今的婚姻契约需要比往日维持更长的时间。今天，感情不睦的夫妻很少会像过去那样等到孩子长大成人、离家自立之后再去离婚。而在 19 世纪，大多数夫妻都活不到这般年纪，往往在孩子成年以前夫妻一方就已撒手人寰。

家庭变小了，在可见的未来还会继续变小。几十年后，大多数欧洲人和日本人也许只与他们的直系先辈发生联系。三代成年人同时活在世上成为常态，这在人类历史上尚属首次。根据人口学家尼古拉斯·艾伯斯塔德（Nicholas Eberstadt）的计算，如果现今的生育模式往下延续两代人，三分之二的意大利孩子将不再有兄弟姐妹、堂表亲以及姑伯叔婶这类亲戚；只有 5% 的孩子能同时拥有兄弟姐妹和堂表亲。[3] 这意味着，像意大利这样在文化上十分珍视家庭关系的国度，彼时的生活将大不一样。独居的人数量大大增加，由于女性往往比男性在晚年活得更久，也是造成独居人数增加的重要因素（见表 6.1）。北欧国家的核心家庭退化得最为严重，几乎一半的家庭只由一人组成，显得最为孤独——在挪威首都奥斯陆，一人家庭占到全部家庭的 75% 左右。[4] 一些国家因此希望通过鼓励更大规模的移民来弥补本国出生人口的不足。美国和加拿大已经学会如何处理来自不同文化的异国移民涌入本国的情况，但在欧洲和日本，异国移民的到来很可能引发社会不稳定和国民的强烈抵制。本国出生的人们内部也会出现新的冲突形式，譬如，如果老一代人不愿被年轻一代取代，就会发生代际间的争斗。

表 6.1　一人家庭占全部家庭的百分比

国别	家庭	年份
奥地利	29.2	1993
丹麦	50.3	1997
爱尔兰	21.5	1996
荷兰	31.8	1996
瑞士	45.6	1997
挪威	32.4	1990
英国	12.0	1995
美国	25.1	1997

来源：各国统计部门资料，见附录。

那些实际上拒绝维持世代交替的社会还会出现其他哪些后果，简直无法想象。

家庭破裂的后果

西方社会核心家庭的衰落对社会资本有强烈的负面效应，并会与处于社会底层的人的数量增加形成联系，从而造成犯罪率的增长，并最终导致社会信任度的下降。

家庭中社会资本的减少带来的最重要后果之一是，造成后几代人人力资本的减少。1966 年由美国卫生、教育与福利部委托完成的《科尔曼报告》（Coleman Report），是一项旨在揭示出影响教育绩效诸根源的大规模调研。调研发现，家庭和同龄人的影响，远远超过那些由公共政策所支配的教育投入（诸如教师薪资、班级规模、教具投入等）的影响。[5] 此后，《科尔曼报告》的研究发现又屡屡为后续研究所验证。美国学生考试分数出现大幅下滑的现象，其多半可归咎于家庭由于破裂、不和睦、贫困等原因而无法给孩子传授技能和知识。相反，许多亚裔美国孩子在考试中有抢眼的表现，这反映出他们的家庭结构相对完整，也说明亚裔美国群体保留了更多以家庭为基础的文化传统。

自 1965 年莫伊尼汉的报告出版以来，有关离婚、婚外生育和单亲家庭之于孩子成长期间幸福程度的影响的研究，早已汗牛充栋。[6] 这份报告由丹尼尔·帕特里克·莫伊尼汉（Daniel Patrick Moynihan）在约翰逊政府时期的劳工部任职期间完成，报告指出，家庭结构是解释美国黑人贫困状况至关重要的一个中间变量。该报告引发巨大争议，反对者认为莫伊尼汉的结论是在"谴责受害者"，或者说是把白人中产阶级家庭的价值观强加于家庭结构与之不同但不见得低一等的另一种族上。[7]

时隔三十五年后，莫伊尼汉的观点已被证明是对的，再来讨论三十五年前的这场争辩也就没有多少意义。我相信对任何能以持平态度阅读莫伊尼汉报告的人都会得出这样的结论，即，其他条件均等的情况下，在传统双亲家庭中成长一定是比在单亲或失亲家庭中

116

成长要好得多。某些人坚持认为家庭结构的差异不会对孩子的幸福成长造成太多影响，其理由在于，他们认为家庭破裂和单亲家庭与其他诸多社会不良环境（social ills）相互存在高度关联，它们始自贫困，并包括质量堪忧的学校、治安险恶的居住区和毒品泛滥的侵扰。哪怕最精密的统计学分析也无法厘清这些现象之间的因果关系链条，但有可能弄明白的是，如果其中某一种对孩子双亲的社会经济状况（社会学家用以描述他们收入和教育水平的术语）具有决定性作用，那么离婚和单亲家庭对孩子幸福成长的影响就不是那么大了。[8]

换句话说，金钱能够很大程度上弥补由家庭破裂造成的人力和社会资本的亏空。我想，本书的许多读者都认识生长于离婚家庭或其他不幸的家庭环境中的孩子，他们在经历了一些个人动荡后最终也"还不错"，身心健康地步入成年。不少历史上的伟人都是由保姆或者父亲的情人抚养成人，或是出身那些古里古怪、看似不健康的环境。不过，在有充分的教导、好的学校教育和良友相伴的情况下，那些糟糕的家庭状况只会是小磨难，甚至能作为日后形成他们性格的积极助力。

这种观点存在三个问题。首先，并不是人人都有钱。家庭破裂给穷人带来的麻烦只有通过福利政府的介入（实际上替代父亲的角色）才能得以缓解。这就把负担不公平地从遁迹的父亲身上转到纳税人那里。尽管政府能多少减轻贫穷的单亲家庭的负担，但这么做成本高昂，并且由于实际上鼓励了它原本希望能劝化的这类不良行为，而造成道德危机。查尔斯·默里（Charles Murray）可能夸大了福利对家庭破裂的影响，但福利在其中肯定有推波助澜的作用。

问题之二在于，家庭破裂本身是造成贫困的原因之一。许多研 117 究都证实了我们凭常识得来的感觉：单亲家庭损失了规模效益，能动用的收入、劳动力和社会资本都只有双亲家庭的一半，也不再能获得由夫妻双方的劳动分工所带来的收益。实证研究确认，无论离婚前双亲的社会经济状况如何，离婚后，有孩子的家庭其收入会大幅下降。[9] 不管怎样这都对女性不利：即使对不那么贫困的家庭，母亲和孩子最多只能分享离婚前家庭总收入的一半，父亲的收入实际上是上升了。[10] 因此，社会经济状况在社会学家看来是一个因变量而非自变量。

　　问题之三是，统计分析往往不能把握住孩子教育和社会化过程中重要的定性成分，特别诸如父亲在孩子成长过程中的作用。正如我们所见，比起母亲来说，父亲的角色更多是由社会建构出来的，因社会和个体的不同而不同，有的父亲只是起到提供精子和收入这样最基本的作用，有的则发挥养育型父母（nurturing parent）的本色 *，在教育子女和帮助其社会化上带头发挥作用。起码来说，父亲在家里得以让母亲有更多时间陪伴孩子。[11] 但这与人们的常规看法相悖，即对多数孩子来说，父亲唯一的积极作用是提供生活费。事实上，父亲是儿子重要的榜样：如果年长的男子能告知年轻的男子如何正当地与人竞争和掌控局面，男人的好斗性就会成为体现男人气概的优点。父亲也在很多重要方面影响着女儿对男性的期待。如果母亲的丈夫（更不用说男友）对她不够尊重，女儿在选择伴侣时就不大可能报以过高的期望。20 世纪 90 年代期间的美国，认为父亲没能履行其责任的看法变得普遍 [12]，实际上，考虑到这一角色的脆弱性，情况确如人们所想。[13]

　　虽然家庭破裂本身造成家庭内部社会资本的损失，但实际上也可以令某些家庭成员同家庭之外的人和群体建立更深层的联系，包括他们的朋友、给他们支持的团体或男性／女性权益组织。像中国和拉美国家这类家庭主义文化盛行的国家里，血亲纽带联结很强，陌生人之间很难建立信任，而当代西方国家中家庭纽带联结的弱化

118

---

* 译注：福山在这里运用了心理学中沟通分析理论的概念，该理论将人格分为父母、成人和儿童三类独立性态，其中人格的父母性态中又包括 "养育型父母"（nurturing parent）和 "控制型父母"（controlling parent）两种性态。

有可能造成家庭外部的社会联结的增加。

　　家庭中其他方面的某些变化也能对公民社会造成影响。大多数调查数据倾向表明，在外工作的女性参加社会组织的数量比居家女性要多。[14] 这一点不足为奇：在 20 世纪 50 年代，住在城郊的美国家庭主妇最为抱怨的是，她们被社会孤立——比起过着乡村生活、男人和邻里都在身边的前代人，她们要孤立得多。职业女性如今加入的各种组织其性质料来与从前大有不同，她们不再只为教会和学校做点义务工作，而是参加工会、行业协会等其他与工作相关的社团。在外工作虽然能带来和加强各种社会联系，但单身母亲正因为要花大量时间来抚养孩子而无暇分身。当然，花钱依旧可以一定程度解决这一矛盾，不过不是全然解决。有钱人家的孩子也需要有与父母共处的时间。

　　上述西方社会家庭诸方面的变化对社会资本的影响是复杂的。其影响显然造成了家庭自身所拥有的社会资本的减少，但同时它也具有某种中和作用，即有可能对家庭之外的信任和社会联系带来积极效应。

　　但是，亲属关系的疏淡会导致社会关系质量的一个重大变化。常言道，"择友不择亲"，就是说，不管你多么不喜欢你的亲戚，也还是会觉得对他们有着不同的责任。就拿养老院来做测试。假如你认识的某位身体或心智受损的人住进了一家养老院或类似机构，这人不再有魅力、有朝气或与之相处不再让人觉得有趣，也不能为你做什么事；它实际上回到孩子那种依赖状态，却又没有了童真。怎样范围内的这么一个人，才能让你年复一年、永不中断地在每个周末去养老院看望他（她）呢？恐怕只有亲人（父母、兄弟姐妹，配偶也有可能）能通过这一测试。而那些成百上千的朋友和熟人，在对他们失去兴趣或是仅仅觉得自己时间过于宝贵之前，我们一般会反过来要求一些相互的关照。

　　让我们想象一下这两种情况的不同，两个同样日渐迟暮的人，

一个生活在 21 世纪初的欧洲或北美，另一个则是生活在三百年前
的 18 世纪初。在后一种情况下，能活到七八十岁就是了不起的成绩，
半数子女十五岁之前就夭折了，只有很少一部分人能活到五十二岁
这一高龄。让·富拉斯蒂耶解释说，在那个年代，活到五十二岁这
个年纪就算是不一般的成就，这样的人就有资格被大家视为了不起
的人。而到 21 世纪初，活过五十二岁的人也可以把自己视为"幸
存者"，但这部分人构成整个社会人口的绝对多数。在早先的年代里，
垂暮之人往往死在家里，身边陪伴的是两三代甚至更多代的后辈亲
人，他们在他一生大部分时间里都同他生活在一起。这种人的生活
为大大小小的规矩所支配，从每日的祈祷、餐桌前的礼仪到人生终
了时的葬礼。

　　与此对照的是，生活在 21 世纪初的老人，不妨说是生于 20 世
纪婴儿潮时期而在 21 世纪初步入老年的人，离过两三次婚，在公
寓或房舍里独守暮年，间或有儿子或女儿来看望一下他们，但儿女
也过了退休年纪，也要想方设法应对自身每况愈下的健康。他们同
亲人的关系也是淡薄的，由于年轻时长期轻狂不羁的生活方式——
不同的婚姻和性伙伴，由此而来的家庭分裂以及在家庭财务分割和
子女监护上的冲突——使他们同后代之间的关系若即若离，这是一
种不得不同物理距离以及比家庭责任更轻松的活动相竞争的关系。
老人的一位孙辈或一位前任配偶会忽然心血来潮想了解这位老人的
近况，但这种情况纯系偶然。作为在计算机网络环境中成长起来的
一代，这位老人会有很大的朋友圈，且无论他们就在本地还是远在
天边，不管彼此之间的共同兴趣关涉到国计民生还是仅仅自娱自乐
（从政治、宗教到园艺和烹饪），都与之保持着日常联系。现代通
讯手段的诱人之处——消除了距离的障碍，侵蚀了文化和政治的边
界——却变成了进步的障碍。搬进养老院的老人，身边人忽然都成
了陌生者；那些朋友和熟人通过网络表达慰问和关心，却发现若要
亲自来访实在不方便。生活变得彻底不需要仪式。人生的某一阶段

向下一阶段的过渡，不再由令人熟悉和亲切的、能把个人同上代人和下代人联系起来的仪式来标记，而是成了一件十分随意的事。创新和自我改造的能力，在人生的早期阶段看上去还是很有价值的特征，如今只会带来难以想象的孤独。当人生走到终点，只有独自去面对。

谁受益？

指出家庭变化给社会资本带来的负面后果，绝不是将它们归罪于女性。女性进入职场，她们与男性收入之间差距的稳定缩小以及控制生育能力的提高，总的来说都是好事。社会规范最重要的转变发生在规定了男性对妻子和子女责任的那一方面上。尽管触发这一转变的是节育和女性收入的提高，但男人要对随二者之后发生的种种社会结果负责。而且，在这些转变发生之前，男人的表现也不总是令人满意。传统家庭的稳定常常要付出高昂的代价，这些代价关乎情感和肉体的伤痛以及机会的丧失，并且是不成比例地更多落在女性身上。

另一方面，性别角色的这些巨大变化，并不像女权主义者声称的那样，都是明确无疑的好事。从来都是有所得就有所失，而那些损失很大部分都由孩子们来承担。这其实不至于令人奇怪。考虑到女性的角色传统上就是围绕着生儿育女，而她们走出家庭、进入职场的运动要说对家庭没有影响是难以想象的。

另外，女性自身在这一过程中常常是输家。20 世纪 70 和 80 年代女性在劳动力市场的收益绝大部分不是来自令人向往的墨菲·布朗（Murphy Brown）式的职业*，而是来自低端服务业的工作。这些工作能为女性带来些许的经济独立，但接下来很多女性发现自己被丈夫抛弃，他们去找更年轻的女人做妻子或女友。出于生物学上的

121

---

* 译注：《墨菲·布朗》是美国 20 世纪 80 年代风靡一时的电视连续剧，女主角墨菲·布朗是一名电视台女记者。

原因（男人越老越有魅力，这一点比女人要强），女人再婚的可能
远低于离开她们的前夫。男性中贫富差距扩大的现象也同样发生在
女性中间。受过良好教育、有进取心又有才干的女性冲破性别障碍，
证明自己在由男性主导的职业上一样能够做得很好，并眼见着自己
的收入增长；但同时也有未经良好教育、进取心不强、才干也不高
的女性，她们试图依靠累死累活的低收入工作或（更穷者）依靠救
济来抚养孩子，她们只能眼睁睁看着人生的地板向下塌裂。而女权
主义者在谈论和撰写女性方面问题文章并借此影响相关公共舆论的
时候，几乎都用前一类例子来说事，故而我们对女性贫富差距拉大
过程的认识也被扭曲了。

　　相比而言，男人总的来说最后得失大抵相当。尽管他们中许
多人收入和社会地位明显下降，但其他人（有时可能就是他们）欣
然从照料妻子和孩子的沉重负担中解脱出来。休·海夫纳（Hugh
Hefner）在 20 世纪 50 年代尚没有缔造出《花花公子》以宣扬那种
生活方式，纵观历史，唯有那些位高权重又有钱的男人方能肆意接
近多个女人，这也是男人们总是在权力、财富和地位上竞逐第一的
首要动力。20 世纪 50 年代之后出现的改变在于，普通的男人也能
够过上恣意享乐、分期多偶（serial polygamy）的生活，而这种生活
在以前只能为社会顶尖阶层的极小一部分人所享受。大断裂时期产
生的最大的谎言之一就是性革命没有性别歧视，男人和女人从中同
等获益，而且性革命同女权主义革命从某种角度来说有密切的联系。
事实上，性革命服务于男人的利益，并且到头来给女性从传统角色
中解放出来后所期望的各种社交活动施加了明显的限制。

犯罪给社会资本造成的后果

　　我们可以把高犯罪率作为社会资本缺失的表现，同时二者的因
果关系也可以其他方式展开。更具体地说，高犯罪率能让社区中遵

纪守法、奉持规范的成员变得不信任他人，也就不太愿意同他人进行各种层次的合作。詹姆斯·威尔逊（James Q. Wilson）曾说过：

> 掠夺性犯罪不仅危及个体，它也妨碍，极端情况下甚至阻止社区的形成和稳定。借助于各种正式和非正式的社会纽带所形成的精微关系，我们同邻里之间建立起联系，而犯罪活动则破坏了这些精微关系、扰乱了邻里间的联系，从而使社会走向瓦解，令社会成员变成只盘算自己得失（特别是如何在人群中扩大自己生存机会）的个体。共同的事业变得举步维艰甚至遥不可及，只有在大家都渴望得到保护的情况下才有可能。[15]

由于太害怕遭遇犯罪而不敢夜间出门的人，不大会参加家长—教师协会或童子军这类志愿组织（不过也有例外，正如威尔逊指出的邻里守望组织）。前文已论及，受犯罪伤害的经历同信任之间有很强的联系：20世纪60年代犯罪率的增加是信任度下降的最重要原因之一。即使邻里街区内不存在什么现实的危险（美国的绝大部分邻里街区就是如此），人们还是在当地电视台报道的刺激下对犯罪率上升抱有忧虑，从而加重了各家自扫门前雪的倾向。就此而言，媒体常常起到了大而无益的作用。

人们对犯罪的看法也已影响了人们团结在一起的能力，在虐待儿童问题上就可以看出这一点。正如我们在第四章中所述，有证据表明，在过去一代人时间里，美国、英国乃至其他发达国家的虐童案发生率都上升了。但20世纪80年代发生的一系列有影响力的案件，大大推高了大众关于这一问题严重程度的认识，这些案件包括对加州曼哈顿海滩市一家托儿所经营者的审判（最终无罪释放），马萨诸塞州的阿米劳特（Amirault）虐童案和迈阿密的斯诺登（Snowden）案。根据多萝西·拉比诺维茨（Dorothy Rabinowitz）多年来在《华尔街日报》对此类案件的详细报道，许多（包括最终被成功定罪的）案件都是被一些躁进的公诉人所推动，并且有可能导致不少冤狱。[16] 然而，对这些案件的媒体报道在大众中制造出某种观念，即虐待儿童的事件在美国社会正愈演愈烈。这一看法对父母如何教育孩子的处世行为产生了广泛的影响。到 20 世纪 80 年代末，每一个学龄前儿童都耳濡目染地接受了一条基本思想，即不要相信任何陌生人。

当人们有了以孩童为对象的犯罪在增加这种认识后，其最终影响是使得孩子的社会化过程变得更加个人化。在紧密结合的传统社区，帮助孩子走向社会通常是社区的责任之一。即使在以自由主义—个人主义为主导的美国，往往是由社区中的成年人而非孩子的父母，对孩子们的不良行为进行监管和赏罚。但随着美国的城市化进程和社区变得越来越缺乏个性，家庭以外的成年人权威逐步下滑。经过 20 世纪 80 年代媒体报道对虐童问题的大肆渲染，当父母见到陌生人惩戒自己孩子时，更有可能叫警察来介入而不是把这种事当做社区在合法地行使权威。积极的情感表现也收到阻遏。据说学校老师都不敢拥抱孩子，因为有些这样做的老师被指控为对孩子实施性虐待。[17]

对社会资本和犯罪之间关系的认识，促成了美国警方在 20 世纪 80 和 90 年代对执法措施进行了颇富成效的创新改进。从 20 世纪 60 年代起，除了严重犯罪案件数量增长以外，"社会失序"现象（诸如街头涂鸦、街头流浪、搞小破坏这类轻微的违法行为）在几乎每个城市里都在增多。有两种原因推动了社会失序现象的增长，一是轻微的社会越轨行为的非罪化，二是精神疾病患者逐渐采用院外治疗的方法。80 年代曾有一度，纽约城的地铁列车几乎被涂鸦覆满。政府当局完全无力阻止此类事情的发生，这让人们深感自己的社会已经失控。

在一篇 1982 年发表的颇具影响的文章中，乔治·克林（George Kelling）和詹姆斯·威尔逊认为，除了通常成为头条新闻的强奸、谋杀和持械抢劫案，警察也应该对社会失序问题抱以关注。[18] 他们指出，破损的窗户得不到及时修缮往往会招致犯罪上门，因为这种情况是在释放一个信号，即邻里街区里的人不关心这里的外在环境，因此对奉行其他类型的规范也会不太上心。克林和威尔逊认为，即使这种办法（译按：指警察对社会失序问题加以关注）不会对严重犯罪行为带来多少改观，但它能让人们对自己的邻里街区有更多好感，从而促进社区建设，提高社会资本水平。

正是由于这样的想法才出现了社区警务，并且到 20 世纪 90 年代末期，这一制度已经在美国大多数社区实行。[19] 最早的社区警务做法是，让警察走出巡逻警车，走上街头，在那里他们可以同社区民众进行交流互动。更积极的做法是，警察帮助社区的志愿者组成邻里监督组织和体育联盟，并着力解决各种小的社区生活问题，比如派对喧闹或犬吠扰民。在 20 世纪 80 年代，纽约城开始投入大量成本来清理地铁车厢上的涂鸦、驱走原本栖身公园的流浪者，也采取其他一些手段来让民众知晓政府将全面加强执法的决心。早期维护治安的通行做法，正如时任洛杉矶警察局长的达里尔·盖茨（Daryl Gates）所做的那样，只是在出现治安问题而且是重大犯罪事件的时候才派警力深入社区。这样做虽然节省了警力和其他警务资源，但这样做就把巡警同邻里街区分隔开来，也使当局无法获得出自与当地居民的信任关系的警情信息。[20] 更加保守的警务部门对这种治安方式表示怀疑甚至不屑，据说这让警察变成了社会工作者，但到了 20 世纪 90 年代，社区警务的好处变得越来越明显。[21]

实际上，美国刑法和执法活动的改变给社会资本带来的巨大影响，超过了我们一直以来的想象。当然，不动用刑事手段解决社会失序问题有许多合理的理由，这些理由立基于尊重个体权利和尊严的美国体制。美国公民自由联盟（American Civil Liberties Union, ACLU）和其他为弱势群体发声的人认为，对诸如街头流浪这种情况进行刑事定罪实际上是在判定贫穷有罪。根据这一观点，中产阶层人士受到邀遏、散发异味的流浪者的骚扰，或孩子因被无家可归者搭讪而受惊，这些情况并不构成令人信服的、基于公共利益的理由，以此将他们从街头和公园逮捕或驱走。地铁车厢涂鸦，前已说明，是一种无受害者的犯罪（victimless crime）；不喜欢这玩意儿的人无非是表达了他们自己的文化偏见。无论是在为弱势者发声的人群和自由派改革人士的眼里，还是在力图遏止谋杀、强奸和吸毒犯罪激增趋势的老练冷酷的警察眼里，被标以社会失序的那些行为，不过是些无足轻重的小问题。

　　然而，长期来看，社会失序实际上会造成相当大的影响，尤其是对城市的社会资本而言。乔治·克林和凯瑟琳·科尔斯（Catherine Coles）指出，大量调查结果显示，令中产阶层搬出城中心最重要的一个原因不是严重犯罪，而是社会失序问题——每当他们穿过市民公园，都免不了遭到乞丐的纠缠，而且他们也不愿看到自己孩子不得不从情趣用品店旁、从站街女身边走过。[22] 当然，也有许多其他原因促使人们逃向市郊，包括种族和学校教育的原因。但放松对小的社会异常现象的管制所带来的最大意外后果之一是，促使人们纷纷离开他们原本居住的城市邻里街区，而这些邻里街区恰恰是由有身份的中产阶层住户所组成，他们有着强烈的意愿来维护社区的行为规范。这种变化在非裔美国人邻里街区和白人邻里街区都有发生，特别是在 20 世纪 60 年代正式的种族隔离居住区被废止后，这一变化更加明显。美国许多中心城区，比如纽约的哈莱姆（Harlem）、波士顿的罗克斯伯里（Roxbury）以及芝加哥的南区（South Side），居民人口实际上在减少，与之相伴随的是事业有成的住户搬到城郊或者更加安全的邻里街区。[23] 留下来的是那些相对贫穷、受教育程度较低、犯罪倾向更强的社区居民，他们占社区人口的比重越来越大，随之则是构成社会资本基础的社区价值观开始急剧败落。轻微的社会失序会以某种间接的方式导致许多形式上更危险的犯罪行为，并导致社区瓦解。

126

　　20 世纪 70 和 80 年代，装有门禁的社区如雨后春笋般出现于美国的城郊，它们被许多人视为美国社会缺少信任、原子化和彼此孤立的生动例证，或者说一个"独自打保龄"（Bowling Alone）的美国的生动例证。这些人也不外如是。这些门禁式社区不再像简·雅各布斯所描述的美国小镇那样，人行道上人流如织，或房舍的前廊朝向街面，而是变成，住户晚上回家时要驾车经过安检，下车后径直回到家中电视机前的沙发上，甚至不需要向隔壁邻居打声招呼。不过，这类社区最初兴起的原因并不是有了汽车和廉价的汽油，以及某些社区成员的小肚鸡肠，门禁式社区是力图在院墙内重建曾经存在于城市邻里街区和（城郊居民成长于其中的）小城镇中的（人身）安全环境。如果当局不再设法限制行乞和涂鸦行为，住户只有自己设法实现，并在此过程中把他们自己同广阔社会隔离开来。到了 20 世纪 80 年代末和 90 年代，当公共安全和社会秩序有所保障的时候，人们又涌回城市，毕竟城里的生活更加有趣。就此而言，社区警务以及其他虑及社会资本问题的警务创新，在振兴纽约等美国城市方面所产生的重要影响，比单纯的犯罪情况统计所能显示的要多。

第7章
大断裂不可避免吗

美国的司法体系在 20 世纪 70 至 80 年代不大理会低级别的社会失序问题，在某种程度上导致社会资本的损耗，而社区警务的发明又有助于社会资本的恢复，这两方面的事实说明，公共政策对社区的集体价值观而言是把双刃剑，既能损害它也能加强它。那么，大断裂在何等程度上处于社会控制之下，又在何等程度上是大的经济和技术进步不可避免的连带后果呢？

当我们谈及某一事物处于社会控制之下时，可能包含两重含义。首先，社会试图直接通过公共政策来塑造发展道路，即，政府当局针对特定预期的社会结果进行规划并实施正式干预。其次，社会能通过非正式的规则和习俗而不是在某一方的正式控制下，从文化上对社会结果产生影响。两种情况常常同时存在：公共政策的制定被用于支持某些文化取向，比如天主教的立法者试图禁止离婚和堕胎。不过它们也常常不同时发生；文化会制约公共政策，或被公共政策所塑造。

哪些社会结果源自深刻的技术与经济变革，哪些又受到宏大的社会控制所制约，理解这些问题能够帮助我们避免两种常见的错误。第一种是左派的典型错误：相信所有社会问题都能通过公共政策来救治。在 20 世纪 60 年代犯罪率开始上升时，约翰逊和尼克松政府号召社会科学家拿出解决办法。不少学者把前面章节所列的一些问题作为犯罪率上升的根本原因提出来：包括家庭破裂、贫困、缺乏教育，等等。这类看法固然不错，但他们接下来又建议联邦政府尽力扫除这些根本原因，其中一项倡议最终导致约翰逊政府"向贫困宣战"的计划。[1] 然而，这一番雄心不凡的努力却压根没有解决贫困问题，更不用说降低犯罪率了；而且其成本非常高昂，还往往吃力不讨好，并招致选民强烈反对。正如詹姆斯·威尔逊所说，社会科学与公共政策很不一样，前者致力弄清社会行为深层的根本原因，而这些原因可以说明显不受公共政策的控制。三十年后的今天，可以肯定的是，公共政策已变得不那么野心勃勃而是更加务实。社区警务一类的举措在它自身有限的范围内能发挥很大的积极作用，但不该有人傻到去相信这些举措能够影响到社会行为的根本原因。

第二种错误通常为保守派所犯，这种错误把不合时宜的社会变迁归因于道德软弱，并认为可以通过足够的震慑手段并诉诸正确的价值观来加以纠正。事实上，人们可以自由地做出道德选择，并且过去四十年中也确实存在大量道德软弱的现象。但在很多情况下，人们会根据不同的经济激励条件做出不同的道德选择，即使有再多的道德说教和文化论争，也不足以令社会变迁的总体方向发生一丁点改变，除非那些激励条件也发生变化。

从世界史的角度看，大断裂在发达国家中如此普遍地发生，它来得又如此突然，并且还大致发生在相同的时期里，这一事实表明其原因既广泛又根本。在本书开头我曾提出，大断裂是 19 世纪发生的从社区到社会这一转型的升级版本，只是这一次发生于我们从工业经济向信息经济的过渡，而非农业经济向工业经济的过渡。第五章中我们论述了技术变迁——脑力劳动取代体力劳动，信息产品取代物质产品，服务业取代制造业，以及医学进步使人们寿命延长并能够控制生育——为 20 世纪后半叶发生的性别角色的巨大转变奠定了基础。

　　若干年前，人口学家金斯利·戴维斯（Kingsley Davis）曾指出，仅凭人类寿命不断增加这一项原因，女权主义革命就基本上不可避免。[2] 在 1900 年时，欧洲或美国的普通女性大概不可能有机会在家庭之外生活：一个女人长到二十二岁上下，就会直接从生养她的家庭转入同丈夫一起建立的家庭；假如女性的预期寿命在六十五岁左右，这就意味着在她最小的孩子离开自己后不久就会过世。到了 1980 年，女性有三十二年半的时间——其成年后一半以上的时光——不在生养她的家庭里或是抚养自己的孩子中度过。就算一个女人要全身心投入家庭，或假如信息时代没有为女性开辟如此之多的就业机会，她又如何打发这许多额外的时光呢？直到生物技术将女性从生儿育女的必然使命中解脱出来之前，她们为家庭和子女的付出必然远多于男性，这意味着女性的劳动参与率不可能与男性全然相等，收入的性别差异也不可能完全被填平。不过差距会缩小，女性也终将更坚定地热衷于就业。

　　然而，在某些工业化国家并没有出现大断裂的诸多表现，或者说即使有程度也不深，这一事实表明大断裂并非经济和技术变迁的必然结果，也反映了文化和公共政策在塑造社会规范方面发挥着重要作用。亚洲的高收入社会——日本、韩国、新加坡、台湾和香港——与其他发达世界构成有趣的对照，因为它们看上去避免了许多大断裂的影响。仅这一事实就足以说明大断裂并不是社会经济现代化一定阶段的必然产物，而是深受文化的影响。但文化最终只能延迟而无法阻止大断裂在亚洲社会的发生。

130

亚洲价值观与亚洲例外论

亚洲价值观的特殊性是在 20 世纪 90 年代初期由新加坡前总理李光耀提出的，他以此来解释亚洲地区令人瞩目的经济成就，也是为了给他那招牌式的家长制威权主义做合法性辩护。他认为，亚洲文化强调的是服从集体权威、辛勤工作、家庭、储蓄和教育，这些因素都对战后亚洲经济高速且前所未有的增长具有决定性作用。这些价值观被认为是盛行于东南亚地区的柔性独裁政权的一项政治构件，而且也为新加坡、马来西亚和印度尼西亚这些国家不实行西式民主做出合理性的解释。李光耀还认为，亚洲价值观也反映在，该地区犯罪、吸毒、贫困和家庭破裂的比例都低于典型存在此类问题的美国，也低于此类问题日益严重的其他西方发达国家。[3] 马来西亚首相马哈蒂尔·本·穆罕默德（Mahathir bin Muhammed）也宣扬了亚洲价值观具有优越性的观点。

随着 1997 年开始的亚洲经济危机的到来，有关亚洲价值观的主张在太平洋两岸就没有什么极富热情的复述者了。显然，亚洲价值观没能帮助该地区所有国家避免在长期或短期经济政策上犯错。经济危机之后的衰退导致许多亚洲国家的国民财富大幅缩水，最多达到一半（以美元折算）。由于亚洲价值观的合理性主要建立在经济表现上，因此增长的停滞就足以导致这一说法从整体上站不住脚。[4]

不过，即便亚洲价值观与经济成功不像李光耀和马哈蒂尔所说的那样存在明确的联系，一部分亚洲价值观确实迥异于西方价值观。纵然亚洲社会彼此差异很大，但仍从总体上代表了某种不同的针对经济现代化的社会调适（social adjustment）模式。接下来的讨论重点将针对经合组织中的两个亚洲成员，即日本和韩国，不仅由于有关它们的资料最为详尽，并且由于二者在价值观和社会模式方面比较接近、同时又不同于西方的经合组织成员国家。

日本和韩国在众多方面都与西方不同。[5] 两个国家的犯罪率同欧洲特别是美国相比低很多。在日本，各类犯罪在过去四十年中实际上都减少了（见第二章和附录）。战后韩国比日本更容易出现政治暴力事件，韩国人以其好斗倾向有时被称为"东方的爱尔兰人"。该国犯罪率在 1982 年有所上升，这明显与"光州起义"和全斗焕治下的政治压迫有关。不过，总体上韩国的犯罪水平一直以来很稳定。这两个国家的低犯罪率就事实本身而言，挑战了所有认为城市化和工业化不可避免要激发更多数量的犯罪行为的一般性理论。

两国在核心家庭的稳定性方面也是如此。过去四十年，两国的离婚率都有所上升，但都没有经历像西方国家在 1965 年之后所出现的家庭破裂激增的情况。核心家庭稳定性也明显表现于两国的非婚生育率都非常低。

我们还不清楚是什么造成这两个国家的低犯罪率。可能二者情况不同，答案也不一样。日本社会倾向于通过一张由非正式的公共规范和共同义务织成的网来抑制社会越轨，韩国则一直更倾向于运用赤裸裸的国家力量来维持秩序。即便韩国在 1987 年实行民主化后，但只要出于维护公共秩序的需要，警察机关的权力就不会被削弱。

两国核心家庭相对更加稳定的原因比较清楚，似乎是与两国中妇女的地位有关。尽管日本和韩国的女性劳动参与率一直在稳步增长，但在经合组织国家中仍是垫底水平。更重要的是，这两个国家（也包括东南亚其他欠发达国家）的女性劳动参与率始终呈 M 曲线态：年轻女性往往从事轻工业和服务业工作，但到了二十多岁就退出工作、结婚生子，直到把孩子抚养成人才重新就业。

与日本和韩国的女性劳动就业程度较低相一致的是，两国社会中女性相对男性的收入比也较低。这一比例在大多数发达国家已持续增长了一段时期，日本在该比率上的表现值得注意，它不仅明显低于所有其他经合组织成员国，而且在从 1970 到 1995 年这段时间里增长幅度也很小。[6] 日本大量的女性就业都是临时性的，或者表现为某种不充分就业，比如大批年轻女性的工作就是站在商场门前或电梯门口迎来送往。

日本和韩国的劳动法一直对男女区别以待。这在西方被称作性别歧视，但在亚洲却常常被视作保护女性的一种做法。在日本，1947 年颁行的《劳动标准法》禁止年满十八周岁的女性每周工作超过 6 个小时，或是在假日和晚间上班。若按照日本员工出了名的工作狂特点来看，这样做实际上令女性无法全职从事大多数工作，也将她们摒除在终身雇佣制之外。1986 年颁行的《平等就业机会法》解除了对企业管理者和某些白领职业的这方面限制，但由于日本女性做到管理层的数量很少，这一变动所造成的实际影响也很小。[7]直到 1997 年日本才立法解除对女性从事蓝领工作的限制，而该法令直到三年以后才正式付诸实施。[8]

尽管上述法案在日本和西方的女权主义者看来存有歧视，但不能确定说大多数日本女性也这么认为。一次又一次的民调结果显示，多数日本女性都表示愿意在结婚生子后放弃工作，只有当孩子长大以后才考虑重返职场。[9]她们也不像西方女性那么在乎自己收入没有男性高的事实。因此，由性别造成的劳动分工似乎体现着某些深层次的文化价值观，并不会仅仅因为劳动法案的变动而消失。

韩国的情况大致与日本相似，但在发生时序上略晚于日本，因为其工业化起步较晚。韩国女性的劳动参与率从 1963 年的 34.4%增长到 1990 年的 40.4%，但还是低于经合组织成员国的平均水平。同日本女性一样，韩国女性往往会为养育子女而退出就业。在该国战后的军政统治下，韩国工人总体上所受的保护不如日本，职场中歧视女性的现象普遍存在。军政统治结束后近一年，即 1988 年，《就业平等法案》颁布实施，该法案规定了同工同酬的原则，并禁止其他形式的歧视劳工行为。[10]不过韩国的女权主义者抱怨劳动部没有充分执行这一法案。同日本一样，韩国也仍然存在为数不少的女性在抚养子女期间不愿意同时工作。

另一方面，日本和韩国跟美国和其他西方发达国家的又一不同点在于，在这两个亚洲国家，制造业仍占 GDP 很大比重。发达国家的制造业（包括亚洲和西方国家）在 20 世纪后半叶基本上都是男人的职业[11]，它也只是在 20 世纪 90 年代期间才遭遇 70 和 80 年代曾发生于美国锈带地区的"空洞化"（hollowing out）。正如表 5.1 所示，日本的制造业就业人数只是有轻微的减少，从总就业人口的 26.0% 降到 23.6%，而相比之下，美国在 20 世纪 70—90 年代制造业就业人口减少要明显得多，从 25.9% 降到 17.5%。这也许可以为女性的相对收入为何没能以更快的增长速度赶上男性提供进一步的解释。在 20 世纪 90 年代期间，日本的经济同西方国家一样经受了出口制造业衰落和技术取代工人的压力。90 年代后期的经济衰退带来了日本产业结构迅速向服务业转型，其与人口数量的减少一道导致其后大量女性就业者的出现。

在讨论西方社会核心家庭破裂原因时，节育技术与女性收入的提高一道被当作一项在改变男性责任规范方面发挥了相当作用的因素。有趣的是，直到 1999 年，日本还没有完全准许避孕药的使用。节育的主要手段仍是人流手术（从 20 世纪 50 年代初起免费为女性实施）、避孕套和安全期。不过，即使堕胎在日本要比在西方容易得多，它仍然是一件不光彩的事（佛教和神道教都不允许堕胎，日本寺庙有相当数量的法事是为超度堕胎婴灵而做）。[12] 故而西方社会的那种性事不再受生育负累之牵扯的现象未曾同等程度地发生于日本。

日韩两国女性越是有可能为生儿育女而退出工作，她们自己赚钱养活自己的可能性就越有限，性与婚姻之间的联系在这两国也越是紧密，这些都充分说明为何日韩两国的核心家庭更具完整性。两国的女性基本上不会认为自己是某些西方女权主义者所嘲讽的"生育机器"。两国孩子在国际学生测试中的优异表现也与他们的母亲在其教育中的付出有关。但另一方面，她们的职业发展机会相比西

134

方女性来说则有限得多。日本和韩国的婚姻远比美国的婚姻要稳固，但婚后感情有可能也较为冷淡。[13]

当我们把目光投到日韩以外的亚洲地区，会发现截然不同的模式，这些模式几乎令大多数有关经济现代化如何影响家庭生活的一般性理论失效。比如，在马来半岛和印尼大部分地区，穆斯林马来人在 20 世纪前半叶的离婚率高得惊人，反是随着现代化进程而明显下降，直到 70 年代才降到低于西方国家离婚率的水平。[14] 前工业时期居高不下的离婚率是伊斯兰世界一夫多妻制和离婚约束相对较少的产物。在 20 世纪的欧洲，并未同样出现随经济发展而来的婚姻稳定度的提高。

我们尚无法断定日韩两国女性的工作时间和工作收入会一直比西方女性少。由于生育率的陡然下降，日本已面临着劳动力储备萎缩的问题；到了 20 世纪 90 年代末，日本首次遭遇劳动力绝对数量的减少。如果生育率不出现意外的增长，日本的总人口数会在 21 世纪初以每年 1 个百分点的速率减少。该国人口的老龄化和劳动年龄人口对退休人口的比例的下降，将给未来的社保带来巨大的包袱，这种情况已经制约了日本走出 1998—1999 年的经济衰退的能力。缓解此问题的办法之一是招募更多的外国劳动力，但日本国内对此的抵制甚为强烈。另一可能的解决办法则是鼓励更多女性进入职场，鼓励她们不仅在婚前并且延贯其一生都能参与工作。对这两种选择，日本的决策者似乎更青睐后者。若真如此，日本家庭的稳定性恐怕就要降低，日本将遭遇的社会问题也就跳不出西方社会所经历的。[15]

135

文化高于一切？

日本和韩国在抵挡大断裂方面至今的表现，证明了文化对经济选择的影响力。两国都表现出对传统的女性角色强烈的文化偏好，它们都保留了对男女实行区别对待的正式法规，这些法规使女性进入职场的可能性更小。特别是在韩国，儒教文化给予父权家庭以广泛的支持。在欧洲，文化的影响同样巨大。意大利、西班牙和葡萄牙，它们家庭结构的变化率与众不同。（不过，有趣的是，尽管西班牙和意大利的离婚率和非婚生育率在欧洲相对较低，但其生育率却是垫底水平。有人怀疑这二者之间是否存在联系。虽然据我所知没有证据支持这一猜想，但有可能的是，西班牙和意大利的女性不能通过离婚占据主动，就会代之以少生孩子。）天主教令这些国家的家庭完整状况强于北欧（至少形式上如此）。[16] 德国和荷兰，天主教信徒众多，在国际比较中，其家庭完整状况一般低于意大利和日本，另一方面又高于英语国家和北欧诸国。

　　当然，人们会说，文化和公共政策对塑造职场和家庭规范的作用远比表面上看起来的要大，且可与技术的影响相比肩。19 世纪晚期大量出现的诸如秘书和打字员一类的工作岗位，今天被视为传统的女性工作，但女性进入这些工作岗位也不是一个自动的过程。她们及其家人都首先要说服自己这样做没问题。一般来说，男人的上肢力量明显强于女人，但不能仅凭此就把女性拒于体力劳动岗位之外。在二战时期的美国和在前苏联，出于政府需要，女性被输送到传统上是男性领地的重型制造业和农业岗位上，她们的表现无懈可击。因此，有待回答的问题就是：去工业化以及就业岗位从制造业转到服务业就一定对女性有利，或者说，男人发现自己在蓝领工作上更擅胜场这一事实也不过是历史不经意的偶然结果？各国难道不能设法保护他们免受技术变革后果的影响，如试图保住作为一家之长的男人的饭碗，就像日本和许多欧洲国家所做那样？

136

　　因此，要厘清技术与文化之间的因果关系诚非易事，二者之间的相互牵连也异常复杂。文化至少在决定规范以怎样的速率发生转变上起着重要作用；社会则能对技术领域和劳动力市场的变化在何种程度上变易社会关系加以控制。日本卫生部门的官员使出浑身解数让避孕药品的合法化拖后了三十余年，就是其中一例。先是北欧诸国，继之以英语国家，立法为无过错离婚大开绿灯，但这并不构成这些国家离婚率高的原因，而像意大利和爱尔兰这样信奉天主教的国家，由于不存在合法离婚，从而减慢了家庭走向分裂。美国的某些州在 20 世纪 90 年代立法允许所谓的契约婚姻（covenant marriage）的存在，新人可以选择订下难以破除的婚姻契约。这种新举不会把离婚率降到 20 世纪 50 年代的水平，但它能让夫妻双方将附加的约束施于自身，从而为某些婚姻增加稳定性。

重塑社会秩序

　　我们将来如何重建社会资本的问题依旧横亘在前。文化和公共政策使社会能多少对大断裂的发生速度和程度有所控制，但要解决在 21 世纪初人们如何建立社会秩序，这并非长久之计。日本和某些天主教国家比北欧国家或英语国家能更长久地持守传统的家庭价值观，这使它们能减省某些社会成本（而后者不得不付出）。但难以想象它们在接下来的几代人中还能维持这种坚守，更不用说重建像工业时代的那种核心家庭；其中，父亲在外工作，母亲在家养育子女。就算能够做到如此，这样的成果也不可取。

　　我们似乎陷入某一窘境：退路已被截断，而往前则似乎必然导致社会失序和社会原子化的日益严重。难道说，这意味着当代自由社会注定要走向道德滑坡和社会无序愈演愈烈的境地直到崩塌？难道真如埃德蒙·伯克（Edmund Burke）这样的启蒙时期批评家所说的那样，这种混乱失序恰是以理性替代传统的努力所招致的不可避免的后果？

　　在我看来，答案为否。原因也很简单，人类天生就会为自身计而创设道德规范和社会秩序。规范丧失的状态——涂尔干称之为失范——引发我们强烈的不适感，于是我们试图建立新的规则取代业已朽烂的旧规则。如果技术发展令某些形式陈旧的社区难以为继，我们就会找寻新的形式，会发挥我们的理智来商讨达成不同的约定以因应我们的基本利益诉求和情感需要。

要明白我们目下的处境并不像看上去的那样令人绝望，我们需要在一个更加抽象的层面对社会秩序自身的起源加以研究。许多关于文化的讨论将社会秩序视为一组从先代传承下来的静态规则。如果你身陷于一个社会资本或信任度低的国度，只会令你对此一筹莫展。显然，公共政策扭转文化的能力相对有限，并且要打造上佳的公共政策也得对文化的局限抱有清醒认识。不过文化是一股充满活力的力量，它不断接受改造，不是被政府改造，就是被构成社会的成千上万的分散个体之间的互动所改造。尽管文化的演进不及正式的社会和政治体制的演进那么迅速，它也必得适应环境的改变。

我们发现，秩序和社会资本存在两大基础以为支撑。一是生物学基础，它出自人之天性。生命科学近来取得了一些重要的进展，其累积效应已重构了那些经典认知，即人存在一定天性，这些天性使得人是社会和政治的生物并有充分的能力建立社会规则。从某种意义上看，此类研究并不比亚里士多德高明多少，但它令我们对人类的社会性本质有了更清楚的把握，知道哪些天性根源于人类基因，哪些则不是。

第二项社会秩序的支撑基础是人之理性，以及理性的那种天然自发能解决社会合作中诸问题的能力。人类与生俱来的创造社会资本的能力并不能解释社会资本如何在特定环境中生成。能创制出特定的行为准则的是文化而非天性，而在文化范畴里，我们发现，秩序时常是个体间协商、论辩和对话这类横向过程的结果。秩序的施行不必从上至下，也不必由立法者（用今天的话说是国家）或宣示神谕的神父来推行。

不管是天然的还是自发的秩序，都不足以形成构筑社会秩序所需的全部规则。它们需要等级化权威(hierarchical authority)来补充，以起到关键的接榫作用。但当我们回顾人类历史就会发现，处于分

散状态的个体一直持续不断地为自身创造着社会资本，并努力适应
了技术和经济的重大变革，那些变革比过去几十年中发生于西方社
会的变革还要大。并且，我们将看到，今天人们在大多数高科技性   139
质的工作场所的核心部门，正继续创造着社会资本。

    因此，有必要对社会秩序的两大主要基础进行考察，即人的天
性和自组织的自发过程。

第二部分

论道德的谱系

第8章
规范从何而来

蹭车族

我家住在华盛顿特区的郊外，离家以南几英里远的地方，每个周末的清晨都会重复上演同样的一幕奇事。[1] 在弗吉尼亚斯普林菲尔德的基恩老磨坊路（Old Keene Mill Road）和布兰德街（Bland Street）的交角处，鲍勃家餐厅外，一些人在早高峰时间等待于此，排成一列。有车路过停下，两到三位通勤者钻进车里然后一路向北去往华盛顿市中心。到了晚间，这样的事情照例发生，只不过反过来，满载陌生人的车辆从城中心返回，然后将乘客放下，这些乘客再驾驶自己的车辆各自回家。

照此分享车辆乘坐资源的人们称自己为蹭车族（slug）*，这种做法始于 1973 年，彼时政府为应对石油危机，宣布 95 号州际公路从南郊到哥伦比亚特区路段的内向车道为 HOV-3 专用道。HOV 代

---

* 译注：为区别于本书后面章节常涉及的，也是博弈论和公共政策理论中常说的搭便车者（free rider），故将这里的 slug 翻译为蹭车族。

表"高乘载车辆"（high-occupancy vehicle），这意味着在高峰时期，每辆在此专用道上行驶的汽车都必须至少乘坐三名乘客。众所皆知，95 号州际公路是华盛顿地区最拥挤不堪的干道。有了高乘载车辆专用道，司机和乘客的往返路程所用时间都能减少四十分钟。

　　多年来，蹭车族业已摸索出一套周密的规则。人和车都不能插队，乘客有权拒乘某辆车，车上不许吸烟和换钱，按照蹭车的规矩，车上聊天不能涉及容易挑起事端的话题，比如性、宗教和政治。整个过程井然有序。在过去三十年中，只出现过两起犯罪事件，都发生在黑蒙蒙的冬日清晨，只有少数人排队等候的情况下。从那以后，没人会让一个女人孤身等在蹭车的队伍中。

　　蹭车族实际上创造了社会资本。他们在合作规则上达成一致，这能让他们节省一些上班时间。蹭车族的文化有意思的地方恰在于并非有人刻意营造它。既不是政府部门、历史传统也不是卡理斯玛型领袖最初制定下在哪里碰头以及如何行事的规则：它仅仅出于通勤人员希望上班能更快捷的欲求。当然，政府也在某种程度上造成了蹭车族的存在。没有对 HOV-3 专用道的强制规定，人们不会形成这样的做法；又如果政府听从某些人的建议，把必须至少 3 人同乘的规定改为至少 2 人同乘，上述的蹭车现象也会立马消失。蹭车的做法是在一定生态小环境中自发形成的，是政府强制措施以及人们在上班问题上为争取个人利益而自下而上形成的一点社会秩序的合力结果。

　　关于蹭车的做法，还有几点可以指出。尽管没有人刻意创立这种做法，但这一做法也不是在哪里都会出现。华盛顿地区有很多邻里街区就很难形成这样的现象。有些邻里街区对人们来说在街头等车过于危险，而有些地方的住户流动性太强或者文化差异过大而无法就规则达成一致。蹭车族愿意坐进素不相识的人的车里——如此之信任他们——是因为，正如一位蹭车族所说，"他们是政府雇员……他们不是坏人"。[2]

规范的体系

　　蹭车族现象看似与本书第一部分所论及的犯罪、家庭破裂和信任这类事情遥不可及，但其实彼此相关，因为通过它们可以看到社会资本如何形成。社会资本，不像某些时候被描述的那样，是代代相传的珍稀的文化财富——一种一旦丢失就再也找不回来的东西。相反，它随时被日常生活中的人们所创造。它不仅在传统社会中生发，也在现代资本主义社会中由个体和组织日复一日地积累。事实上，随着技术进步、组织管理结构的扁平化以及网络普及取代科层等级来重构商务关系，社会资本已变得愈加重要。

　　蹭车现象的启示性在于，它以一个小的案例（有限但却有效）显示了一定程度的社会秩序如何自下而上地演化出来。它的运行模式与多数人对社会秩序的理解相左。在被问及这一问题时，人们很可能会说秩序的出现是因为有人将其加之于社会。作为现代政治思想奠基人之一的托马斯·霍布斯（Thomas Hobbes）指出，人的自然状态是人人相互为敌的斗争，为了避免这种无序，需要国家作为一个强有力的利维坦（Leviathan）来施加秩序。也正因此，很多人不喜欢社会秩序这一说法所蕴含的意味。尤其是对美国人，它听上去有点专制和恫吓的味道。另一方面，如果人们感到前路将通向失序，就容易成为霍布斯主义的拥趸。如果人们是对"完全自由市场"的效力心存怀疑的进步派人士，就希望由政府以监管机构的名义来施加秩序；如果他们是传统保守派，则通常希望人们遵从宗教权威的律令。

　　秩序以及随之而来的社会资本如何自发地、非集权式地产生，对这个问题的系统研究是 20 世纪晚期最重要的智识成果之一。在此领域领衔的是经济学家——考虑到经济学以市场为中心，而市场正是自发秩序的绝佳例子，就不会对这一发展态势感到奇怪。弗里德里希·冯·哈耶克（Friedrich von Hayek）开展了一项针对他称之为"人类合作的扩展秩序"的研究，所谓扩展秩序，指的是使资本主义社会中的个体能够合作共事的全部规则、规范、价值观和共同的行为（shared behaviors）的总和。[3] 尽管哈耶克以反对中央集权、坚持自由市场观点而著称，但他坚信秩序的必要性，他的许多研究计划都涉及探索秩序在缺乏中央集权和等级制的体制（比如国家）之下如何产生。

但自发秩序的概念并非经济学所独有。达尔文以来的科学家业已断定，生物界所呈现的高度秩序不是上帝或其他某位造物主之赐，而是来自较低等生命的互动。正如《连线》（Wired）杂志执行主编凯文·凯利（Kevin Kelley）所指出的，蜂群能完成很复杂的行为，但并非由于蜂后或其他哪只蜜蜂的控制，而是由于每只蜜蜂都遵行相对简单的行为规则（比如，飞向蜜源、避免撞上障碍物、保持同其他蜜蜂的接近）。[4] 各种非洲白蚁所筑的机构精巧的蚁冢超过一人高，还有着特有的保暖和空气调节系统，这样的蚁冢绝非人为设计，更非建造它们的这种神经系统简单的生物所设计。凡此种种，在整个自然界，秩序都产生于盲目和非理性的生物演进和自然选择过程。[5] 计算机能模拟复杂的行为，这一过程的实现不是通过执行一种详尽周密的程序，对行为的所有方面都进行定义，而是模拟出能够执行简单规则的简单智能体（agent）*，然后观察其运行结果。20世纪80年代建立的圣菲研究所（Santa Fe Institute）正是为了研究此类现象——所谓的复杂适应系统（complex adaptive system）。[6]

社会秩序常具有等级性质，这一点毋庸置疑。但有必要看到，秩序的产生可以有一系列的来源，可以是各类存在等级、权力集中的政权，也可以来自彻底非集中和完全自发的个体之间的互动。图8.1展现了这些来源的连续谱系。等级制也有多种表现形式，从超

---

* 译注：智能体（agent）是人工智能领域的专门术语，指能够自主发挥作用的软件或硬件实体。

图 8.1 规范的谱系

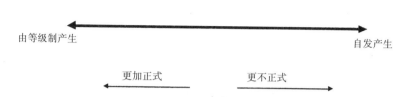

凡的（比如摩西带着上帝传授的十诫走下西奈山）到世俗的（比如老总向员工传达一条关于管理客户关系的新的企业精神）。自发秩序也同样有各种来源，从自然力不自觉的相互作用（例如下文将要谈到的乱伦禁忌），到律师之间高度结构化的对地下水使用权的谈判。总体而言，自发产生的规范往往不太正式，它们不形诸文字或出版物，而由等级制的权力来源所形成的规范和规则往往采取成文的法律、规章、条例、教典形式，或是采取行政部门组织机构图的形式。某些情况下，自发秩序和等级制秩序二者间的分野不是那么清楚。比如，像英国、美国这样的英语国家，习惯法（common law，也称普通法、不成文法）经过无数法官和辩护律师之间的互动而自发形成，但同样为正式司法体系所认可，具有司法效力。

　　除了将社会规范按照从由等级制产生到自发产生的谱系排列，我们还可以叠之以另一条谱系，两端则是作为理性选择产物的规范和由社会传承而来的、起初是非理性的规范。以这两条谱系为轴构成一个四分象限，来考察规范的可能类型，即如图 8.2 所示。图中所示的"理性的"，仅指可供选择的规范项事先经过有意识地商讨和比较。显然，理性商讨也会导致糟糕的选择，致使该选择不能服务于选择者的真正利益诉求，而非理性的规范可能十分有效，比如宗教信仰对社会秩序或经济发展的支撑。

　　理性和非理性的分野，在很多方面与经济学和社会学的学科边界相一致。社会学归根结底是一门致力于社会规范研究的学科。社

图 8.2　规范的体系

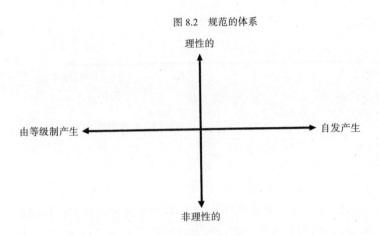

会学家认为，人在成长和成熟的过程中要实现自我社会化，并担当
起一系列的角色和身份——天主教徒、工人、离经叛道者、母亲、
官僚等，这些角色和身份又由一系列复杂的规范和规则所规定。通
过强行限制人们对其生活进行种种选择的自由，这些规范将人群联
结在一起，并由他们严格执行规范。母亲应该爱护子女，但如果有
母亲像苏珊·史密斯（Susan Smith）在南卡罗来纳州所做的那样，
把她的两个孩子置入车内溺死，她所处的社会就会通过正式法律和
道德谴责对其进行严厉惩处。

　　埃米尔·涂尔干认为，社会学胜过经济学的地方在于它能触
及人类行为动机的最根本层面。按照经济学家的设定，当人们集会
时，会在市场上进行货物交换。涂尔干认为，市场交换需以与经济
学无涉的社会规范为前提，即买卖双方应和平协商而不是拔枪相
向企图劫杀对方。[7] 经济学家关于提高计件工资可以增加工人产出
的假说是错误的，按照马克斯·韦伯的观点，效用最大化（utility
maximization）本身就是受历史条件约制的社会规范。在某些传统
社会，计件工资提高反而会让农民更早收工，因为他们只想挣到能
维持生计的最低标准就够了。[8]

148

社会学家对社会规范的重视会让人认为，社会学和经济学的差别在于，社会学关注约束条件，而经济学关注自由选择。在一篇广为引用的文章中，丹尼斯·朗（Dennis Wrong）抱怨他的社会学家同事将人的概念过度社会化：如果人的存在只是受制于各种规范和约束，又怎能理解人们自谋生路并成为企业主、创新者和打破常规的人？[9] 相反，现代新古典主义经济学立基于人类的行为理性追求效用最大化的模型假设之上，人为选择在这一过程中处于重要地位。换句话说，人选择做一件事，是出于某个理性的私利原因。在新古典主义思想的某些版本中，经济学家称，如若人的行为是由因应环境条件的变化而做出的一系列相应的理性选择所构成，则内在于人类行为中的社会规则在此过程中所起作用微乎其微。

然而，过去一代人时间里，经济学家已愈加重视经济生活中规范和规则的重要性。[10] 罗纳德·海纳（Ronald Heiner）指出，理性的人类不可能在生活的每时每刻都做出理性选择。若真能如此，那我们的行为不但会难以逆料，甚至难以开展，因为要没完没了地算计，到底该不该给侍者小费，该不该逃掉出租车费或每个月往退休账户存入多少比例的工资收入。*[11] 事实上，如果规则不能在每种状况下都导向正确的选择，那么人们以简化的规则来付诸行动才是理性的，因为决策过程本身有成本，而且所需的信息常常无法获得或者是错误的。诸如"不要在冲动情况下购物"或者"不要在首次约会就让男人动手动脚"这类自我施加的规则，可能使人们在遇到一生梦寐以求的毛衣或者男友时做出错误的选择，但一般来说，且从长远来看，人们会觉得用简单明了的规则来收束他们的选择更

---

* 译注：这里大概特指美国养老保险制度中类似 401K 退休计划的制度。该计划是 20 世纪 80 年代初开始在美国实行的一种由雇员和雇主共缴费用的基金式养老保险制度。职工投入月收入一定比例（1% 至 15%），自行选择由 401K 计划提供的若干投资选项（比如基金、股市、债券、货币市场等），雇主也相应配以不高于该雇员投入的缴额。另外，在美国，不是每个雇员都享受这种养老保险的待遇。

符合其利益。我们将看到，人类在遵循规则方面也似乎存在某种强
有力的生物学基础：人们自愿并希望他人遵循规则。自己做不到会
内疚，别人做不到则会气愤。

经济学中的整个"新制度主义"分支的建立，都围绕着观察规
则和规范对于理性的经济行为如何至关重要。[12] 经济史学家道格
拉斯·诺斯（Douglass North）所标举的"制度"，是指约制人们   150
社会交往的正式或非正式的规范或规则。[13] 他指出，规范是降低交
易成本的关键。如果缺少规范——如要求人们互相尊重各自的财产
权——我们就不得不就每一次交易进行所有权规则的协定，这将既
不利于市场交换，也不利于投资以及经济发展。

因此，经济学家与社会学家一样重视规范。他们的不同之处在
于，给规范和规则的起源提供说法时表现出不同的自我认知能力，
总体而言，社会学家更善于描述社会规范而不是解释它们如何成为
这样的规范。社会学多将人类社会描述为某种高度稳定的状态，比
如在纽约的意大利人邻里街区中生活的孩子会在"同辈压力"的社
会环境下参与帮派。[14] 但这类断言只会引发如下问题，即同辈群体
的规范最早从何而来。我们可以溯源到上一两代人那里，但最终还
是会发现找不到更久远的有关规范起源的证据。社会学和人类学中，
曾一时流行过"功能主义"流派，它试图为哪怕最匪夷所思的社会
规则都寻找出理性的符合功利的理由。比如，印度教禁食牛肉被归
因为牛应作为资源被保护起来用作他途，诸如农耕和提供乳品。但
这没法解释为何身处同样生态和经济环境的印度的穆斯林却喜吃牛
肉，也没法解释在此禁令下新德里的麦当劳店却毫无障碍地从澳大
利亚和阿根廷进口所需的牛肉。[15]

经济学家挺身而出，他们不惮将其方法论运用于分析尽可能广
的社会行为诸方面。像人们所知的博弈论这一主要的且发展完善的
经济学分支，就试图解释社会规范和规则如何生成。[16] 经济学家不
否认人类行为受到规则和规范的制约。而人类如何达成这些规范，

在他们看来则是一个理性的并且可以得到阐明的过程。

　　按照稍嫌过于简化的说法，经济学博弈论所基于的理论前提是，我们生于这样一个世界，在其中人作为孤立的、富于私欲和各种偏好的个体，而非丹尼斯·朗所形容的，人作为过度社会化的社群成员（oversocialized communitarians）有着大量社会联系和彼此义务。然而，在许多情况下，如果我们同他人开展合作就能更有效地满足大家的偏好，并因此最终协商达成合作规范从而对社会交往进行规约。按照此种说法，人们会做出利他行为，但仅仅是因为他们多少做出过计算，认为利他对自身也是有利的（大概出于认为他人也会相应地做出利他行为）。博弈论背后的数学运算试图以某种正规方式来理解人们从自私自利走向合作双赢的策略。

　　经济学家对社会规范如何起源的博弈论读解，基本上是对如霍布斯、洛克和卢梭等古典自由主义者在社会源起问题上诸观点的一种极度申发。这些思想家都把社会的自然状态形容为由孤立的、利己的个体组成。[17] 霍布斯所说的文明社会，是通过人们相互协商而达成某种社会契约，从而建立利维坦——能够促成秩序并捍卫人们所拥有的权利的国家机器，但它在自然状态下不可能彻底实现。虽然洛克在自然状态的看法上较之霍布斯的人人相互为敌说较为温和，但他同霍布斯一样，并没有认定人在家庭之外存在天然的社会本能（social instincts）。而在卢梭看来，原始人的孤立现象更加极端：性行为出于本能，而家庭则不是。社会的出现是后来的事情，通过人们在某一历史时期的彼此互动而被创建。这种"方法论的个人主义"仍然是这一传统的当代继承者的主导思想 [18]，包括博弈论者和加里·贝克、詹姆斯·布坎南（James Buchanan）等经济学家，他们致力将自己的学科知识推广到对政治、种族关系和家庭等社会生活诸方面的研究。

　　如果我们试图把不同类型的规范分置于前述的四象限中，就会得出如图 8.3 所示的结果。与本章开头所述的蹭车有关的规则，属

151

图 8.3 秩序的来源

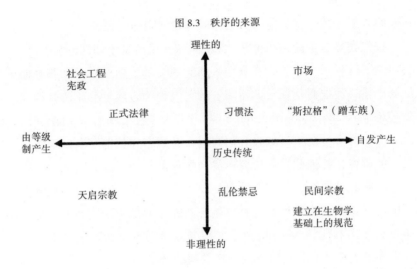

于理性的、自发产生的这一象限。其规则发展出某种非集中化的形式，但要经过参与者的一些商讨和试错。正式法律，不管是出自独裁国家还是民主国家[19]，均属于理性的、等级制的那一象限，宪法制定、社会工程及其他自上而下引导社区的努力也都属于此象限。而习惯法的形成，就像蹭车规则的形成，是自发的且非理性的。组织化的天启宗教通常始于某一有等级的来源——事实上，最高等级的权威就是上帝——并且人们信受奉行教规也不是理性商讨的结果。某些民间宗教（比如东亚社会的道教或神道教）和某些准宗教的文化习俗（cultural practices）可能沿着非集中化、非理性化的方向发展。在现代社会，民间宗教被某种志愿性、会众性的宗派主义所取代，后者更多依赖的是小规模社群的集体信仰而非等级制权威。因此，上述形式的宗教，其规范分属左下和右下象限。最后，那些出于生物学基础的规范必然属于非理性的和自发产生的规范。乱伦禁忌就属于这一类别。最新研究表明，人类的乱伦禁忌，不仅是约定俗成的，还因为它触动了人们对与近亲发生性关系的天然反感。

152

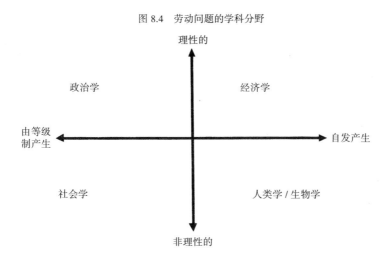

图 8.4　劳动问题的学科分野

还可能存在某些版本的乱伦禁忌，尽管并没有明显的文化上的证据支持。

　　最后，还可以把社会科学不同门类分置于同样的象限图中（见图 8.4）。经济学，对市场进行研究，主要涉及的是理性规则和自发交换。政治学，对国家进行研究，关注法律和正式的政府体制。社会学非常关注宗教及其他等级制的、非理性的规范，而人类学针对的是非理性的和以非等级制方式产生的规范，生物学领域对此关注也日益增多。上述每一学科显然都已表现出溢出自身所属象限的趋势。如今有了法社会学和经济社会学，政治学者关注起政治文化和其他非理性的、非制度性的政治规范，而经济学家近来开始将理性选择这一强大的方法论组件运用于对人类行为所有方面的分析。

　　既然我们给出了规范的四大分类，我们便可以回答规范如何产生的问题了。

153

第9章

人类本性与社会秩序

　　说来也怪，在对规范乃是社会所建构这一观念的信奉上，政治上趋向偏右的经济学家和大体上属于左翼的社会学家走到了一起。不过，他们对这一建构过程的解释方式不同。对经济学家而言，这一过程是在大抵平等的个体之间展开的理性谈判，而对社会学家来说，它常常是由强者（基于社会阶层、性别、种族或其他身份类别）制定规则并借此支配弱者。但在本世纪的大部分时间里，社会科学研究被一种假设所主导，即社会规范是社会建构的结果，如果有人想对某些特殊的社会现象作出解释，他必得诉诸涂尔干所说的"先验的社会事实"(prior social facts)，而不是生物学或基因遗传因素。[1]社会科学家并不反对，人类的肉身形态由自然塑造而不是后天养成。但所谓的标准社会科学模型（standard social science model）主张，生物学只管辖肉体方面，而作为文化、价值观和规范之源的人类心智，属于截然不同的领域。[2]

　　后一领域由一系列关于人类认知能力的性质的假说所决定。从17世纪英国哲学家约翰·洛克（John Locke）到行为主义学派的约翰·沃森（John Watson）和伯尔赫斯·弗雷德里克·斯金纳（B. F.

Skinner）一脉相延的传统认为，人的心灵（心智）最初是一张白板（tabula rasa）或者说处于空白状态，除了具备计算、思维关联和记忆的能力外，别无其他。不管何种知识、习得、联想或其他类似的成年人头脑中的存在，都是在出生后完全靠经验累积才得以进驻人们的心智当中。那些被用来约制我们选择的规则之所以存于心中，要么是一种理性选择（经济学家如是说），要么是孩童时期社会化过程的结果（社会学家和人类学家如是说）。

　　然而，从生命科学中涌现出越来越多的证据证明，标准社会科学模型尚有欠缺；反而是，人类明显生来具有先在的（preexisting）认知结构和随年龄增长而发展的学习能力，这使得他们能自然地融入社会。换句话说，人类天性中就存在这样的能力。对社会学家和人类学家来说，人性的存在意味着要对文化相对主义进行反思，意味着有可能辨出文化和道德方面普适性的内容，如果运用得当，就可以借之对具体的文化习俗进行评估。此外，人类行为不像相关学科假定的那样（这种假定流行于 20 世纪大多数时间里），是可塑的从而也是可以被操纵的。经济学家认为，社会学家那种视人天生就是社会性生物的观点，比他们自己那种个人主义理论模型更为确切。而对那些既非社会学家、人类学家又非经济学家的人来说，一条基本的人性（an essential humanity）就足以证实原本已被老一代社会科学家毅然否认的有关人们思维和行事方式的很多常识性理解——比如男女生来有别，又如我们是具有道德本能的政治性和社会性生物。这一看法对于社会资本的讨论十分重要，因为它意味着社会资本往往被人们本能地创造出来。

相对主义的历史起源

　　若欲理解恢复人类本性这一概念的重要性，我们需回顾 20 世纪上半叶的社会思想史。

文化相对主义作为一种信念，认为文化规则具有主观随意性，是不同社会（或社会中的团体）中社会建构的产物，并认为没有普适的道德标准，人们没法对其他文化的规范和规则做出评判。价值观的相对性如今已被灌输给每一个学童，美国社会中对此观念的信奉也根深蒂固。文化相对主义可以一直追溯到尼采、海德格尔等现代哲学家，特别是他们对西方理性主义（唯理论）传统的批判。正如艾伦·布鲁姆（Allan Bloom）在《走向封闭的美国精神》（*The Closing of the American Mind*）一书中所述，宽容这一自由主义品德在 20 世纪缓慢而确切无疑地退化为另一种信念，即基本上不存在理性的根据可以用来做出道德或伦理上的评判。我们今天不再被要求容忍不同，而是被责成为其歌颂，这一变化对于民主社会中各种各样社群的形成具有广泛的意义。

相对主义在美国成为妇孺皆知的词汇，不仅仅是被布鲁姆引述的那些精英思想家致力的结果，也缘于某些特定人类学概念的普及。其中，弗朗茨·博厄斯及其弟子玛格丽特·米德和鲁思·本尼迪克特（Ruth Benedict）起到了关键作用。

博厄斯认为，人类群体间能被察觉到的差异——例如，其科技发展水平、艺术和智识成就，甚至也包括智力水平——并非受基因决定，而是教养和文化的结果。博厄斯十分正确地对 19 世纪末 20 世纪初那种早先的社会达尔文主义进行了批驳，当时像赫伯特·斯宾塞（Herbert Spencer）这样的思想家也主张既有的社会分层是人们能力高下的自然反映，或是像马德森·格兰特（Madsen Grant）那样认为北欧白人是人种进化到最高级的代表。博厄斯最为著名的成果出自对移民儿童头围大小的研究，该研究表明，那些来自欧洲和亚洲"不良"地区的儿童如果能按美国饮食标准抚养，其智力和能力就不会比北欧人差，因此以反移民和优生学措施来保持白种人的纯洁性是被严重误导的。博厄斯赞同标准社会科学模型（SSSM）视人类群体不存在明显认知和心理差异的主张，并极具说

156

服力地指出，美国人和欧洲人试图指摘原始人的文化习俗的做法是不可救药的种族优越感的表现。鲁思·本尼迪克特和玛格丽特·米德为这些观点的普及做了大量工作，并把它们直接运用于与性、家庭和性别角色相关的西方文化习俗研究。157

　　这些专业和通俗人类学的进展在我们心智上打下基础，而纳粹的种族大屠杀则彻底让我们对那种生物学可以解释一切与人类行为相关的事情的观点丧失信任。纳粹分子相信种族有高下优劣之分，为此还毫无忌惮地滥用生物学观点以资证明，这就造成人们对任何形式的视人类行为导源于基因而非文化的论调都会强烈抵制，这种抵制时至今日在欧洲依然很显著。对生物学理论的不信任直接影响了文化相对主义的兴起，既然社会行为之下并没有某种稳定的人类本性做基础，那么就不存在能对任何特定文化习俗做出评判的普适标准。由此，所有人类行为都被理解为是社会建构的结果，即人们的行为受文化规范的驱动，也正是文化规范塑造了人们的后天行为方式。由于文化行为缺少涵盖面宽的类型，像克利福德·格尔茨（Clifford Geertz）这样的人类学家主张，文化人类学必须围绕他所说的"深描"（thick description）展开，即对每个文化系统进行细致的民族志解说，以期把握其复杂性而又避免使之落入某一理论框架的窠臼。[3]

新生物学

　　20 世纪后半叶兴起的生物学革命源于多种因素。在分子生物学和生物化学层面出现的进步最为激动人心，脱氧核糖核酸（DNA）结构的发现，带来了一个致力于基因操控（genetic manipulation）的完整产业。在神经生理学领域，对心理活动现象的化学和生理学基础的理解取得了重大进展，包括一个新兴的见解，即人脑不是一台多功能计算器，而是一个具有特殊适应能力的、高度模块化的器官。最后，在宏观行为层面，出现了大量新的研究成果，涉及动物行为学、行为遗传学、灵长类动物学以及演化心理学和人类学等领域，这些研究表明，某些行为模式远比人们以往认为的要更具普遍性。像我们在第 5 章中概括指出的，女性往往比男性在选择配偶问题上更加挑剔，这一结论不仅在已知的所有人类文化中成立，事实上在几乎所有有性繁殖的物种中也是如此。微观研究和宏观研究实现交汇似乎只是一个时间问题。当老鼠、果蝇、线虫乃至人类的完整的基因序列图谱被绘制出来后，就有可能操控个体的基因序列，进而直接观察其对行为的影响。

不同于文化人类学彻底的相对主义预设，新生物学的主要观点是，人类文化的差异性不像它表面呈现的那么大。正如人类的语言千差万别，但反映出共同的深层语言结构，且都源于大脑皮层的语言功能区，同样，不可胜数的人类文化体现出共同的社会需求，且决定这些需求的不是文化而是生物学原因。当然，任何有水平的生物学家都不会否认，文化十分重要且常常形成压倒人自然本能和内驱力的影响。文化自身——以非生物遗传的方式将行为规则世代传续的能力——也在人类头脑中深深扎根，并构成人类种群进化优势的一个主要来源。但这种文化内容是建立在自然基础之上的，这一基础限制并引导着作为个体之集合的人群的文化创造力。对那些敏锐的观察者来说，新生物学所要传达的并非生物决定论，而是一种更加平衡的主张，认为人类行为由天性和教养的交互影响塑造。

大体来说，受基因决定的人类行为对社会现象（例如亲属关系或公民社会中人们乐于组团结社的倾向）的影响，需要通过文化的中介，因此，像核心家庭和某些旨在繁衍的基因取向这类现象之间就谈不上存在直接的因果关系。在人类那里，许多看似受生物学支配的行为并非命定的驱力或本能，而是在个体发展过程中某些特定阶段表现出来的主动学习的倾向。这里，语言又一次可以帮助我们理解基因和文化两种力量的交互作用。学习某种语言的能力看似严格受基因的支配，在 12 个月左右的幼儿身上显示出令人惊奇的能力，每天都能掌握许多新词。这种能力只能维持几年时间，直到长大都没学过说话的孩子或想学习新语言的成年人，都再也不能发展出同幼儿一般一学就会的能力。对语言结构的掌握似乎也是生来具备的能力；孩子看来不需要经过大人费力的教导就能把握时态、复数形式等语法规则的特定规律。另一方面，词汇本身以及某种语言的大部分句法结构都受文化决定，某些出自一定文化语境的习语所蕴含的全部的微妙含义也只能由该文化来决定。孩子按照何种结构在何时掌握何种能力，这由生物学说了算；但他们所学的内容则属于受文化支配的范围。

乱伦禁忌

　　有关自然本能如何以某种相当直接的方式塑造了社会规范，最佳的例证之一便是乱伦禁忌。这一禁忌大概为所有社会共同奉守。尽管有这样的普适性，但多年来社会科学家仍认为该禁忌是由社会所建构，实施它的目的在于抑制某种根深蒂固的欲望。弗洛伊德在《图腾与禁忌》（ *Totem and Taboo* ）一书中指出，对乱伦的欲望乃是人类最深层、最邪恶的冲动，因此要以绝对有力的社会规范进行管控。人们普遍认为，动物对秽乱之事并不在意，乱伦也是常有的事。按照这一解释，避免乱伦就成为判分人兽的原初的文化行为，它把在文化意义上进行行为传承的智人同完全靠本能支配行为的动物区分开来。如弗洛伊德所说，乱伦禁忌为人类所独有，是人类的发明。

　　按照罗宾·福克斯（Robin Fox）对乱伦禁忌的权威解释，弗洛伊德的乱伦理论不是他所在年代唯一构成影响的理论。[4] 有一位名为爱德华·韦斯特马克（Edward Westermarck）的芬兰年轻学者，发表过一份在多方面都同弗氏针锋相对的理论。韦斯特马克指出，包括人类在内的动物对乱伦行为有着某种天然的反感，针对乱伦的文化禁忌与其说抑制不如说鼓励了人在这方面的自然倾向。我们不必在这里详述弗洛伊德和韦斯特马克的这场论辩，近来已有多位作者对此做出了详细的梳理。[5] 福克斯列举了大量出自当代的证据表明，韦斯特马克的观点比弗洛伊德的更站得住脚，包括来自以色列和台湾地区的几例出色研究都反映出，一奶同胞的孩子很早就对同胞之间发生性关系明显感到反感。[6] 那些关于动物以及早期人类混交、乱伦的理论已被证明不确；比如说，乱伦现象在人类的灵长类亲戚中就比较少见。福克斯认为有关乱伦的规范在所有社会中普遍存在，其最终目的是管控幼小的男性同幼小的女性交媾的机会。[7]

　　针对乱伦的规范通过十分广泛多元的方式形成并发挥作用。阿帕切族印第安人（Apache Indians）视乱伦为十恶不赦的大罪，对犯禁者施以严酷的惩罚。布罗尼斯拉夫·马林诺夫斯基（Bronislaw Malinowski）所调查的（南太平洋）特罗布里恩岛人（Trobriand islanders），对待乱伦则要宽大得多，某些皇室家庭实际上还鼓励这种做法。然而，任何社会都必须有强制发展异族通婚的机制，如此才能让人们脱离生养它的家庭安乐窝，建立克劳德·列维-斯特劳斯（Claude Levi-Strauss）提出的那种社会交换系统（system of social exchange）。[8]

　　因此，乱伦禁忌就是图8.2所示的规范的体系中非理性的、自发产生的那一类规范的一个很好的例子。这一规范似乎自发形成于几乎所有人类社会，其形成基础则是人们对乱伦行为的天然反感以及人类群体对规约两性接触和社会交换的需求。看上去它并非源于任何一种具有等级性质的权威，另一方面，宗教和文化给它提供了强有力的支持，并且在不同社会中赋予该禁忌以特殊的形式。[9]

经济人（*Homo Economicus*）的命运

过去三十年里，在生物学和经济学园地里产生了大量彼此滋养的学术交叉活动。[10] 然而，生物学和经济学大量共享方法论的现象掩盖了另一事实，即新兴的进化生物学其实质性结论更有力地支持了社会人而非经济人假设。换句话说，这一现象可能表明，人天生是政治和社会性生物，而不是孤立、自私的个体。但人的社会性不是那种不分情形的利他主义。纵然人类有着开展合作和创造社会资本的特殊能力，他们还是从保护自身个体的利益出发来做这些事。

进化生物学家和经济学家都认同所谓的方法论上的个人主义，或者说，他们试图在解释群体行为时依据个体利益而不是反过来诉诸群体利益。[11] 过去，许多思想家和社会观察家都把团体当做人类的基本单元，认为人类本性使他们习惯出于更大群体的利益而牺牲个体自我利益。达尔文自己偶尔也说，自然选择可能更多作用于人类种族或生物种群而非个体，许多早期社会达尔文主义者将自然选择的主张用于讨论国家和人种间的竞争。[12] 最近一项有关群体选择（group selection）的重要的生物学理论出自英国生物学家怀恩-爱德华兹（V. C. Wynne-Edward），他主张动物有时会出于种群的生存而减少自己的生育机会。[13]

20 世纪 60 年代,乔治·威廉姆斯（George Williams）和威廉·汉密尔顿（William Hamilton）对怀恩-爱德华兹的群体选择理论发起攻击，进化生物学也由此展开一场革命，乔治和威廉认为动物世界中所有的利他行为事例都须得从个体行为方的自身利益出发来解释。威廉姆斯提出，群体无法传递基因，而只有个体才能如此。以种群生存为出发点的利他基因如果对携带此基因的个体的生育机会构成威胁，这样的基因很快就会消亡。[14] 群体利益必须在足够短的时期内同个体利益保持一致，以便利他的个体有更好的机会将自身基因遗传给后代。

161

　　经济学家为解释市场行为而发展出的博弈论，特别是演化博弈理论（evolutionary game theory），对某些特定利他主义行为的特征施以数学建模，事实证明这种方法对生物学家极其有效，我们也可以选用这一方法并将它拓展运用于分析由相互竞争的个体组成的群体。

　　尽管生物学和经济学在方法论上彼此借鉴，但大量生物学发现又在许多方面瓦解了经济学中的诸多有关行为的假定。尽管对产生任何利他倾向的原因解释最终都可能归诸个体自身利益，但某些形式的利他主义和社会合作能给个体带来足够的好处。事实上，通过精密的社会合作形式创造社会资本的能力恰是人类所拥有的主要优势，这也解释了逾五十亿个体数量的人类何以彻底主宰了地球的自然界。这一过程与人类进化过程相伴随，其结果则是凝于后世子孙身上的基因编码。换句话说，作为这一进化过程实际产品的人，合作倾向已深植于意识结构中，而不必再于每一代人身上重新培养。[15]

　　由于博弈论认为合作的解决方案常常难以达成，故而经济学家总会惊讶于世界上有如此之多的合作存在。他们棘手于解释为何有如此之多的人参与选举或为慈善事业慷慨解囊，抑或对雇主保持效忠，即便按自利行为的模型来看这样做并不理智。经济学家以外的大多数人会这样解释，即合作容易实现是因为人生来就是社会性的，不需要为了找到与人共事的办法而绞尽脑汁。进化生物学支持后一种主张，并为理解这种社会性何以产生以及如何显露出来提供了更多精确的解释。它展示出规则的形成、对规则的遵守以及对那些破坏群体规则的人的惩处都有其自然基础，也揭示出人们何以具有独特的认知能力，能令他们区分出合作者和欺诈者。

从类人猿到人类

　　人类的合作行为有其基因基础而非简单地由文化建构，证实此结论最简单的办法可能不是观察人，而是观察与人基因最相似的大

猩猩。大猩猩会表现出往往是人类才有的社会行为。荷兰阿恩海姆
的伯格家动物园（Burger's Zoo）圈养着世界上规模最大的黑猩猩
群落，荷兰灵长类动物学家弗兰斯·德瓦尔（Frans de Waal）在这
里对黑猩猩的行为做了长时间的观察研究。20 世纪 70 年代，这里
上演了一场堪称马基雅维利式的斗争。群落里年长的雄性头领耶罗
恩（Yeroen）的位置逐渐被年轻的鲁伊特（Luit）所取代。鲁伊特
仅靠自己的身体力量无法撼动耶罗恩的地位，于是它与另一头年轻
的雄性黑猩猩尼基（Nikkie）结成同盟。但当鲁伊特登上大位后不
久，尼基又转而与鲁伊特为敌，并同被废黜的领袖耶罗恩结成同盟，
并最终成为新的统治者。在其他黑猩猩看来，尼基并不是一个好的
领袖，但雄性头领被赋予的期望之一便是维持领地内的秩序。在这
一情况下，鲁伊特的存在就始终是对领袖规则的威胁，于是，终于
在某一天，在尼基和耶罗恩的精心设计下，鲁伊特被它俩残忍地
杀掉了。[16]

　　德瓦尔等灵长类动物学家指出，黑猩猩并非靠强悍的身体压服
其他猩猩而取得雄性头领的地位。在二三十头数量的黑猩猩群中，没
有哪个黑猩猩能靠武力慑服众猩猩，它必须组建同盟，并参与到几乎
等同于人类政治的活动中，通过乞求、哄劝、诱骗、贿赂以及威胁等
手段使其他猩猩就范。建立同盟需要一套标准的身体姿势和面部表情
的表达方式。黑猩猩会以哀求的样子伸手求助，并指着其他黑猩猩大
声喊叫，那正是它希望同盟者帮助对抗的对象。在要表达善意或友好
时，它们会给其他猩猩梳理毛发，要投降或表示归顺时则把臀部展露
给对手。雄性头领甚至得在群落中进行形式上大致公平的分配，作为
第三方仲裁以防止可能威胁群落整体稳定性的斗争。

　　同人类差不多，黑猩猩在争取社会等级上展开激烈的竞争。事
实上，黑猩猩群落中社会秩序的达成主要通过支配等级（dominance
hierarchy）的建立。生物人类学家理查德·兰厄姆（Richard Wrangham）
对此解释道：

　　不夸张地说，处于壮年期的雄性黑猩猩其生活的主要任务
就是争取地位。它绞尽脑汁、坚持不懈、干劲十足且不辞经年
累月地付出努力，就是为了夺取并保持头领地位。这些努力会
影响它的举止，包括与谁同路而行，给谁梳理毛发，往哪里看，
以及搔痒的频率、去往的方向和早起的时间（好激动的雄性头
领起得很早，常常急不可耐地碰醒其他猩猩）。所有这些行为不
是受一种为暴力而暴力的驱使，而是受一组情绪的驱使，这些
情绪由人表现出来时会被称为"自豪感"，或用比较负面的说法
即"骄傲"。[17]

164

　　如果黑猩猩没有得到它觉得应与其等级地位相匹配的尊重——
换句话说，当它们受到轻视时，显然就会愤怒。

　　黑猩猩有能力组织群体性竞争和群体暴力，以及在雄性间出现
抱团的现象，这跟人类十分相似。兰厄姆描述了在坦桑尼亚贡贝国
家公园中生活的黑猩猩如何分裂为相互竞争的两派，我们只能用它
们分别占据的公园区域中的南部和北部来区分这两派。[18] 北派的雄
性黑猩猩会四五成群地出来，不仅仅是为了保卫己方疆域，还经常
侵入到对方的领土中，有组织地逮住并干掉那些失群的或毫无防备
的黑猩猩。屠杀往往血腥，袭击者会亢奋激动、大喊大叫，以此来
表示庆祝。最终南派的所有雄性黑猩猩和若干雌性黑猩猩会被杀掉，
剩下的雌性黑猩猩不得不加入北派群体。二三十年前，人类学家莱
昂内尔·泰格尔曾指出，出于合作捕猎的需要，人类男性有着形成
团结的特殊的心理机制。[19] 兰厄姆的研究也揭示出，雄性抱团的现
象应有更早的生物学根源，这种现象在人类物种形成以前就已存在。

　　由于人和黑猩猩之间联系密切，故而上述有关黑猩猩的社会性
行为的事例十分有意义。灵长类动物学家如今认为黑猩猩和人类源
自一个共同的、与黑猩猩相类的祖先，它们生活于不到五百万年前。
黑猩猩同人类的行为模式之近似程度超过其他现存的成千上万的哺

乳类物种，不仅如此，在分子层面，黑猩猩和人类的染色体也更加近似。除此之外，虽然有证据表明猴子和猿类也能发展类似文化的东西——即通过基因代代承袭和延续的行为，但无人会认为黑猩猩的社会生活多半是由社会建构出来的。他们不拥有语言这一创造和传承文化的最重要的工具。[20]

当然，对动物和人类行为做表面化的比较虽然省事但也容易出问题。严格来说人类和大猩猩不同，前者拥有文化和理性，能以一种或多种复杂的方式来调整其被基因所规定的行为。另一方面，灵长类动物学的研究成果给我们提供了某种特定的视角来考察有关人性本质的种种争论，这些争论实际上构成了现代政治理论和当代道德与正义观念的根本。如前所述，霍布斯、洛克和卢梭等哲学家为现代自由主义提供了思想源泉，他们的政治理论都围绕着他们对人之"自然状态"的看法展开，所谓自然状态，即人们因进入文明社会（civil society）而发生种种改变、人类文明也由此生发之前的状态。尽管我们缺乏人们在自然状态下是怎样情状的直接的经验证据，但也不能说存在于人类的黑猩猩祖先那里的行为就是人类文明的产物。除非早期的人类同先于他们的灵长类动物以及随后文明已开的人种相比都有很大差异，否则，我们就可以认定，黑猩猩和人类的行为中存在着前后一贯的东西，并且它也存在于人类的自然状态中。因此，霍布斯等哲学家所提出的种种假设有很多可能是错误的。

比如，霍布斯最著名的论断是，人类生活的自然状态被形容为"人人相互为敌"的斗争，导致那时的人生充满了"污秽、贫困、野蛮，且短命"。更加精确的说法也许是，自然状态是"某些人同某些人"的争斗，或者说，起初早期的人类建有原始的社会组织，以此来合作完成事项以及维持族群内的和平。当然，这种和平不时被打破，或是因彼此争夺统治权而在自身所处的小群体或部落范围里爆发内部冲突，或是同其他群体或部落展开对外斗争。基于我们对狩猎采集社会的了解和从史前社会的考古资料那里所得的认知，彼时社会的暴力冲突程度至少不逊于今时社会，尽管社会组织和技术方面有着巨大差异。[21] 不过不存在从自然状态—暴力到文明社会—和平的明显转变这回事：文明社会常常被用以组织人群从而以更加组织化的方式对外施行暴力。

同样，卢梭在《论人类不平等的起源和基础》*中指出，自然状态中的人孑然独立，以至于缔结家庭都不是自然状态。既然人生来就懂得自利（amour de soi），则卢梭所谓的"自尊"（amour propre）与虚荣（拿自己同他人比较）的情感只有在文明产生和私有财产被发明后才会出现。除了同情心外，人类生来对他人没有什么其他感情。

卢梭的上述看法也难说确切。人类天生是群居的动物；对大多数人来说，会带来有病理症状的痛苦的是离群索居而非社会交往。尽管以某种特定形式组织起来的家庭并非自然现象，但血亲关系却是与生俱来的，无论在人类还是非人类物种中都有某些共同的结构。不仅人类，其他灵长类动物也会拿自己同其他同类进行比较。并且，从我们所知的一切来看，黑猩猩会在自己的社会地位得到承认时感到十分骄傲，被忽视时则会感到愤怒。

当然，霍布斯、洛克和卢梭并不一定是要让人们按字面意思把"自然状态"赋予人类进化过程的某一特定阶段，毋宁说"自然状态"是对去除了因文化而附加的东西的人类本性的一种隐喻。但即使在此层面，灵长类动物学研究仍具有启示性，因为它向我们展示出大量的社会性行为并非习得，而是得自人类及其类人猿祖先的基因遗传。

所有这些经典自由主义解释的共同问题在于原初的个人主义假定。换句话说，它们都始自法理学家玛丽·安·格伦顿（Mary Ann

---

* 译注：福山原文为"the Second Discourse"，指卢梭 1755 年第二次参加第戎学院的征文所提交的论文，即《论人类不平等的起源和基础》。

Glendon）所说的"孤独的权利持有者"这一假设，即个体不具有加入社会的倾向，他们因集体事业走到一起只是为了达成个人的目的。[22] 但这不是有关人类天性的唯一可能成立的哲学观点。亚里士多德在《政治学》一书的开头就声称人本质上是政治的动物，介于野兽和上帝之间。[23] 这一论断是基于对人类会随时随地组成政治性群体的惯常观察，这种政治性群体的特征不同于其他类型的社会结构（比如家庭和村落），要彻底满足人们天然的渴望，它的存在是必不可少的。[24] 人不可能是神——如果按照启蒙运动中导向马克思主义那一脉的说法，神就是那种能够无限利他的"类存在"（species-being）。但人也不是野兽。人们出于天性自我组织起来，不仅组成家庭和部落，也组成更高层次的团体，他们可形成维持这类社群所需的道德品质。在这一点上，当代进化生物学应该会绝无异议。

167

第10章
合作的起源

假若我们认同人类在群体中倾向合作不是简单地出自社会建构或理性选择，同时也承认合作具有天然的或基因方面的基础，随之而来的问题则是此种基础何以导致合作。如前所述，当代进化生物学与现代经济学始自同样的预设：只有根据个体的利益方可对由个体组成的集体的行为做出解释。那么我们该如何解释利他行为和社会性行为的产生呢？

首先基于亲属

个体利益导向社会合作的两条基本路径是亲属选择和互惠利他。亲属选择，又称包容性适存（inclusive fitness），是由威廉·汉密尔顿于 1961 年提出的一种理论 [1]，后来经过理查德·道金斯（Richard Dawkins）《自私的基因》一书而声名大噪 [2]。虽然有关社会行为的全部理论都不得不始基于个体的私利，但这种自身利益在于将个体的基因向下代传递，而不是保证生物体自身存活。因此，道金斯指出，自私的不是个体生命，而是基因。汉密尔顿揭示出，亲属间会严格根据他们所共享基因的程度而施以相应程度的互惠互利。父母与子女、亲兄弟姐妹之间有一半的基因相同（同卵双胞胎除外，他们享有完全相同的基因），而堂表亲的兄弟姐妹或姑侄、姨甥之间只共享四分之一的基因，因此人们料想前者发生利他行为的几率要比后者多出一倍。[3] 观察研究表明地松鼠能通过筑巢行为判断幼鼠姐妹是一窝所生还是仅仅同出一母，在许多物种中都能观察到类似的表现。[4]

当然，亲属选择一事远非如此简单，只共享一部分基因遗产的亲属既会彼此竞争，也会相互合作。罗伯特·特里弗斯曾指出，父母的利他性有不同的动机，不仅母亲和父亲之间有区别，随着儿女的成长以及他们自身所表现出来的差异，父母的利他性也会有不同表现。[5] 对于许多物种来说，知道后代是否亲生事关重大，人类也是如此。布谷鸟成功繁育后代要依靠其他那些没法分辨鸟蛋（自产的还是布谷鸟产的）的那些鸟类。人类也只是在 DNA 测定方法发明之后才能完全确认父子血亲。

因此，人的社会性始于亲属关系；利他性取决于亲属关系的深浅程度。这类结论，就像常言说的，卑之无甚高论。然而，即使在最严明的法治社会中，也有必要牢记，人们总是有很强的冲动去给予亲人特别照顾和私心偏袒。这就解释了为什么父母和子女之间会产生那么可观的单向资源输送，以及在全世界各种不同文化中为何会有那么大量的新兴企业往往始于家族企业，且常常依靠那些不计报酬的亲戚。这也解释了当你住在疗养所需要人看护时，为何连最亲密的外人都可能通不过疗养所测试而你的母亲可以。许多不太显见的社会结果也可依此得到解释，比如，只有极小一部分凶杀发生于血亲之间 [6]，以及前面引述过的，美国和其他西方国家虐童案件发生率的增高是因为继父母的大幅增长。[7]

互惠利他

尽管社会性可能始自亲属关系，但显然自然界中的非亲属间也会发生利他和合作行为。上一章开头列举了黑猩猩相互合作的例子，比如发动袭击以夺权的雄性黑猩猩团伙，主要参与者之间彼此没什么亲属关系。这类例子还有许多，比如吸血蝙蝠会喂养非亲生的后代，狒狒会保护狒狒群中的其他幼崽。[8] 利他性联结也存在于不同物种中，就如清洁鱼（cleaner fish）同被清洁的鱼之间的关系。[9] 人类学家十分清楚，在人类的不少社会中，所谓的亲属关系实际上很牵强。中国的一个宗族，其成员认定他们之间彼此有亲属关系，其实要找到一个共同的先人可能要上推十几代。[10] 不过他们还是像有很强的亲属关系那样寻求合作。

除却亲属选择，第二种被广泛认同的社会行为的本能是互惠利他。[11] 生物学理论中有关互惠利他的表述大举借鉴了经济学和博弈论，以说明被自私的基因所支配的个体之间何以达成互惠，其中特别用到了罗伯特·艾克塞洛德（Robert Axelrod）用以化解囚徒困境的重复策略。[12]

博弈论提出了如下与合作有关的问题：理性但却自私的施事者何以达成使群体利益最大化的合作规范，何种情况下他们会为获得更多特定的个人回报而背弃合作解（cooperative solution）？博弈论的经典议题被称为囚徒困境：比方说，山姆和我皆为狱囚，我俩商定了一个越狱计划，前提是我们得彼此合作。若我依计行事而山姆向狱警告发我，那么我会遭严惩而山姆受奖励，反之亦然。如果我俩相互告发，那谁也讨不到好，如果我们都坚守原初的约定，则都将获益。然而，我认为山姆背信弃义的潜在风险是存在的，而我背弃他则会受到奖励，所以，最终我俩都决定告发对方。尽管合作会双赢，但被人出卖的风险使得合作难以达成。

囚徒困境游戏对参与者来说很麻烦，因为参与双方都选择背信弃义这一解决方案，构成了博弈理论家所说的纳什均衡（Nash equilibrium）。于己而言，这是最有效的策略：这样做会避免你因为信守约定而最终落得自己受骗而彼方却以告发获赏的结局。同时也给你提供一个以其人之道还治其人之身的机会。尽管对个人来说，背信弃义是比合作更好的策略，但如果把参与双方的行为作为一个整体纳入考察——经济学家称之为社会最优结果（socially sub-optimal outcome），这样做的后果就会很糟。问题是，个体参与者如何方能达成合作。

在一次性的囚徒困境游戏中，参与者只见一次面，他们没有提前制订详密的策略以达成确保合作实现的承诺，因此也就未能形成合作解（事先的承诺不会解决囚徒困境，它只是把问题转化为参与者如何在事先表达其承诺并令对方相信）。艾克塞洛德组织了一个与策略有关的赛局，比赛中，同样一群参赛者被迫重复与其他参赛者进行互动，借此他展示了合作解如何从中形成。[13] 遵循简单的“一报还一报”（tit-for-tat）策略，参赛者对合作者报以合作，对背叛者报以背叛，在吃一堑长一智的过程中，每一位参赛者都最终认识到，从长远计，合作策略比背叛策略能带来更高的个人回报，从而达成理性最优。

一报还一报能够破解囚徒困境其实可以不必按博弈论来理解。当面对一个素未谋面且后会无期的人，人们在选择是否信任他时自然会小心翼翼，因为没有足够的理由去信任。另一方面，人们在重复互动中会形成自己的声誉，或是诚实可靠或是阴险狡诈。[14] 人们会对后者避犹不及，而前者则能吸引人们与之共事。当然，仅凭前事难料后事，今日的合作者明天就有可能发生背叛。但就算我们辨别合作者和背叛者的能力不足，它也会给我们建立合作关系的能力带来实质性的好处。

在艾克塞洛德赛局的成果发表后，博弈论又获得了长足进展，涌现出许多其他优于一报还一报的策略，它们历经时间考验，被证明也是可靠的。但艾克塞洛德的基础性洞见提供给我们大量关于各种情况下信任如何产生的知识，从狩猎社会男人学着共同捕猎，到现代社会的企业向顾客兜售自己的产品。关键在于互动（interaction）。假如你明知要与同一群人共事很长一段时间，也知道人们会记住你诚实或欺骗的表现，那样的话，老老实实才是符合你自身利益的做法。在这种情况下，某种互惠的规范得以同时产生，因为此时名声成为一种资产。穴居人不会忘记履行将大象（乳齿象）赶出森林的责任，不然第二天就会面对同伴的怒火，医药公司会以最快速度将有质量问题的药品撤出货架，因为它们不想自己产品质量的声誉蒙尘。

艾克塞洛德"一报还一报"的重复策略，是理性的行动者惯常使用的策略，如果他们能在群体生活的经验基础上学会如何合作，则常规做法会形成某种文化上的产物（cultural artifact）。不过，这一博弈过程也能由非理性行动者（比如动物）以下意识的互动来进行，学习的过程也不是采取文化的形式而是遗传的形式，即奖励合作者惩罚背叛者的基因设定。或者说，非亲属关系者经过久而久之的利益交换，繁殖成功率要强于那些背叛者，以至于互惠利他原则被编码到控制社会行为的基因中。

互惠利他原则最有可能出现于那些经历过持续互动、寿命相对较长、能根据许多微妙的信号区分合作者和背叛者的物种。生物学家罗伯特·特里弗斯详细说明了人类中互惠利他主义的种种机制如何形成：

> 在我们近期的进化史中（至少最近五百万年来），存在 173
> 某种强有力的自然选择，使我们的祖先发展出各种形式的
> 互惠活动。我的这一结论部分是出于构成人们与朋友、同
> 事、熟人等之间关系基础的强烈的情感系统（emotional
> system）。人们在遭遇危险（比如发生意外事故、抢劫或遭

到袭击）时通常会相互帮助……在更新世（Pleistocene）乃
至以前，类人科动物就已具备发展出互惠利他原则的先决条
件：例如，寿命足够长、相对群居、生活于小范围且相互依
存的社会群体中，长期受父母照料以至于同近亲形成广泛的
联系。[15]

　　当然，上述只是一种"假设的"故事，时常被社会生物学家
批评为杜撰。但人们有必要追问，为何所有存在于人类情感系统
中的诸如愤怒、自豪、羞愧和内疚等情绪会在囚徒困境一类的境
况下，对那些表现出诚实与合作或表现出欺骗和破坏规则的人做
出反应。

　　其他一些进化人类学家也已指出，捕猎对于男性和人类的社会
性的形成所起的作用。特别是针对大型猎物的捕猎活动为社会性的
形成提供了动机。在狩猎社会中，比起植物性或昆虫幼虫一类食物，
肉食的共享更容易发生于核心家庭之外的层面，原因不言而喻。要
捕杀大型动物，需要几个男人通力合作，然后每人都得到一份合理
分配的收获。并且，单个家庭消受不了猎物所提供的全部动物蛋白
质，肉类又没法储藏，于是就会鼓励分享。[16] 值得一提的是，几乎
在所有人类文化中，饮食行为通常是一种公共事件。尽管大多数有
关身体机能的活动都是私自进行的，但似乎人们天然有着与人分享
食物的欲望，例如商业午餐会、公司野餐以及家庭晚餐，形式不一
而足。人类学家亚当·库珀（Adam Kuper）指出，即使在美国这
样一个文化价值方面个人主义和竞争法则至上的国度，在感恩节和
圣诞节这两个最重要的节日，人们大摆筵席不是为了庆祝个人成就，
而是颂扬社会团结。[17] 所有这些都说明，鼓励早期人类发展出互惠
习性的环境条件不仅仅是文化方面的。

　　在使用"互惠互利"或"互惠利他"这类术语时，人们容易将
之污名化而等同于市场交换。其实不然。在市场交换活动中，物品

的交换是同时的，买卖双方会为兑换比率斤斤计较。而在互惠利他的活动中，交换存在时间差，施惠者不会指望回报立马兑现，也不对回报量锱铢必较。互惠利他更像是我们所理解的人们之间的道义往来（moral exchange），因此较之市场交换具有十分不同的情感内涵。另一方面，互惠利他与简单的礼尚往来也不同。除了发生于有血亲关系的亲属间，纯粹的单向利他行为在自然界中并不多见。我们将在本书第三部分比较市场交换与道义往来的不同，那里我们将发现，所有被我们视为符合道德的行为都具有某种双向交换的性质，并且最终会给参与者带来相互的惠利。

为竞争而合作

在有关个人主义和集体主义或者资本主义与社会主义的争讼中，人们往往从自然界中有选择地举出事例以说明人类本性上具有攻击性、热衷竞争、存在等级观念，或者反过来说人类天然爱好合作与和平、充满爱心。然而，稍作思考就会发现，就进化论原则而言，这些判然二分的特性其实彼此间紧密相连。起初合作与互惠利他的形成是因为能给信守这类原则的个体带来好处。在集体中与人共事的能力（也就是社会资本）成为早期人类及其类人猿祖先的一种比较优势，也因此这些维持集体合作的品质得以发扬光大。随着群体的形成，群体间的竞争也开始出现，也给群体内部更高层次合作的形成带来契机。贡贝黑猩猩的社会行为至少部分出于它们要结群同其他黑猩猩群开展竞争的需要。按生物学家理查德·艾克塞洛德的 [175] 说法，人类是为了竞争而合作。[18]

研究政治发展的学者曾论述过被称为"防御型现代化"的现象：一种新型军事技术在一国的出现，不仅迫使与之竞争的国家也发展此种技术，还要争取发展出能够产生这种技术的政治—经济体制，比如税收和相关的建章立制的权力、度量衡的标准化以及相应的教育体系。正如土耳其在 19 世纪早期以及日本在其后四十年面对西方强权而发生的故事那样。[19] 换句话说，外国军事竞争促使本国内部开展政治合作。

人脑（在进化期）的长足和快速发展与人类社会中一系列相似的军备竞赛不无联系，这一发展使语言、社会、国家、宗教以及人类所发明的种种合作性社会建制成为可能。兰厄姆指出，作为另一个进化分支，侏儒黑猩猩（pygmy chimp）或矮黑猩猩（bonobo）的情况说明，人类并不必然会发展出他所表现出的暴力性和攻击性。矮黑猩猩是自由主义者心目中的理想动物：雄矮黑猩猩远不如黑猩猩那般暴力，雄性和雌性都不那么在意身份等级，雌性在矮黑猩猩群落中扮演重要的政治角色，它们总是沉迷于性事，而且不分异性还是同性。我们可能永远无法举证回答的问题是，人类从黑猩猩这一祖先发展而来而不是出自矮黑猩猩这一支，究竟是否只是一个偶然，因为，很有可能正是人类和今天黑猩猩共同的黑猩猩祖先身上的那种攻击性和暴力性，促进了人类的智力、社会性以及众多其他合作性特征的发展。

善与恶之间

进化博弈论不仅有助于解释社会性本能如何在灵长类动物和人类中发展起来，也能就人类的认知和情感特征何以如此发展提供一些说明。反讽之处在于，它还有助于我们了解为何在谈及人们实际上怎样行事时，大多数有关人类行为的博弈论解释不够现实。

当我说人类本质上是社会性动物时，并非说他们都是天使。或者说，他们并非有无限利他的潜能，也不是彻底的诚实，并没有特别的冲动使他们要把其物种或数量有限的非亲属同类的利益置于自身利益之上。为何如此，进化博弈论有一番解释。即使我们能够想象，在一个天使的社会中，人人都绝对诚实，不管出于基因还是文化上的原因，都愿意与人戮力合作，这种情况也难以持久。比起在某个由不合作者组成的群体中，合作社会中的一个机会主义者，在知道其他人会遵守合作承诺的情况下，将有可能获得更大的利益。如此一来的结果便是，一颗老鼠屎搅坏一锅粥，天使们会变成平庸的、缺乏信任的凡人。正如利他行为会在诚实人社会中播散一样，机会主义的基因会在合作者人群中蔓延，这一点无论是在基因层面还是文化层面都成立。这解释了为何非法传销在犹他州特别猖獗，摩门教社群内的诚实和信任时常被形形色色的骗子无耻地利用（通常这些骗子也是摩门教中人，他们比其他人更了解自己社群的脆弱之处）。

另一方面，一个完全由满脑子想着欺骗和出卖同胞的恶魔组成的社会也不可能长久。恶魔世界里少量诚实合作者的出现会令合作者获得更多收益，而见损的则是恶魔。恶魔无法与人共事，渐渐就会屈从于彼此合作的天使。在进化博弈论的经典案例中，老鹰和鸽子混居的群落，如果鸽子都被老鹰吃掉，就维持不下去，老鹰会因食物匮乏而转为相互残杀。

因此，进化博弈论告诉我们，任何社会都是由天使和恶魔共同组成，更确切地说，是由善恶共存一身的人所组成。善与恶的比例取决于善恶行为各自的后果——即对与人合作的天使和从机会主义中尝到甜头的恶魔分别给予怎样的回报。根据回报的情况，博弈论能帮助我们预估天使与恶魔的存在比例，以及天使与恶魔共存的社会中会形成怎样的进化稳定策略（evolutionarily stable strategies）。

假设所有人都生活在一个天使与恶魔共存的世界里，他们拥有怎样的心理特质才会最有利于社会繁荣呢？答案显然不是我们都得成长为天使，那样的话，当我们面对恶魔时就会给它们以可乘之机。我们所需的心理特质要能帮助解决我们每天都不得不遭遇的各种囚徒困境问题。首先，我们能发挥特殊的识别能力以区分天使和恶魔。

其次，我们需要凭借特殊的情感和本能使我们能持续地按照一报还一报的原则行事：报答天使并竭尽所能地惩治恶魔。也许，这才是人心进化的真实故事。

心理学家尼古拉斯·汉弗莱（Nicholas Humphrey）和生物学家理查德·艾克塞洛德曾分别提到，人类大脑进化如此之快的原因之一是出于人类相互合作、欺骗以及解读彼此行为的需要。[20] 在大约五百万年前，人类同黑猩猩一支分道扬镳，前者的脑部大小增长了超过三倍，达到了母亲产道的极限。从进化的角度看，该变化发生的速度快得惊人。多年以来，人们将大的脑容量所造就的智力优势在捕猎、制作工具等技能上表现得很明显。但其他动物在没有发展什么认知能力的情况下，也能捕猎、使用和制造工具，并创造出某种粗浅的文化且使之传承下去。汉弗莱和艾克塞洛德认为，人类一员面对的最重要也最危险的那部分环境，很快会为其他人类成员所面对，因此发展社会交往所需的认知能力，也就很快成为最关键的适者生存的进化要求。一旦人类群体成为主要的竞争之源，由于其他社会行动者也能以同等的速度增长智慧，用以把握社会生活的智力程度的发展就不会受到实质性的约束，于是便会出现军备竞赛这样的情形。[21]

人类可以通过各种不同的行为指征（behavioral indicators）来判断他们是否受人愚弄，在社会认知过程中还拥有专门的神经机制来发挥作用。[22] 撒谎时会伴随诸多生理特征，比如声调变化、目光闪烁、手心冒汗、心跳加速和局促不安。高度精密的人类视觉皮层有很大一部分用来识别人脸——这很重要，如果你想要弄清楚谁是亲人或谁对你施以恩惠的话——以及解读面部表情。[23] 时至今日，计算机在解读面部表情和肢体语言的精微变化上还没法同人的能力等量齐观，这也解释了为什么在许多社会情境下，互联网尚不能取代面对面会议。

除却对他人行为进行直接观察，判断其他个体是否值得信任

178

的最重要的信息来源出于那些曾与之打过交道的人对他／她的评价——有了这种集体性的社会记忆，就不必与该个体在社会交往活动中进行重复互动。实际上，人们需要闲聊——用以交流其他人在社交场合中表现如何的信息，评判他们作为配偶、商业伙伴、教师、同僚时的信誉和能力，而这种需要也推动了人类智力的发展。闲聊需要有语言，而黑猩猩和其他灵长目动物所掌握的全部社交技巧中恰恰缺少这一点。（我们不妨设想一下，一只黑猩猩会怎样同别的黑猩猩交流如下的想法："一般情况下那家伙挺可靠的，但遇到紧急情况他会溜号，回头还会邀功。"）[24]

　　撒谎要语言做中介，测谎也是如此。语言是人的独有能力，同时占用了大脑皮层中相当大的一部分，或者按进化论的观点，新近发展出来的那部分大脑主要用于发挥语言功能。[25]当一个人说谎时，不仅可以看出来，也能从音声中分辨。但最重要的也是认知上最具难度的是评估能力，它能让人把对谈话者过往行为的认知同对该谈话者当下行为的认知联系起来，并由此产生对其将来言行的真实性和可靠性的判断——比如，判断某种说法内在的可信度（这是为你提供的专享优惠，机不可失时不再来啊……）。许多这类问题的解决涉及文化方面的信息——比如，夜里遇到一个奇装异服的人朝我走来是否应该避开？但收集和处理这类信息的能力与生俱来。

　　约翰·L. 洛克（John L. Locke，神经生物学家，不是那位17世纪的哲学家）指出，他所谓的"亲密交谈"（intimate talking）是一项重要而独特的人类活动。[26]他认为，人们之间的谈话不一定是要交流特定的事实或信息，而是要同谈话者建立起某种社会关系的纽带。在此意义上，关于天气、共同的朋友、个人问题之类的闲聊，从狩猎采集社会到今天的后工业社会，一直是人际间对话的主要组成部分，其存在的主要目的就是让人们陷入一张社会关系和社会义务之网。

　　杰弗里·米勒（Geoffrey Miller）提出，求偶问题上的认知需求

（风趣幽默、甜言蜜语以及善于识破甜言蜜语）对大脑皮层的发展贡献极大。[27] 男人和女人总是不断地与对方玩着感情游戏，男人希望尽可能多地发展性伴侣，而女人想找到最适合的人托付终身乃至子女。[28] 男人急不可耐地装作他会照料家庭并忠贞不移，其实他心里不这么想，而女人极力想要辨清男人是否真心。另一方面，女人还十分渴望确认她的孩子有一个基因尽可能优秀的父亲，不管他最终是否在经济上提供支持，而男人则竭力避免戴绿帽子，不至于浪费资源养育别人的孩子。的确，为避免这类特殊形式的欺骗，而发展出许多社会习俗，包括婚前守贞、贞操带、（穆斯林社会的）深闺制度、出家、阴蒂切除术，以及形形色色处于人类法律体系下针对男女不忠的惩罚。[29] 有首歌在词中问道，"明天你是否依然爱我"，要准确回答这个问题，生命个体的认知能力绝对重要。

大脑模块化

180

　　洛克把人脑视为一台多功能计算机，人出生之后才会往里输入数据，这一观点遭到与之大相径庭的新见解大肆批驳并最终被其取代，新观点认为大脑由一系列专门的模块组成。这些模块是按照早期人类所处环境的特殊需求而被塑造出来，在此过程中，当代人的大脑也得以成形，并且因此生来就包含因应环境解决问题的固有知识。婴儿的表现似乎与洛克和斯金纳的观点相反，他们生来就拥有一些有关世界的经验知识。比如，给他们看的图片如果表示同一物理空间同时被两个物体所占据，他们就会变得无所适从，因为不知怎地，他们知道这是不可能发生的事情。[30]

　　最为人熟知的大脑模块是脑皮层的左右两个半球区，它们在功能上似乎有各自的专门性，同时又有些彼此交叠。我们可以切除连接左右脑半球的胼胝体或神经束来分别测试二者的功能。[31] 也有实现其他功能的专门模块，所实现的功能包括语言、视觉、音乐、决策乃至道德选择。

有的大脑模块可能专门控制完成社会合作任务，对这部分模块所做的最有趣的研究可见于所谓"沃森测试"（Wason test）报告，测试及报告是由心理学家约翰·托比（John Tooby）和莱达·科斯米迪(Leda Cosmides)夫妇完成的。这一测试首创于20世纪60年代，旨在考察被测试者在翻开一组印有若干可能答案的卡片后，是否能够准确地判断出哪些"如果……那么"的假言命题不能成立。在测试中，当命题表达得抽象时，大多数人难以运用逻辑理性进行分析，只有25%的受测试者能做出正确答案。而当托比和科斯米迪用表达社会契约的条件规则开展同一实验时，测试者的表现就大为改观。也就是说，被测试者更容易道破"你若满二十一岁就可以喝啤酒"或"你对公共基金有所投入才有权受益"这类命题的不确切性，而对那些包含熟悉的场景却又不含社会契约内涵的命题（例如"如果有人去波士顿，他会乘地铁"），人们则表现欠佳。[32] 托比和科斯米迪指出，这一结果说明大脑中存在某种由进化而来的功能，专门解决囚徒困境这类社会合作问题。

非理性选择

尽管进化博弈论解释了为什么一群恶魔也不至于兴起太大风浪，但这也不是说我们会变成真的天使，毋宁说，我们将成为伊曼努尔·康德（Immanuel Kant）所说的"理性的恶魔"（rational devils），即恶魔会出于私利而做出道德或利他的行为。按康德所说，真的天使会为了遵守规则而遵守规则，特别是当道德行为会伤及自身利益时仍坚持之。在柏拉图的《理想国》中，苏格拉底谈到过戴上就能隐身的裘格斯戒指。[33] 他质疑说，假如我们能戴上裘格斯戒指，就算犯罪也不会被抓，那又有什么理由要正身谨行呢？博弈论则告诉我们理由是存在的：我们获得的回报不是诚实本身，而是诚实的美誉。经济学家罗伯特·弗兰克（Robert Frank）将这一理论稍作扩展并指出，凭机巧算计赢得一时诚信的人最终会跌跟头以致名誉扫地，树立诚实美誉的最佳途径还是以诚待人、以诚接物。[34]不过说到底，最终还得靠觉悟。

　　再怎么精妙的博弈论最后也无法为人类的道德行为提供完备的解释。当然，我们本质是好的，大多数时候会不太计较得失地做出利他行为。肯定不会有人认为，药品公司将有质量问题的产品撤出货架仅仅是出于伦理原则。但人们总是认为道德行为本身就是目的，于是会把最高的赞誉给予真正的天使而非理性的恶魔。不仅仅是柏拉图和康德，几乎其他每一位严肃的哲学家都努力思考过这样的问题，即我们的道德法则究竟只是为了实现其他目的的工具性手段，还是自身就构成目的。即便我们认定他们只是其他目的的手段，但围绕这一问题的争讼不休就说明，道德行为在人类心灵世界中有着某种特殊的地位。

　　此前我曾提出过，进化论可以解释人类之中的互惠利他主义的出现，并能说明大多数我们所理解的道德行为牵扯到存在时间差的、双向的利益交换活动，这种活动从长远看能增进参与者之间的适配度。可是人们依旧追求更加纯洁的利他主义，尽管能做到这一点的人很少。莫非这说明，人类就像康德和黑格尔指出的那样，实际上是不受生物学规律支配的自由的道德行为人？或者说，恪守规则的行为自有其进化论基础，哪怕这样做会损害个体的生存权益？

　　神经生理学的近期发展提供了一些意见，并帮助我们理解为何人类的道德行为（制定并遵守规则）远比经济学家所青睐的博弈论理性选择说所指出的要复杂。经济学家所说的偏好及其他被称为欲求、愿望、冲动等的心理活动，都生发于大脑边缘系统，这是包括海马和杏仁体区在内的一个形成已久的大脑区域。它是情感活动的策源地，下丘脑则直接与内分泌系统发生交互，而内分泌系统负责分泌调节体温、心率等生理指标的激素。[35]然而，理性选择（对可选方案进行排序和比较并从中选优）发生于新大脑皮层，这是哺乳动物才具备的大脑进化的最新成果，是掌管意识、语言等功能的所在。

关于神经生理学的见解就说到这里。可能有经济学家会认为，大脑边缘系统提供了人的偏好，而新大脑皮质负责在博弈论式的理性过程中寻求自我满足的策略。但这一说法的问题在于，情感在理性选择过程中的作用似乎比这一模式所料想的要大得多，毕生致力于对前额皮质内部受损的病人进行研究的神经生理学家安东尼奥·达马西奥（Antonio Damasio）[36]，也曾指出过这一点。此类患者中最著名的是一位名为菲尼亚斯·盖吉（Phineas Gage）的铁路工人，1840 年他在一场可怕的事故中被一根 1.5 英寸粗的铁棍穿颊而入，直出颅骨。盖吉奇迹般存活下来，但事后在他身上出现了重大的变化。本来他是一个老实本分的产业工人，后来却突然变得惊世骇俗，全然不顾自己的行为会对他人造成怎样的后果。他再也无法找到一份工作，时不时做出畸异的举止，直到最后在贫厄中死去。

菲尼亚斯·盖吉以及其他达马西奥所研究过的前额皮质受损的患者有着共同的特征。[37] 他们仍具备理性选择的能力，能对某一情况做出分析，针对它拿出不同行动方案并做出相互比较。不过他们没有决断力，无法在他们业已分析过的行动方案中做出抉择。此外，他们丧失了只能被称为道德感的那种东西：他们无法对人产生同情，就像盖吉那样，对自身行为带给他人的后果麻木不仁。埃利奥特（Elliott），达马西奥的一位病人，在看到那些本来会令人不安、恶心或是撩人性欲的图片时却无动于衷；他能够理性地指出这些图片对普通人可能带来的效果，但他自己完全对这些图片生不起反应。

达马西奥认为，理性选择过程充斥着情感因素，也不仅仅是形成偏好的根源。人类对其行为带给他们的影响一清二楚。受同情和愧疚这类情感的驱动，他们会因虑及他人的感受而不断调整自己的行为。这就不是理性计算的问题了：不管是菲尼亚斯·盖吉还是埃利奥特，都无法同周遭的世界交涉，因为他们实际上变成了单纯的理性优化器。

达马西奥还指出，大脑制造出无数的"躯体标记"（somatic markers），这些标记能觉察出感情上是受吸引还是产生拒斥，从而帮助大脑通过短路循环（short-circuiting）机制对所面对的诸多选项进行计算。当思维过程触及某一躯体标记时，便会停止计算并做出一个抉择。达马西奥举出一个例子，即一位企业家面对是否同他挚友的死敌做生意的问题时如何做决定。对这一问题的纯粹理性选择式的解决方案必然涉及一个极其复杂的计算过程，既要考虑这场生意的（经济学家口中的）"预期值"（expected value），又要虑及在朋友情谊上可能付出的代价。这种情况下，企业家也有很多可以选择的策略，比如试图在朋友那里隐瞒这份新的关系或者提前征得朋友的同意。躯体标记将情感反应的因素也作为特定的后果，从而中止对各种可能做进一步理性考虑，这样便会令决策过程容易得多，比如说，当这位企业家想到跟他最好的朋友谈起新客户时朋友的脸色，也许就会打消其他想法。

换句话说，人类心智会把躯体标记施加于最初只是理性计算的中间产物的规范与准则之上。[38] 从这一点上讲，我们遵循规范并不是因为这样做对我们有用，而是因为遵循规范本身就构成目的——一个具有强烈情感色彩的目的。手段本是为着实现目的，而现在它却比目的本身还重要。为遵守简单的行为准则（比如不要出卖朋友）而苦恼，这样一类的人和事我们大家都不陌生，有时甚至信守准则会让人们自己和所处的社会都承受不菲的代价。莎士比亚的戏剧《一报还一报》（又译《量罪记》）围绕着伊莎贝尔面对的道德两难展开故事，她拒绝以自己的贞操为代价换取兄弟的生命。在这种情况下，如果纯粹出于功利的考量，孰轻孰重其实不是问题。

在竞逐社会地位和社会承认时发生作用的，还是遵守规范时所充分涉及的那些感情因素：愤怒、内疚、自豪和羞愧。人们常常会做出罔顾自身实际利益的行为，有时是出于受人侵犯的愤怒而违反某一可贵的规范，有时则是出于违反此规范而产生的内疚感。人们为何会遵守艾克塞洛德所说的"元规范"（metanorms），对这一问题的追问可以说明在规范的性质中如何夹杂了情感因素。一般的规范直接对社会合作进行约制（"兄弟之间平分家产"），而元规范则关涉到界定、公布和实施一般规范的正确方式（"建立和谐社会最好问道于儒教经典"，"警方的权威应当受到尊重"）。[39] 所有人都希望执行他们协商制定的一般规范，因为这符合他们的切身利益。如果我不敢保证自家兄弟在分家产问题上会遵守规范，就可能会直接拿走属于我的那一份。然而，理性人在理论上对元规范的执行兴趣不大。元规范是经济学家所说的公共物品：个体很难从执行元规范中获得好处，所以从私人角度，人们不大愿意这么做。

不过人们始终在想尽办法让元规范得以执行——或更简单地说，使正义得到伸张——即使他们不会直接从中获利。换句话说，他们表现出生物学家罗伯特·特里弗斯所说的"道义攻势"（moralistic aggression）。[40] 想想当辛普森在洛杉矶被无罪释放时那一大群示威者吧，他们认定辛普森案判罚不公而因此提出抗议。他们走上街头当然不是出于自身考虑，担心辛普森如果不被关进监狱就会拿着刀追到他们身后。博弈论在论及如何解决囚徒困境时，欺骗被作为可选策略之一，参与者根据计算一系列可能的互动结果来决定是否采取欺骗的策略。但在真实世界里，欺骗从来就不是一个无关感情或道德的中性选择。几乎所有的语言中都富含对背叛者的蔑称，例如叛徒、败类、奸细、两面派。这些词汇是约定俗成的，但它们所包蕴的情感，比如愤怒和羞愧，则是自然存在的。

人们不但会对破坏规则的人抱以愤怒，也会对自己抱以愤怒和失望，这种情感我们视之为内疚。人们时常会因为那些本来完全可以自我开解的事情感到内疚：我没有给那位乞讨的流浪汉以施舍因为他可能把钱用于买醉或者吸毒；我对保险公司谎填了一份索赔，这家公司很大不会注意到这点事，而且肯定料到会有人虚报索赔。按博弈论的说法，人们没必要为自己违反了一项规范而过度焦虑，这样做不过是出于理性计算而已；但在情感上，规范有很强的约束力，以至于人们不把那些完全以冷酷的理性计算一己得失的人当做正常人，而是视为失心疯。

即便没有百万年之久，至少在几十万年间，人类及其灵长类祖先大概一直在进行着囚徒困境博弈，他们相互寻求合作，也逐渐适应了同伴日见高明的欺骗手段。由于施行元规范对解决合作问题极有帮助，我们似乎业已发展出专门的情感，旨在促使个体自觉地支持这种公共物品。

罗伯特·弗兰克指出，在人脑进化的过程中，情感同遵守规范之间的关系之所以变得如此紧密存在别的原因。感情能帮助解决一次性囚徒困境游戏中的可信承诺问题。人们一般会认为，一次性囚徒困境博弈不会出现合作解，除非参与各方会提前做出承诺；这就把囚徒困境博弈变成一种关于如何传达可信承诺的博弈。弗兰克认为，情感能通过展现出承诺之可信，而帮助人们把选择锁定在那些短期看似乎不利但有裨于长期利益的那些选择上。[41] 在"最后通牒交易博弈"（ultimatum bargaining game）中，参与者甲得到 100 美元并被要求同参与者乙分享。如果两人都不同意分享，则他们一分钱都拿不到。甲的理性策略是自己留 99 美元，剩下 1 美元分给乙，这样做的根据是，乙出于理性仍会如此接受而不是选择分文不得。而当这一博弈在人们之间真实地发生时，情况则是甲几乎总会以接近对半的比例与乙分享钱财，因为他认为 99 比 1 的分账方式会让乙感觉受辱（实际也往往确实如此）而遭其拒绝。或者说，乙在拒绝不公分配时所体现的自尊心，显然在一开始就限制了他能达成合作的条件范围（小于没有自尊情感影响时的范围），但这样对乙的长远利益有好处。弗兰克进一步指出，情感控制着许多生理现象，比如，鼻孔张大和呼吸沉重的生理表现，在其他人看来可能反映着表现者的可信程度。

人类大脑不仅与生俱来就具有侦测谎言和判断社会契约的作用机制，同时还拥有旨在惩罚欺骗者的情感结构，该结构允许为了实现这种惩罚即使以眼前利益为代价也在所不惜。因此，说人天生是社会性的动物，不是说他们天性爱好和平、合作或天生守信用，他们常常表现出来的是暴力、好斗和惯于欺骗；这么说的含义是，他们有着特殊之处，使他们能甄别和对付那些欺人骗世者，也使他们向合作者和其他道德准则的奉守者靠拢。因此，人们达成合作性规范的可能，远比在人类本性问题上更偏个人主义的那些假说所料想的要大得多。

第11章

自我组织

人类生物学（Human biology）带来了研究解决集体行为问题的倾向，但某一个体人群选择特定的规范和元规范则是一个文化选择，而不是本性使然。正如人生来就有学习和使用语言的能力，他们所掌握的实际语言取决于他们生长于其中的文化。因此有必要走出对全人类而言普遍共有的那些认知和情感结构的考察，具体探究在人类社会中生成和演化的那些实际规范。

为此，需要解决两个互不相关的问题：规范最初如何生成，以及一旦生成它们如何演化。基于第8章中所提出的规范的分类，图11.1描述了规范生成的四种方式。它们可能是出于理性和等级制，如《美国宪法》；也可能出自非理性而又是等级制的来源，如摩西从西奈山上带下来的《十诫》；它们可能是理性且自发的协商的结果，就像在蹭车族那里形成的规范或盎格鲁—撒克逊传统中的习惯法；它们也可能由非理性来源自发产生，如乱伦禁忌或民间宗教。更进一步简化来说，我们可以认为四个象限分别代表着政治的、宗教的、自组织的或自然的规范。鉴于每一象限所指对新规范的产生都很重要，做出如上的概括有草率和缺乏证据支撑之嫌，但我只是想说，

图 11.1 规范的体系 2

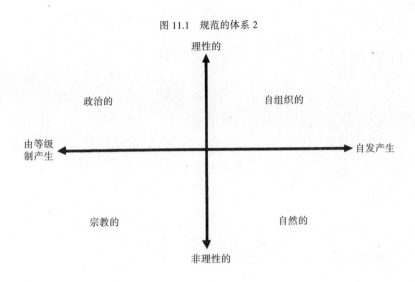

它们每一个都构成一个重要的类别。

可能据此做出如下的假设，其实不少人已经这么做了，随着社会逐渐现代化，规范往往越来越多地出自上半象限，特别是左上象限（来自政府权威）。由于梅因、韦伯、涂尔干和滕尼斯等理论家的努力，诸如理性化、官僚化、从身份到契约的转变、从社区到社会的转变这些术语和说法被经典化地与现代化（modernization）概念联系在一起——所有这些都说明，正式的、理性的法定权威（常常归于政府名下），成为现代社会秩序的首要来源。存在于现代美国的工作场所和学校中有关性别关系的那些纷繁复杂的不成文规则，让每一个勉力应对它们的人都认识到，非正式规范并没有从现代生活中退出，将来也不会。

正式法律真是对现有社会习俗进行汇编成典吗？它们在塑造道德方面发挥着作用吗？每一种观点都有其支持者。法理学家罗伯特·埃里克森（Robert Ellickson）将那些认为正式法律是对非正式法规的反映的人称为"法律边缘主义者"（legal peripheralists），将那些认为法律对道德具有重要形塑作用的人称为"法律中心主义者"（legal centralists）。[1] 人们对规范从何而来的分析，当论及它们应该从何而来时，就表现出强烈的意识形态偏好色彩。19 世纪的无政府主义者、20 世纪 60 年代兴起的嬉皮士、右翼中的反政府的自由至上主义者以及左翼中的技术自由主义者（technolibertarians），他们共同怀有的无上美梦是，政府应该消亡，取而代之的不是霍布斯式的人人相互为敌的战争，而是基于人们自发地奉守非正式社会规范而形成的和平共处。换句话说，秩序的最佳形式是自发秩序。与之相对的，左翼中有相当一部分人视非正式规范为过去那种精英主义的、资产阶级的、种族主义或男性至上主义的文化的残留物，希望通过运用正式的、等级制的政府权力、按照他们心目中的图景来实现对个体的改造（例如，"新苏维埃人"或有阴柔气和同情心的当代男性）。右翼中也有此类人希望通过等级制的宗教来实现相似的目的。

由于人们往往更容易注意到源自等级制权威的规范，而不是哈耶克所说的"人类合作的扩展秩序"（extended order of human cooperation），因此对图 11.1 右侧的两个象限做更仔细的考察，有助于我们开始理解自发秩序的范围和限度。自组织不仅已成为经济学家和生物学家口中的时髦术语，也流行于信息技术专家、企业经营顾问、商学院教授之中，他们中有许多人创建了充满活力的咨询组织，他们抛弃了等级制并将他们自己"以生物本来的方式"、即通过自愿合作这种高度去中心化的形式组织起来。[2] 虽然自组织是社会秩序的重要来源，但它只在某些不同的特定条件下才会产生，也不是人类群体达成合作的一条普遍适用的公式。

自然选择过程是盲目的，其结果也各自不同；尽管最终都是适者生存，但这一过程本身常常导致无用功。人类缔造规范的过程也可能同样盲目。正如我们所见的，乱伦禁忌似乎就出于对乱伦的非理性的、本能的反感。我们认为，许多民间风俗既非统治者强行推行的结果，也非经由理性协商而达成，而只是出于某些文化倡导者一厢的决定，比如他们把当地的一块岩石作为捕猎活动的幸运物，结果岩石崇拜就在整个社群兴起。即使在现代经济中，组织创新也不见得就是理性的；它们常常出于偶然地改变其技术和内部组织架构，并对此抱以殷切的希望。但从长远来看，竞争会自动剔除较劣的选项。[3]

　　然而，人类规范的缔造远比随机的基因突变要复杂和有目的性。尽管规范也可能形成于某一准随机的基础之上，但它们更多的是充分协商和谈判的结果。在过去一代人时间里，在经济学和相关领域（诸如法与经济学、公共选择研究等）中涌现了大量有关自发秩序的理论和实证研究。其中不少早期的研究涉及与产权相关的规范的起源问题。[4] 社区对所谓的公共（池塘）资源（common pool resources）——比如草地、渔场、森林、地下水和我们吸入的空气这类资源——的共享，成为特别棘手的合作方面的问题，因为它们遭遇着加勒特·哈丁（Garrett Hardin）所说的"公地悲剧"（tragedy of the commons）*。[5] 这些公共资源作为公共物品，即使个体为创造和保持它们付出了努力，也可以为群体中所有成员共享，或受制于正外部性和负外部性——当有人在溪流中蓄养鳟鱼鱼苗，不仅他自己能从中受惠，也惠及所有在此捕鱼的人；相反，他若污染了溪流，也会将社会成本强加于社区中的其他人。

　　公地悲剧实际上就是一场扩大了的、多方参与的囚徒困境博弈，每一参与者都可以选择是为维护公共资源做贡献（合作）还是搭便

---

* 译注：围绕这一术语出现了多种译法，有直接译为"公地悲剧"或"公共地悲剧"（张维迎），也有译为"公共资源的悲剧"或"公共领域的悲剧"的（姜奇平），还有取决不下，直接依提出者定名为"哈丁悲剧"，还有本土化的译法如"大锅饭悲剧"（朱志方），但在中国大陆学术界中，译为"公地悲剧"或"公共地悲剧"的较多，姑从之，但在意思上并非狭指公地共享时遭遇的尴尬，而应广义地理解为涉及各种公共资源。

车（free-riding）坐享其成（欺骗）。不同于双边的囚徒困境，搭便车问题没法通过单纯的重复尝试而得以解决，尤其是当参与合作的群体规模变得很大时。在大的群体中，搭便车现象变得更加难以被觉察。过去一代人时间里，搭便车问题成为吸引经济学家和其他社会学家大量关注的一个问题，他们将之视为解决人类合作的起源这一宏大问题的关键所在。[6]

哈丁认为，公地悲剧带来了诸如对海洋过度捕捞、对草地过度放牧等社会灾难。在他看来，只有通过等级制的权威，也许是一个有强制力的政府甚或是一个超国家的监管机构，才能解决公共资源的共享问题。[7] 他以人口过剩为例，父母生育子女的兴趣所产生的效应集中起来正在耗尽地球的资源，因此需要强有力的人口控制手段来限制人口增长。经济学家曼瑟尔·奥尔森在关于此问题的经典论述中指出，想解决公共物品供给的问题，要么采用哈丁的等级制权威的办法（比如通过国家强制力对人们征收所得税），要么让一个对公共物品消耗超过其他所有人消耗总和的使用者独自解决，他要情愿单方面地保证公共物品供应并能容忍搭便车现象，因为公共物品是必需品。[8]

191

与规范生成的等级制途径（自上而下）形成对照的是，许多经济学家提出了更为自发的途径。其中一个简单的解决方案是将公共资源转变为私有财产。经济学家霍华德·德姆塞茨（Howard Demsetz）认为，通过"将外部性内部化"，即把公共财产转为私有财产，在私人所有者那里就会形成保护它的动机。[9] 他指出，实际历史中就有这样的模式，它发生于 19 世纪初的拉布拉多半岛（Labrador peninsula）上的印第安人中间。道格拉斯·诺斯和罗伯特·托马斯（Robert Thomas）对德姆塞茨的观点进行了拓展并用以解释欧洲在公元 1000 年到 1800 年这一长时段里如何形成了财产权。[10] 这一解决方案的问题在于许多公共资源、公共物品或外部性没法轻易地转化为私有财产，因为它们不停移动（例如空气和鱼群）

或难以分割（例如航空母舰和核武器）。

为法与经济学领域整体奠定基础的芝加哥大学经济学家罗纳德·科斯（Ronald Coase）有一篇常为人引用的文章，名为"社会成本问题"，他在文中指出，当交易成本为零时，变动关于责任的正式规则不会对资源分配构成影响。[11] 换句话说，如果私有者之间的协商没有交易成本，就没必要让政府干预其中，对制造污染者或其他负外部性的制造者进行管控，原因是受负面影响的各方会产生理性的动机，组织起来并拿钱出来要求作恶者离开。科斯举出牧场主和农民因为牧场的牛闯进农民田地踩踏庄稼而造成冲突的例子以证明这一点。政府可以干预其中，判定牧场主在法律上负有赔偿牛造成的损害的责任，但科斯指出，农民本来就打算给牧场主一笔钱，让他们防止此类事故再次发生。也就是说，社会管制性规范可以出自私立的个体行动者间的互动，而不必非要通过法律或正式制度强下指令。

把科斯定理用于真实情境，其问题在于，几乎从来没有交易成本为零的情况。一般来说，私人之间要达成公平的约定需费一番周折，尤其是当一方明显比另一方更有钱有势时。另一方面，在许多情况下交易成本非常低，社会规范能够通过一个自下而上的过程被创造出来，经济学家也从中发现过许多有趣的自组织事例。罗伯特·萨格登（Robert Sugden）讲述了英国海岸漂流木的分享规则，即先来先得，但前提是先得者所取必须适量。[12] 罗伯特·埃里克森（Robert Ellickson）也列举了诸多自发性经济规则的例子。例如，在19世纪的美国捕鲸者中常常要面对潜在的争端，一条鲸鱼被一艘捕鲸船叉中然而得以逃脱，却随即被另一艘捕鲸船不劳而获并售卖掉。于是，捕鲸者制订出一套详尽的非正式规则对此类情况进行调控，让捕猎者得到公平的猎物分配。[13] 埃里克森通过自己细致的田野调研得出结论，恰如科斯预料的那样，加利福尼亚州沙斯塔县（Shasta County）的牧场主和农民实际上也建立了一系列非正式规

192

范来保护他们各自的利益。[14]

　　大多关于自发秩序的研究文献往往拿具体例子说事，对有多少新规范以非中心化（权力分散）的方式产生欠缺把握。政治学家埃莉诺·奥斯特罗姆（Elinor Ostrom）的成果是个例外，她搜集了超过五千个有关公共资源的研究案例，数量之多足以让她对这一现象做出基于实证基础的概括总结。[15] 她的大致结论是，不同时代、不同地方的人类群体，都曾找到过解决公地悲剧的办法，成功几率比人们一般料想的要高。其中的许多解决方案既没有将公共资源私有化（经济学家青睐这种方法），也没有由政府出面管制（这种方法常为经济学家以外的人所支持）。相反，群体能够理性地制订出非正式的、有时是正式的规则，来保证既公允又不导致涸泽而渔地共享公共资源。如果能同样具备那种使双边囚徒困境得以解决的条件，也就是重复互动，这些解决方案将更行之有效。也就是说，如果人们认识到他们将在一个有限的社区里一直共同生活下去，而且社区内持续的合作会得到奖励，他们就会看重自己的声誉，并积极参与监督和惩罚那些破坏群体规则的人。

　　奥斯特罗姆所列举的有关公共资源共享规则的事例，不少都涉及前工业社会的传统社区。自组织也出现于成熟的社会群体中。在奥斯特罗姆的例子中，有一则就是关于南加利福尼亚的不同社群如何共享地下水资源的。[16] 这些资源本来可以由更高等级的权威机构比如联邦政府来分配，但奥斯特罗姆揭示出，当地的乡村和城镇相互之间通过法院系统进行磋商，便能设计出公平的规则，既分享了资源又不造成耗竭。不过，并非所有南加利福尼亚的乡镇都能达成这类约定，这说明自组织方式也不总能靠得住。

　　除却发生于牧场主、捕鲸人、捕鱼人及其他共享公共资源的群体身上的零星事例外，我们在现代高科技工作场所中也发现自组织行为的突然出现。20世纪早期的企业及由它所创造的工厂和办公室，是由等级制权威构成的堡垒，它以一种高度威权的方式，通过一套

193

严厉的规则控制着数以千计的工人。然而，在当代的众多工作场所中，我们发现了相反的一些现象：正式的、受制于规则的、等级分明的关系被更为扁平的、给下级更大范围自主权的关系所取代，或是被非正式的网络所取代。在这些场所中，协作从下层开始策动，而非由上级命令完成，并且是基于共享的规范和价值观，使个体能够为了共同的目的一起工作，而不需要正式的指令。换句话说，协作是基于社会资本，随着经济复杂度和技术密集度的提高，这一点变得更加重要而不是相反。

第12章
技术、网络与社会资本

等级制的终结？

马克斯·韦伯认为，以官僚制表现出来的理性的、等级制的权威是现代性的核心所在。然而，我们在 20 世纪后半叶的发现则是，官僚等级制在政治和经济方面都出现衰落，正被更加非正式的、自组织的协作形式所取代。

政治上的等级制形态是威权或更极端形式的极权国家，由一个至高的独裁者或一小撮居于顶层的精英对整个社会施以控制。形形色色的独裁政权，从佛朗哥时代的西班牙和萨拉查治下的葡萄牙到东德和苏联，从 20 世纪 70 年代开始就渐次走向崩塌。取而代之的，即使不是运转良好的民主政体，至少也是乐意拥抱更大程度政治参与的国家。

民主国家自身也是依等级制组织起来的。现代的美国总统掌握的权力之大，在某些方面是东方的专制君主都难以企及的，包括握有足以蒸发掉大半个世界的核武器。他们的区别主要不在于等级制，而在于民主体制下的权威必须得到民众的认可，并且权力对个体的控制也受到限制。民主社会的等级体制也会像威权社会的等级体制一样，出现效率不高的情况，因此在今天几乎所有民主国家里，要求权力分散、实现联邦化、私有化和权力委授的呼声很高。

公司的等级制也遭受了冲击。大型的、等级过度森严的公司出现了大幅衰退——20 世纪 80 年代的美国电话电报公司（AT&T）和国际商用机器公司（IBM）就是典型的例子——成了规模更小、反应更敏捷、更具灵活性的竞争者的牺牲品。商学院教授、企业经营顾问和信息技术专家都曾着重指出过高度分权管理的公司的优点，其中还有人称，在 21 世纪，大型的、等级制的公司将彻底被新的组织形式即网络所取代。

权力集中的、专制的公司走向衰落的原因同中央集权的、威权主义的国家走向衰败的原因一样：它们无力应对所置身的日益复杂的世界对信息的需求。恰在全球社会经历从工业生产方式向高科技和以信息为基础的生产方式的转变之际，等级制遭遇危机，这不是一个偶然。

弗里德里希·冯·哈耶克在五十年前的一篇经典文章中提出过集权化的等级制企业在信息处理方面的问题，而为此文奠定基础的则是路德维希·冯·米塞斯（Ludwig von Mises）的一篇批评社会主义的作品。[1] 为了掌控治下的一切，独裁统治者需要有足够的信息和知识来决策。在农业社会中，君主统治农民只需要掌握骑术、剑术、一些政治统驭术，并知道如何向当地主教祈福，大概就足以将权力专于一身。但随着经济的发展并且经济活动变得更加复杂，实现统治所需要的信息以几何指数增长。现代治理需要专门的技术，这些知识不可能尽为统治者所掌握，因此他必须事事依赖技术专家，从武器设计到财政管理。并且，经济运行过程中产生的信息，其绝大部分实际上都只在产生的当地局部流转。假如有供应商提供质量低劣的铆钉，能知道此事的多半是铆工，而不是集中规划部门里的经济事务官员或公司管理层中的副总级人物。[2] 196

　　但是，将权力下放到技术专家或这些创造并运用地方性知识（local knowledge）的人手里，就会削弱独裁者的权力。苏联发生的此类过程成为这个社会主义国家走向自我覆灭的原因之一。斯大林就发现自己依赖要那些被称为"红色董事"（Red directors）的技术专家，以及一大批科学家、工程师和其他专业人士。[3] 尽管他可以利用恐怖政治来控制这些专家（著名的飞机设计师图波列夫就是在狱室中设计出的飞机），但其继任者发现这样做越来越难。技术专家可以守着知识待价而沽，并借此同掌权者讨价还价。这给他们带来了一定的自主权，并有机会开始为自己着想。此外，虽然所有生产资料定价和流转理论上都由中央政府部门控制，但中央机构没法了解边缘地区产生的全部地方性知识。因此，像乡镇的党委书记这类基层官员和企业经营者离地方性知识的源头更近，从而得以逐步积累实际权力。到 20 世纪 80 年代戈尔巴乔夫时代到来时，集权统治模式已难以为继。

　　在那些老总也热衷对手下行使专制权力的公司里，也发生着同样的变化。这些老总，尤其是那些白手起家创立公司的老总，往往想控制公司内部的一切事务，把雇员当做只会执行命令的机器人来对待。但随着公司规模的扩大，他们面临的问题更加复杂，这种决策方式就变得过于呆板，老板反而成为制约公司发展的人。如同政府一样，公司也需要将权力下放给专家以及离产生信息的地方性来源更近的决策者。今日有些管理专家认为公司分权和员工授权的概念是新兴事物，但企业史学家阿尔弗雷德·钱德勒（Alfred Chandler）指出，公司在组织内部向下放权的现象在过去至少一百年里持续发生。[4] 像通用汽车和杜邦化学这类大型多部门制公司实行等级制架构，但与小型家庭企业相比，它们在经营权分散化方面程度还是较高。这些困扰大型等级制组织的问题绝不是无关痛痒的小事，有理由相信，在其内部权力下放的过程仍将继续。但新的问题也随即而来：在一个权力分散的、基层员工获得新近授权的组织内如何协调各方的行动。解决途径之一是市场，让彼此平等的买卖双方在没有中央权力控制的情况下自主达成有效的结果。美国商业界在 20 世纪 90 年代兴起的外包热潮就是市场关系取代等级制管控的一种表现。但市场交换会产生交易成本，没有一家公司会按照人人相互竞争的市场形式组织其核心部门。

对高度分散的组织进行协调的另一种渠道是网络，它不是由中央集权的权威缔造，而是由权力分散的各行动者通过互动形成某种自发秩序。如果网络真能产生秩序，则它们必须依靠在正式组织中形成的非正式规范，也就是社会资本。

网络的兴起

罗纳德·科斯在 1937 年发表的关于公司的经典理论中指出，交易成本是等级制存在的原因。[5] 像汽车制造这样的复杂活动，理论上可以由相互签订协议的多个小型、分散管理的公司分别生产全部组件而合作完成，并由其他公司负责产品设计、系统集成和市场营销。但汽车不是按照这种方式而是由庞大的、垂直一体化的公司来生产，其原因在于，一切都付与外包而产生的谈判、签约、诉讼等全部成本远远高于将这些活动纳入公司体系内的成本，在后一种情况下，公司可以通过管理条令控制生产体系中全部投入和产出的质量。[6]

有大量文献研究了作为传统的市场和等级制组织中介形式的市场是如何兴起的，人们认为网络比大型等级制组织更能适应技术的发展。[7] 托马斯·马隆（Thomas Malone）和琼安·耶兹（Joanne Yates）认为，廉价的、泛在的信息技术能降低因发生市场关系而产生的交易成本，从而减少人们创建等级管理体制的积极性。[8] 许多热心鼓吹信息革命的人不仅把新兴的互联网视为一种有用的新型通讯技术，还认为它的出现预示着一种全新的、非等级制的组织形式，

图 12.1　一个扁平化的组织

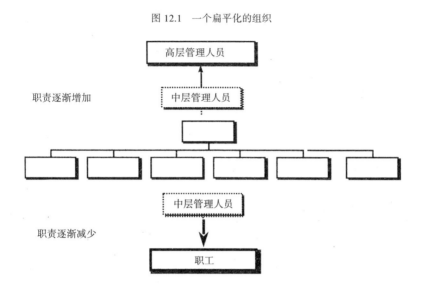

唯独这样形式的组织才能适用复杂的、信息密集的经济世界的需求。

　　主流研究文献大多从正式组织的角度来考察这一转变的发生过程。典型的等级制组织呈金字塔形，图 12.1 显示的则是组织扁平化后的结果。扁平化后的组织仍保持着集权性和等级性，改变的只是介于顶层和底层之间的管理等级的数量减少了。扁平化组织（flat organizations）能带来控制范围的扩大；如果施行得当，高层管理人员就不会为承担具体的管理责任而叫苦连天，而是把权力下放到组织的下级部门。

　　社会学家早就开始使用网络这一概念，他们有时会对商学院教授如今要重起炉灶表示出几许愤愤之意。社会学家通常所说的网络，定义极其宽泛，同时包括了经济学家所理解的市场和等级制的概念在内。[9] 不过，管理专家在使用"网络"一词时更是严重缺乏精确性。一般理解认为网络有别于等级制，但人们常常不清楚网络同市场有怎样的差别。事实上，马隆在最初谈到等级制的衰落时并没有用到网络这一概念；协作在典型的市场机制中也能实现。[10]有人将网络视作某种类型的正式组织，同时认为其中没有产生至高权力的正式来源；另外一些人把网络理解为组织之间的一系列非正式的关系或联合，其中每个组织自身可以是等级制的，但彼此之间通过垂直的契约关系联系在一起。日本的经连会组织（keiretsu groups）、意大利中部地区小型家庭企业的联盟、波音公司同其供货商之间的关系，都可以被视为网络。

如果我们不将网络视为某种类型的正式组织，而是视为社会资本，就会更好地理解网络的经济功能究竟体现在何处。按照下述观点，网络是一种关于信任的道德关系：

> 网络是由一群个体行为者组成的，他们分享着超越普通的市场交易所需的非正式规范和价值观。

这里所说的规范和价值观可以是从朋友二人之间简单的互惠原则到有组织的宗教所创造的复杂的价值观体系。像特赦国际和全国妇女组织这类非政府组织就是基于共享的价值观而达成协作。若是教友或教派成员的情况，组织中个体成员的行为就不能单从经济上的私人利益出发予以解释。像美国这样的社会，即表现为一系列网络的集合，作为集合元素的诸网络数量庞大且结合紧密，关系复杂且相互交叠。（见图 12.2）。

图中最大的椭圆代表美国社会整体，其国居民共享着与自由和民主相关的特定政治价值观。与最大椭圆形成交叠的椭圆可以代表移民群体，比如亚裔美国人，他们中一部分能共享上述价值观，但也有部分人与美国主流文化格格不入。完全包裹在大椭圆之内的椭圆所代表的群体林林总总，从宗教派别到具有特别强烈的企业文化的公司都是。

对网络的这一定义有两个特征值得注意。首先，网络与市场

图 12.2　信任的多重网络

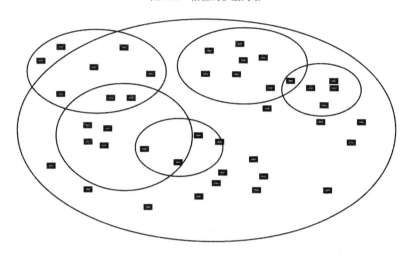

　　的不同在于前者是由共享的规范和价值观来定义的。这意味着，网络内部经济交换活动的进行与市场中的经济交易相比，有一个不同的基础。纯粹主义论者也许会说，就算是市场交易也需要某些共同的规范（例如，双方都愿意进行交换而不是拿拳头说话），但经济交换所必需的规范相对不多。互不相识、彼此不喜的人之间也可以发生交换，操不同语言者也能，甚至双方都不知道彼此身份的情况下也能完成交换。网络成员之间的交换则不同。共享的规范带给他们一种能令市场关系发生扭曲的高级目的。因此同一家庭或山峦社（Sierra Club）＊的成员，或本民族内信用互助协会（rotating-creditassociation）的成员，他们奉守特定的共同规范，不像在市场中相遇但互不相识的个体之间那样进行交换。除了市场交换外，他们更愿意进行互惠交换——比如，在不指望立马获得收益

＊　译注：由美国著名的环保主义者约翰·缪尔（John Muir）于 1892 年在加利福尼亚成立的
　　环保组织，是美国著名的环保组织之一，又翻译为塞拉俱乐部、山峦俱乐部。

回报的情况下给对方一定好处。尽管他们会期待长远的个体回报，但双向交换关系并非同时发生，也不像市场交易那样对成本收益精打细算。

另一方面，网络不同于等级制的地方在于前者基于共享的非正式规范而不是正式的职权关系（authority relationships）。在此意义上，网络可以与正式的等级制共存。身处正式等级体制中的成员，除了确定其成员身份的工资合同之外，不需要其他共享规范或价值观；但在正规组织之上，可以重叠有各种类型的非正式网络，它们或是基于同样的庇护支持、同样的种族身份，或是基于共同的企业文化。

在正规组织上叠加网络，结果并不一定好，还可能因此造成许多组织功能紊乱的现象。每个人都不会对基于亲属关系、社会阶级、朋友关系、男女感情或其他因素形成的老友网络和庇护网络(old-boy and patronage networks）感到陌生。任何一个此类网络中的成员都与网络内其他成员共享重要的规范和价值观（特别是互惠），而不会与正规组织内其他成员共享它们。在庇护网络内部，信息很容易流通，但网络边界却对外形成一层阻膜，使信息向外流通要困难得多。组织内部的庇护网络是个问题，因为网络之外的人弄不清它们内部的结构，而它们又常常破坏正式的职权关系。相同的种族渊源能促进同一族群成员间的信任和交换活动，却抑制了不同族群成员间的交换活动。如果老板不愿批评或解雇一名能力不足的下属，仅仅因为后者曾受其提携或者是私交乃至恋人，则网络的互惠作用就变成一种明显的阻碍。

非正式网络的另一问题是，团结社群的价值观与规范的强有力程度（及因此它们之间得以协调的程度），同它们对网络外部的人、观念和影响力的开放程度恰好相反。作为美国海军陆战队或摩门教会的一员，其意义远不止于一个正式组织的成员身份。强大而有特色的组织文化能产生出高度的内部团结和协同行动的能力，成员在

202

这样的组织文化中得以社会化。另一方面，陆战队员与平民百姓或者摩门教徒与非教徒之间的文化隔阂，要远远大于道德联系程度较低的组织间的文化隔阂。围绕不同团体形成的各自壁垒，其阻隔性常常让这些团体缺乏宽容、排斥他者、适应力差并且漠视新观念。马克·格兰诺维特（Mark Granovetter）率先在其著作中提出"弱联结"（weak ties）对信息网络效率的重要意义，在此基础上，后继出现了大量的相关研究文献。[11] 往往是那些横跨不同社群、特立独行的人带来离经叛道的新观念，而如果一个团体要想成功地适应所处环境的改变，最终恰恰需要这样的人。

网络，当作为非正式伦理关系时，便与诸如裙带关系、徇私偏袒、缺乏宽容、排斥他者、暗箱操作、凭个人好恶行事等现象联系起来。此种意义上的网络与人类社会群体自身同样古老，且在许多方面构成前现代社会中社会关系的主流形式。从某种意义上说，许多被我们同现代生活联系起来的体制，比如契约、法治、宪政和三权分立，都是被设计用来克服非正式网络关系弊病的。这也就是为何马克斯·韦伯及其他现代性的阐说者认为现代性的实质是以法律和透明的制度来代替非正式的权威。[12]

由此说来，人们又有何种理由相信，未来的人类组织会更少依赖正式的等级制而更多依赖非正式的网络呢？的确，那种正式的等级制很快可能消失的说法十分值得怀疑。网络正变得日益重要，从而会与正式的等级制共存。但为什么非正式的网络就不会与之共灭呢？答案之一涉及在经济活动日益复杂的情况下通过等级制实现协调的问题。

协调方式的变化

等级制组织中社会资本的重要性，可以从信息在其中流通的方式上获得理解。在制造公司里，等级制的存在是为了协调生产过程中物资的流动。物资流动是由正式的权力架构来决定的，但信息的流通有一套相当不同的方式。信息是一种特殊的价值物（商品）。制造出信息可能是极其困难而且昂贵的，而一旦信息产生，进一步复制它却是几乎免费的。[13] 数字时代更是如此，鼠标一击可以产生一份计算机文件的无穷副本。

这意味着在组织内部产生的信息应该能向组织内部其他可以用到它们的部门自由流动，理论上这才是最优结果。由于原则上组织拥有其全部雇员所创造的信息的所有权，故信息从组织内一个部门转移到另一部门不应有成本。

遗憾的是，信息在组织内部的流通从来不会像高高在上的领导所希望的那样免费自由。这与组织不得不向下层授权的实际情况有关。这也造成了经济学家所说的委托—代理问题（principal-agent problems），受委托人雇佣的代理人自有一套做法和安排，并不总是出于老板或整个组织的意志。许多管理人员认为解决这一问题的办法是，使个人激励与组织激励相一致，从而使代理人能以委托人的最大利益为出发行事。不过，这一点说起来容易做起来往往很难。个体利益和组织利益时常存在直接的冲突。一个中层管理人员如果发现信息技术的一项新应用或让管理结构进一步扁平化的一个新方案会让其职位不保，他就不会有动力进行这种探索。[14] 在其他一些难以衡量产出质量的情况下，比如治疗师为病人提供咨询或艺术家绘制一幅作品，为了实现针对个人的激励而监视每个人的业绩表现，这样做成本会过于高昂。

因此，尽管在组织整体利益层面需要促进信息的自由流通，但允许如此则会与等级制内部不同人的个体利益相冲突。常言说，信息就是权力，组织内的不同个体会将授让还是扣留信息作为尽可能提升自己相对权力的重要手段。每一个在等级制组织中工作的人都清楚，上下级之间或相互竞争的部门之间，始终都存在为了控制信息而进行的斗争。

204

除委托—代理问题之外，等级制组织也苦于与信息的内部处理效率不高有关的问题。官僚体制下甲部门对隔壁的乙部门在做什么一无所知，这种情况我们都司空见惯。一些决策的实施需要高层监管，故而产生实施这类监管的内部交易成本。还有可能，组织部署了监管责任，但要么不必要或不恰当，要么效率低下。

等级制的繁文缛节也会给复杂信息的处理制造麻烦。等级制的管理通常需要创造出一个由正式规则和标准化操作流程构成的体系——这是韦伯式官僚制的精要所在。在劳动力市场上，广告和正式岗位需求列表用于满足简单、低技能工作的供求[15]，当大学和公司需要聘用经济学家或软件工程师时，则由非正式网络发挥作用，原因是他们的技能和成就很难以正式的条陈方式表现出来。美国大学中，给予某人永久教职的决定不是根据详细的正式标准，而是基于其他已获终身教职的教授根据参选人著作的质量给出的大致判断。

最后，等级制的适应性较差。正规化的控制体系远不如非正式的控制体系灵活；当外部世界的状况发生改变，组织内较低层次的部门往往比高层部门看得更清楚。因此，过度集权化在诸如信息技术产业这类外部环境快速变动的领域里，就可能成为一种特别的阻碍。

网络（定义为共享非正式规范和价值观的群体）的重要性在于，它们为信息在组织内外的流通提供了其他的渠道。朋友之间的信息共享一般不会特别在意知识产权的问题，也就不会带来交易成本。因此友谊能够促进组织内部信息的自由流通。朋友之间也不会耗费大量时间来谋划如何在相对关系中尽可能提高他们的权力地位。市场部门的人认识生产部门的人，可以在午餐时间告诉后者消费者对产品质量的抱怨，这样就越过正式的等级体系而更快地把信息传达到它最能发挥作用的地方。理想中的企业文化同时给个体员工提供一个群体和一个个体身份，鼓励他们为群体目标而努力，而群体目标又在此促进组织内部的信息流通。

　　社会资本对于管理那些运用复杂而难以理解、隐性和难以传播的知识的高技能人才也十分重要。无论是大学还是工程、会记、建筑方面的公司，一般都不会尝试按照精细的官僚制形式的工作规范和标准化操作流程来管理其专业员工。大多数软件工程师远比管理他们的人要熟悉本职工作；他们自己就能对自己的生产率做出有根据的判断。这样的员工通常被认为能按照内化于己身的专业标准来进行自我管理。一位医生如果得到足够的酬劳，恐怕就不会对病人做出违反职业伦理的事，他已经立誓要为病人而不是自己的利益服务。因此，在信息时代的任何发达社会中，职业教育都是社会资本的一种主要来源，并为去中心化的、扁平化的组织提供基础。

　　的确，社会资本对某些部门和某些形式复杂的生产活动而言很重要，原因正在于基于非正式规范的交换，既能避免在大型等级制组织中发生的内部交易成本，又能避免在公平市场交易中发生的外部交易成本。随着商品和服务变得越来越复杂、难以估价和区分，非正式的、基于规范的交换活动的必要性也在日益加重。

从低信任度生产到高信任度生产

　　以亨利·福特的巨型工厂为代表的 20 世纪早期的工作场所，是一个以高度规章化、程式化为特点的等级制组织。在这里，由一个集权的、官僚化的等级体制来确立和控制细致的劳动分工，该体制还设定了大量正式规则来约束组织内的个体成员应如何行事。福特所施行的科学管理原则，是由工业工程师弗雷德里克·温斯洛·泰勒（Frederick Winslow Taylor）提出的。它包含一个隐形的前提，即管理情报（managerial intelligence）有一个规模效益的问题，如果情报被限定在白领管理层流通而不是分发给整个组织，可能组织的运作效率更高。

在这样的体系中，不需要信任、社会资本或非正式社会规范：每一个员工已被告知应该站在哪里、怎么行动、何时休息，一般来说，在他们身上表现出的任何一点点创造力或判断力都是不受欢迎的。不管得到的是奖励还是惩罚，员工纯粹为个人动机所策动，并且随时可以同其他员工相互调换。借助工会对体系的反制作用，蓝领劳动力要求他们的权利得到正式的保证，并尽可能在最小范围内明确其职责——于是就造成了作业控制的工会主义（job control unionism）和电话簿一样厚的劳动合同。[16]

泰勒制是协调低技能产业工人活动的有效手段——也许是唯一的手段。在 20 世纪最初的二十年中，有半数福特公司的蓝领工人是那些不会讲英语的第一代移民，直到 20 世纪 50 年代，仍有 80% 的蓝领工人没有高中学历。[17] 但泰勒制随即遇到了大型等级制组织的所有问题，包括决策过程缓慢，工作规则死板，适应新环境能力低下等等。从等级制的、泰勒式的组织演变为扁平的网络化的组织，需要卸除正式的、官僚化的规则的协调功能，将之转授给非正式的社会规范。在扁平的、网络化的组织内，权威并没有消失，而是以某种允许自我组织和自我管理的方式内化于组织之中。

一个精益化的或及时生产制（just-in-time）的汽车制造厂就是扁平的、后福特式组织。就正式权威问题来说，原先指定给白领的中级管理人员的职责，如今被蓝领的流水线工人自己以团队形式来承担。每天的生产计划、机器安装、工作纪律和质量控制，全由工厂最底层的劳动力来掌握和处理。

在高岗市（隶属日本名古屋地区）丰田公司的装配线的每一个工位上，都有那条著名的控制线，这根控制线显示出权力被下放到组织底层的程度，每一个工人都可以在发现生产过程中某个问题时停掉整条装配线。这根控制线就是博弈理论家所称的单元否决权（unit veto），任何操作者都能让整个群体的努力毁于一旦。这样的权柄要安全地向下授受，必须满足以下一些特定条件：劳动力要充分接受训练，从而能承担此前由白领中层管理人员肩负的职责，并且他们要怀有一颗责任心，懂得要用手中的权力为更大的群体目标而非个人目标服务。

在历史上劳资关系一贯紧张的地方没法实现这种权力授受。换句话说，后福特式工厂需要比全面制定工作守则的泰勒制工厂有更高的信任度和更多的社会资本。

正如许多研究成果所示[18]，精益化生产以创造大量利润为标志，提高了汽车业的生产力，同时也提升了产品质量。其原因在于，处理地方性信息的活动能更接近于产生它的地方：如果分包商提供的车门不合用，负责将它安装到车身上的工人就既有权力又有动力来确保该问题得到解决，而不是让相关信息在冗长的管理层次体系中来回传递最后不知所终。

地域和社会网络

社会资本对于实现一个扁平的、网络化的组织的重要性，还可以举出另一个例子：美国的信息技术产业。乍看上去，硅谷是美国经济中一个社会信任度和社会资本都较低的地区，在这里作为规范的是竞争而不是合作，如新古典经济学所描述的那样，在不带感情色彩的市场中相遇的那些理性的、追求功利最大化的人们，通过努力工作来实现效率。小公司多如牛毛，新的小公司还不断从其他公司拆分出来，在你死我活的竞争中，它们或异军突起或沉寂消亡。就业没有保障，终身受聘和忠心服务于某一家公司的事迹罕有听闻。信息技术产业相对不受约束的性质，以及风险投资市场的成熟，给高度的企业家个人主义（entrepreneurial individualism）创造了空间。

但是，众多有关硅谷技术进步的实际性质的更为详细的社会学研究，如安娜莉·萨克森奈恩（Annalee Saxenian）的《区位优势》

（ *Regional Advantage* ）[19]，则认为呈现于硅谷的是一幅不受约束的竞争性个人主义的场景。在现代经济中，社会资本并不是仅存在于公司个体内部，或体现在诸如终身聘用制等实践中。[20] 萨克森奈恩在比较了硅谷和波士顿 128 号公路的不同表现后指出 *，硅谷成功的一条重要原因在于当地独特的文化。萨克森奈恩清楚地揭示出，在硅谷表面看上去不受约束的个人主义竞争背后存在着大量的社会网络，它们将不同公司（从半导体业到个人计算机业）的个体联结起来。这些社会网络有各自不同的根源，包括共同的教育背景（例如都在伯克利或斯坦福获得电子工程学位）和共同的就业经历（许多半导体产业的关键性人物都曾共事过，如罗伯特·伊斯和安迪·葛洛夫在该产业发展初期都在仙童半导体公司工作）†，或是在其成长过程中受过 20 世纪六七十年代（旧金山）湾区反主流文化潮流所倡导的那些规范的洗礼。

　　非正式网络对技术发展的重要性有多方面原因。大量知识处于隐形状态，不容易转化为可在知识产权市场买卖的商品。[21] 底层技术（underlying technologies）和系统整合过程的极度复杂性意味着，即使是最大型的公司也无法在自己公司内部创造出足够支撑其发展的技术知识。技术流转可以通过公司间的合并、兼并、专利互换和正式结盟来实现，但关于硅谷技术发展的研究文献指出了大量研发工作的非正式性。对此，萨克森奈恩说道：

　　　　从准家庭关系中滋生的非正式社会交往，在当地生产者中

---

* 　译注：波士顿 128 号公路是和加州硅谷齐名的另一条美国的高科技走廊，在 20 世纪 70—80 年代盛极一时，自 80 年代以后逐渐走向衰落，但新世纪以来，通过制度创新等手段，该地区又呈现出新的活力。

† 　译注：罗伯特·诺伊斯（Robert Noyce）是集成电路的发明人之一，也是仙童公司（Fairchild Semiconductor）的早期创始人之一；安迪·葛洛夫（Andy Grove）则是英特尔（Inter）公司的创始人之一。

造成了无处不在的合作和信息分享。人们爱去山景城（Mountain View）的马车轮酒吧（Wagon Wheel bar），工程师们在那里聚会，交换想法和小道消息，这个酒吧已被誉为半导体产业发展的策源地……

　　大家都认为，这些充斥于大街小巷的非正式谈话是掌握商业竞争者、客户、市场和技术的最新消息的重要来源……在以快速的技术变革和激烈竞争为特征的产业中，这些非正式交流常常比行业杂志这类传统的、时效性较差的媒介更有价值。[22]

　　她认为，128号公路园区里的公司，例如数字设备公司（Digital Equipment），其专有专营的做派其实是一种不利因素。最终它既不能成为一家技术上实现垂直整合、能自给自足的制造商，又缺乏与竞争对手分享技术时所需的非正式联系和信任。

　　这些技术网络所具有的伦理和社会维度的意义，对实现它们的经济功能十分重要，通过下面这段话可以很清楚地看出这一点："当地工程师认识到，他们通过网络获取的反馈和信息的质量，取决于信息提供者的可靠度或者说可信度。只有那些与你有着共同背景和工作经历的人才能确保这种质量。"[23]因此，这些共享的职业和个人规范构成社会资本的一种重要形式。

　　其他一些作者从技术发展的其他方面对所谓实践社区（community of practice）的发展进行了分析。[24]他们发现，致力于某一特定技术发展的工程师之间往往会基于相互的尊重和信任而彼此分享信息。涌现出来的实践社区总是自成一格；除了共享相同的教育和职业背景外，它们常常跨越个体组织和专业分工所形成领域的边界。

　　相比其他产业部门而言，这些非正式网络在信息技术产业可能更为重要。在化学制药业中，公司的一大收入来源可能只是出于对某一单个分子的知识的掌握，这样的公司在分享其知识产权上自然会更加谨慎。就信息技术而言，情况则更为复杂，它涉及大量高技术产品和工艺流程的整合。将专有知识特定的一小部分与潜在商业对手进行共享所造成的直接损失，相对来说比较小。

由这类非正式网络造就的社会资本令硅谷得以在研发上形成规模效益，而大型的垂直整合的公司则做不到这一点。有不少文献谈到过日本公司的合作特点以及"经连会"（Keiretsu）组织成员彼此分享技术的方式。在一定意义上，整个硅谷可以被视作一个大型的网络组织，它在汲取组织内部专家知识和专门技能上的表现，即使最大的、垂直整合的日本电子科技公司及其经连会合作伙伴也无法做到。[25]

社会资本对技术发展固然重要，但这种重要性也造成了一些矛盾。其中一点是，尽管有了全球化，地理集中的优势依然重要——甚至可能比此前更重要。

迈克尔·波特（Michael Porter）等评论者曾指出，虽然有通信和交通技术的发展，但许多产业，特别是高科技研发产业，依然集中于某些特定的地理区域。[26]假如信息能通过电子网络被轻易分享，为何没有出现产业地理分布的进一步离散化呢？电子网络内非个人性的数据分享看来不足以形成硅谷中的那种相互信任和尊重；作为重复的社会互动结果的当面交流和互惠参与从而就必不可少。因此，尽管货物一类产品的生产可以分包给世界上劳动力成本低的其他地方，但精密的技术开发活动要想做到这一点就困难得多。

地域仍然重要，但这不意味着世界正退回到某种桃花源式的状态。在全球经济环境中，即使像犹他州普罗沃市一带这样广阔的、技术密集型的区域，虽然孕育了蓬勃发展的软件产业——包括如今落败的昔日巨头网威公司（Novell）和完美文书公司（WordPerfect）都坐落于此，但这些区域的规模依然不足以保证它们站在技术发展的前沿。"弱"联结仍然重要；想让创意和创新能自由流动，就需要网络彼此交叠。另一方面，没有社会联结，创意就很难转化为财富，在互联网时代，我们有了宽带和高速的网络连通，但社会联结仍然需要其他一些东西。

第13章

自发性的局限和等级制的必然

我们不仅看到大量显而易见的坚实案例，说明通过理性的谈判和协商是可以产生社会规范的，同时我们也看到，在信息社会里典型的高科技工作场所，非正式规范和自组织起着关键的、可能也是越来越大的作用。随之而来的问题是，作为集体行动问题解决方案的这种自发秩序局限何在。在有着自由主义取向的法与经济学一派中，许多人都以极端方式寻求以自发秩序的解决方案替代等级制的解决方案。有一个实践效果很好的经典案例，即以污染信用（pollution credits）的交易作为政府管治空气质量的替代手段，在1997年于东京召开的关于全球变暖的峰会上，美方谈判者便试图将这一概念引介给那些更倾向于主权论的同行们。*但也有人曾建言，可以为器官和婴儿交易建立市场。那么，自发秩序的力量止步于何处，而等级制又在哪里可以重新发挥作用呢？

---

* 译注：这里指的主要是《京都议定书》提出的温室气体排减量交易，而此概念源于1968年美国经济学家约翰·戴尔斯（John H. Dales）首先提出的"排放权交易"（missioning trade）；值得一提的是，恰恰是美国，至今仍未签署《京都议定书》。

自发秩序的不足

从埃莉诺·奥斯特罗姆等人的研究中，可以清楚地看到，自发秩序只有在某些明确的条件下才会产生，在许多情况下，它要么无法实现，要么从社会整体的角度看会导致不良后果。奥斯特罗姆举出许多相关事例说明，人们为共享公共资源（common pool resources）而建立规范的努力以失败而告终。[1] 在她对自我组织的条件的论述基础上，我们可以列举出社会并不总是能够达成自发秩序解决方案的若干原因。

规　模

曼瑟尔·奥尔森在《集体行动的逻辑》（*The Logic of Collective Action*）一书中指出，搭便车现象会随着群体规模的增长而变得愈发严重，因为对每一个个体的行为进行监督变得更加困难。医疗诊所的职员或律师事务所的合伙人很容易知道他们中是否有人消极怠工；而这对于拥有上万名雇工的工厂来说就不那么简单了。搭便车在前苏联和其他社会主义国家中是一个普遍的问题，因为往往大多数人都在大型工厂或机关中工作，所有的工资和福利都是作为一种公共物品（public good）被发放到他们手里。前面说过的各种察觉背叛者的生物学机理，针对群体规模进行过优化，主要适用于狩猎采集社会的那类群体，或不超过50—100人的群体。对于这样的社交圈，闲聊就是一种理想社会控制的形式。在一个非正式的网络内，有关谁可靠、谁诚实、谁懒惰、谁又不爱和人交往的信息很容易四下传播，不需要动用专门人员而仅凭群体自身就可以实现监督。当群体规模大于这个限度，系统就开始失灵。凭人来断定其信誉变得困难；监督与强制的成本增高，并受到规模效益的制约，需要授权给群体中被指定的成员以专门从事监督与强制活动。到了此时，警察、议会以及其他体现正式等级制权威的机构便走上历史舞台，开始发挥作用。无处不在的信息技术能够帮助我们在更大范围内把握人们的信誉，但对保护隐私的渴求最后会限制信息向陌生人开放。

边　界

要实现自发秩序，厘清群体成员的资格范围很重要。如果人们能随意地加入或退出某个群体，或者弄不清谁算是群体一员（也就不知道谁有权从群体所有的公共资源中受益），则个体成员就不太有兴趣为自己的信誉担心。这部分解释了为何存在许多变数的邻里街区，往往犯罪率较高而社会资本水平较低，比如那些正经历快速经济变化的地方，以及火车站和汽车站周边的地方。[2] 因为谁也不知道谁是真正的邻里街区成员，故而没法确定社区标准。

重复互动

艾克塞洛德揭示出，重复（互动）既是解决囚徒困境问题的关键，也是形成自发秩序的关键。在埃莉诺·奥斯特罗姆研究过的对象中，成功解决了公共资源分享问题的社区许多都是传统社区，几乎不存在社会流动，与外界也罕有联系，比如山野村民、稻农和渔民。人们只有在知道自己要在未来很长一段时间都同另一人打交道时，才会在意他们自己的声誉。有篇报纸文章提到，墨西哥的坎昆越来越受欢迎，是大学生春假聚会游玩的好去处。在坎昆的酒吧和迪斯科舞厅里，年轻男女恣意买醉和滥交，他们在家是不敢同样这么放肆的。用一个年轻女孩的话说，"你放纵是因为你知道这些人你再也不会遇见"。[3]

预先规范缔造共同文化

合作规范的确立常以一套为所有群体成员共同遵守的预先规范（prior norms）为先决条件。在第八章所举的蹭车事例中，之所以有那样的蹭车文化，原因在于，两点一线的通勤者都清楚他们全部是不具危害的政府雇员，可以彼此信任。为共享公共资源进行规则谈判至少需要参与者讲同一种语言。某一文化所提供的一份公共语汇表，不仅仅包含词汇，也包含手势、面部表情和作为传情达意讯号的个人习惯。作为生理能力的补充，文化帮助人们辨别合作者和欺骗者，并有助于传播行为准则，而后者能让人们在社群内的所作所为更在预料之中。人们更愿意惩罚那些破坏自己群体的文化规则的离经叛道者，而不是那些破坏其他群体文化规则的人。相反，要跨越文化边界形成新的文化规范则困难得多。因为甚少交流，人们会把对方的沉默作为蔑视或不友好的表现，而其实不是人家的本意。在极端情况下（波斯尼亚就是一例），文化群体（cultural groups）通过对他人暴力相向来证明自身。

文化在解决囚徒困境问题时作为一种信息来源所起的作用，解释了为什么在诸如美国这样的多种族国家，能够很容易根据种族区分组织起经济企业（economic enterprise）。按照我们前面所说的信任半径，由世界上各种不同文化所支持的各自不同的实存规范，彼此差异会很大。[4] 有些特定的文化（比如意大利南部的文化）不鼓励合作，因为这些地方的文化基于这样一类规则，如"只能信任直系核心家庭的成员，在别人利用你之前，抢先一步利用他"。[5] 另一方面，其他道德体系如清教主义则鼓励在彼此没有关联的更大人群范围内以诚相待。[6] 在陌生人中间鼓励诚信的文化规则，解释了为何在新英格兰殖民地定居的一群清教徒能不费周折地同他人建立起合作关系。难以解释的倒是，为何原本生活在西西里岛、社会信任度低的群体在移居美国后也往往按照种族来组建社区和从事商业活动。按道理，意大利南部的人更愿意照顾可信度高的美国佬（Yankee）而不是他自己社区成员的生意。

这种情况当然与美国商人不愿同（他们心目中）不值得信任的西西里岛人打交道有很大关系，长期实际存在的种族偏见也正是造成种族聚居区（ethnic enclaves）出现的原因。但即使抛开美国商人的做法不论，意大利南部的人和美国人如果能各自在自身群体的范围内共享各自的共同文化规范，则也能有助于他们读解双方共通的伦理行为。也就是说，尽管美国人中值得信任者的相对数量可能高于西西里岛人，但落差只是相对的。没有哪个群体会放任欺骗、谎言或投机行为的泛滥。（请记住前文曾断言的，所有人类种群中都混杂着天使和恶魔。）美国人和西西里岛人都同样需要具备把诚实可靠的人同恶魔区分开来的能力。在读解其他人的行为特征和组成社会网络（借此可以传播和处理信息）方面，每一群体文化都会给予其成员以帮助。因此，即使一个西西里人可能一般来说不如一个美国人那样行事可靠，但他仍然更有把握在西西里人群体中而不是一群沉默寡言的美国人中察觉投机行为。

权力与正义

还有一个因素制约着自发秩序在解决合作困境时的效用，那就是关于权力与正义的问题。非正式社会规范时常反映出某一群体支配另一群体的能力，而这种能力或是依凭群体更多的财富、权力、文化修养或智识能力，或是依凭赤裸裸的暴力和强权。支持奴隶制的那些规范便是一例。许多人会认为，这些规范并不代表它们是一场自愿协商的结果，因而不能被视为是自发的。但许多此类规范其实要比人们预想的更具自愿性。在古希腊和古罗马时代，人们不愿成为奴隶，但认同奴隶制的合法性，如果自己属于战败一方，他们也情愿接受当奴隶的命运。传统社会中的许多女性接受甚至欢喜于她们从属于男性的地位；尽管使父权制合法化的规范可能原本出于强权，但并不会被一直当做强权的表现。

换句话说，某些社会规范，即使为采用它们的社区所自愿接受，也可能是不公正的。本质上规范是公正还是不公正，对这一问题的判断已超出所有社会科学力所能及的范围。20 世纪的哲学发现面对的正是如下结论带来的难题，即没法合理地做出上述判断：文化相对主义和不同流派的后现代主义基于认识论提出，不存在一系列可判出优劣从而可供选择的文化。自由主义者中那些更积极支持自由意志、自由选择的人常会提出相似的主张：萝卜青菜，各有所爱；只要个体的诉求不对他人的诉求构成干扰，任何情况下都不存在某一等级的权威可以合法地站出来对个体的偏好评头论足、指手画脚。[7] 限于篇幅，在此无法对此问题进行详述，尽管如此，人们还是有无数充分的理由相信，评判对错有普适的规范，不管那些可能坚持相反规范的个体或社群信奉什么，这些规范都应得到实行。[8] 如果真能如此，我们才有理由断言，某个社群中自发演化出来的规范是错误的或不公正的。

等级制权威何时才应当出于公正或公平的目的、出面纠正某一自发性后果，这是一直以来左翼和右翼构成分歧的核心议题。理性的等级制权威得以壮大（用美国的说法即"大政府"），首先是出于社会对各种不公正待遇现象的明显需求——奴隶制、吉姆·克劳法案（Jim Crow laws）*、童工、无序失衡的市场、危险的工作环境、误导性广告，凡此种种。自法国大革命以来，政府权威一再在抽象的社会正名义下被滥用。就算抛开斯大林治下的苏联和毛泽东时代的中国不论，就基于 20 世纪美国的经验而言，人们也完全有理由对公共政策的能力提出质疑，质疑它们是否能在实现其目标的同时不会造成意想不到的或事与愿违的后果。不过，在适当情况下，需要等级制权威的干预，在原则上不能对这种需求打半点折扣。除了那些极端的自由主义者，大多数人会认同，许多道德上干系重大且不容易被自发纠正的问题，需要政府出面干预予以解决。

---

* 译注：吉姆·克劳法泛指 1876 年至 1965 年间美国南部各州以及边境各州对有色人种（主要针对非裔美国人，但同时也包含其他族群）实行种族隔离制度的歧视性法律。

缺乏透明性

通过社区内部个体之间重复互动而形成的非正式规范必然缺乏透明性，外人看来尤其如此。在社区内部，由于不了解规范、遭受诬告或过分的惩处，个体可能因此经受不公正的对待。规范往往出于稳定的、封闭的社区这一事实意味着，外来者会被人怀疑，比起在那种由严格而正式的法治形成秩序的环境里，他们融入社区的难度会更大。人们都知道，迁入一个谁也不认识谁的大城市要比迁入一个人们彼此都认识的小镇要容易。小镇上的人可能更加友好，但那里也遍布着许多不成文的规矩，外来者要花许多年才能弄明白。

非正式规范缺乏透明性，而它们的来源常因此被掩藏在非自愿的权力关系之中。下层人对上层人所显示出的尊重，究竟是一种自愿认可的行为，还是在后者暴力统治之下得过且过的敷衍？由石黑一雄（Kazuo Ishiguro）的同名小说改编的电影《长日留痕》（*The Remains of the Day*）讲述了一个英国管家的故事，由安东尼·霍普金斯（Anthony Hopkins）扮演的这一角色终身为其主人服务，但他这名主人最终被人揭露其实是一个支持纳粹的蠢蛋。该故事的可悲之处在于，这名管家最终认识到，他原本认为自己的一生会因奉受为其主人服务的原则而获得意义，事实上这不过是一场浪费。由于大多数逐步形成的非正式规范，其起源深藏于时光的迷雾中，令我们常常对其产生和持续存在究竟是为了哪般所知甚少。

219

坏选择的顽固性

尽管会出现不公正的、无效果或起到相反效果的规范，但有人会说，这些规范会自发地消逝，因为它们不能给践行它们的社区带来益处。法与经济学领域的研究文献常常使用一种明显进化论的假设，即某种意义上的适者生存以及由此而来的最终的"有效进化"（evolution toward efficiency）。也就是说，在公司竞争中，弱者会破产；社会中法律制度的竞争，不适用的会被淘汰；不同社会彼此竞争，表现更好的才得以存续。[9]

然而，由于传统、社会化过程和习惯的影响，不良、无效或反效的规范能够在一个社会系统中维持数代人之久。路径依赖是一个如今很流行的专业术语，它表明当前的社会关系（social relationships）有赖于历史或传统。一个基本的比喻是，一条穿过森林的道路，它迂回曲折之处正反映了那些最初修筑道路的人的困难和局限，比如河面上有浅滩或者丛林有凶狼。如果晚些年来修这条路，由于筑路技术的提高或者林中出现了空地，可能这条路会修得更加笔直，但过往对现有道路的投资说明，留用旧路的成本更少。[10]人类制度也是如此。比如，有关最终决定总统人选的选举人团（Electoral College）制度可能不在最初起草的宪法内容中，但现在没人要努力废除这一制度。

传统对于理解规范的重要性在于，人们常常根据习惯而不是所谓理性选择一类东西来行事。即使最初是经过理性谈判或审慎选择而形成的社会规范，它们仍是通过社会化过程代代相传，而这一过程又正是人们慢慢习惯某些行为模式的过程。由于许多社会规范将长远利益或群体利益置于短期利益或个体利益之上，故而对被要求遵守这些规范的人来说，它们常常是不受欢迎且难以忍受的。正如亚里士多德在《伦理学》一书中所说，德性不同于智性，它要通过习惯和重复才能获得，以致最初不受欢迎的活动最终变得受欢迎或者多少不那么招人反感。道德教育不是一种认知训练，在此过程中，人们逐渐认识到自身利益实际上体现在某一规范之中。这当然意味着，某种社会习性一旦习得，就不会像基于简单的信息而对某种观念或信仰失去信任那样轻易被改变。

社会化过程通过仪式化而得以加强。仪式通过创造能被代代相传的、程式化的行为模式使个体同社区联系起来。若按理性选择的视角来看，大多数仪式看上去随意而无意义，但它们能够被倾注无穷的情感；对它们进行干扰或改造会破坏基层社区的团结，因此会遭到大量的抵制。若按照支撑今日英国政体的民主原则论，英国君主制肯定一无是处。相反，它具有强化英国社会分层的负面作用，使血统凌驾于功业之上。有人怀疑，若非围绕君主制有着种种仪式和人们对这些仪式所倾注的情感，它随时都会消亡。

最初的糟糕选择，其影响常常被一种经济学家熟知的递增收益（increasing returns）现象严重放大。即是说，在适当条件下，拥有某些事物会带来更多这些事物的产出，就像是经过了一个放大器的反馈。这类例子之一就是孔雀的尾屏。达尔文以来的进化生物学家指出孔雀的尾屏是性选择的结果，为了找到最好的伴侣，雄孔雀和雌孔雀各自在其同性中通过不断的相互展示进行竞争。生物学家从理论上推断孔雀尾屏的进化可能是偶然事件的结果，出于某种不可知的原因，一些雌孔雀开始喜欢有着亮丽色彩尾屏的雄孔雀。这就造成了某种递增收益的情形：由于某些雌孔雀想同开屏显眼的雄孔雀交配，其他雌孔雀也选择这样的雄孔雀，因为这样能让它们的后代可以更容易找到配偶。想找这类雄孔雀的雌孔雀越多，促使后来的雌孔雀不得不如此选择的动机也越来越强烈，如此愈演愈烈。

人类制度也是如此：许多制度的存在不是因为它们有效或者与环境十分适配，而仅仅由于在制度发展的早期阶段它们从其他制度中脱颖而出。随着时间推移，原本很小且不经意的差异会被放大为巨大的差异。经济学家曾举过一个递增收益使人们被锁定在早期选择上的例子，即人们在微软的 DOS、Windows 系统和与之竞争的 CP/M 或 OS2 系统中选择了前者。微软的操作系统在技术上并不领先于竞争对手，但由于选择安装它的群体数量大，使得每个人都有使用它的冲动，因为这样便可以使用和共享更多的应用。[11]

正是出于以上原因，社区并不是一开始就能产生合作性规范，并且即使出现了这样的规范，也可能是不公正的，也正是由于这些原因，不公正的或者适得其反的规范可以长时间存在。这意味着自发秩序在任何社会都不可能成为秩序本身。在内战之前的美国南

221

方，使奴隶制合法化的社会规范不会通过自发地逐步演进而得以纠
正——起码不会在人们认为的符合道德正当性的时间限度内发生这
样的演进，而只能是由武力断然终结它；将它们强加于不情愿的
人群也只能通过高度威权的手段来实现。就像哈耶克自己所指出
的，以正式法律表现出来的国家权力，对于人类合作的扩展秩序
（extended order）而言总是一种必要的补充和修正。[12]

网络的缺陷

网络是当代的、组合（corporate）版本的自发性组织。一些有
远见者，如《网络社会的兴起》（*The Rise of the Network Society*）
的作者曼纽尔·卡斯特（Manuel Castells）宣称，我们正处于一大
社会转关之际，即从威权主义的等级制转向网络和其他彻底民主化
的权力结构转变。出于情理之中，在一个组合世界里，人们希望在 222
自愿、平权和对等的基础上做决定的愿景是诱人的，也符合抱有自
由主义乌托邦幻想的人所希望看到的景象，即政府权力完全被自愿
性团体及其内在的约束所取代。这种要求平等的热望说明了为何在
组织话语（organizational discourse）中使用生物学做比喻特别受欢
迎，在组织话语中，由上自下的、牛顿力学式的机械控制被认为不好，
而自下而上的、有机的自我组织则颇受赞赏。

我们可以认为，在未来的技术世界中，网络将变得愈发重要，
但也应该承认，等级制在可预见的将来会在组织中有一定程度的保
留，其原因有三。第一，我们不能把网络及作为其基础的社会资本
的存在视为理所当然，在它们不存在的地方，等级制可能是构成组
织的唯一形式。第二，等级制对组织实现目标来说，有着功能上的
必要性。第三，人们出于本性喜欢把他们自己按照等级制组织起来。

正如我们所见，网络只是社会资本的一种形式，人们在其中通
过共同的规范和价值观以及人们之间的经济纽带与他人建立联系。

在一定程度上，公司可以在对雇员进行社会化的过程中使之形成对某些价值观的共享，从而创造出社会资本。但这往往是一个既漫长又成本较高的过程，且每一作为个体的公司无论如何都无法创造出能连接本公司工人和其他公司工人的社会联结（social ties）。因此，它们必须依赖存在于周遭更广阔社会中的社会资本，但这种资本或许存在，也或许不存在。自组织网络更可能出现于这样的情形下，即置身于广阔社会中的人们，不仅拥有其他强有力的公共建制（communal institutions）＊，且人们不会因为阶级、族裔、宗教、人种或其他类型的分别而被割裂开来。

其中一个事例来自汽车产业。为了应对针对其出口政策的政治上的反对声音，日本汽车制造商如丰田和尼桑等开始在在北美设立工厂，但这些厂商一般都选择避开密歇根和其他有工会斗争历史传统的汽车制造业地区。对它们来说，更重要的不是工会规定工资所带来的高昂成本，而是具有悠久工会传统的美国工人团体不太能经受得住那种高信任度的管理方式，而这种方式正是精益制造（lean manufacturing）的基础。精益生产型工厂不仅在工作准则上需要更大的灵活性，也需要工人与管理者之间的双向交流，还需要他们意识到自己是企业共同体（common enterprise）的一部分。这就是为什么日本企业向美国移植最终选择了诸如俄亥俄州、肯塔基州和田纳西州的乡村这类地方。这些社区对工会组织的认同较少，有与日本大部分地区相似的小城镇特点。我不知道是否有从事精益制造的厂商考虑过，在西西里或其他意大利南部的低信任度地区设立工厂，但有理由相信这不会是一个明智的投资。自组织不是在任何地方都会发生。

想发挥社会资本优势的美国汽车制造商必须要花大量投资来创

＊　译注：有的学者将 communal institutions 译为社群机构，鉴于这里福山没有明指 institution 是机构还是制度，我们采用一个更加中性和包容的译法，即建制。

造社会资本，因为他们在何处设立其本土工厂的问题上不像他们的日本竞争对手那样灵活。福特公司在经历 20 世纪 70 年代的严重违纪和大幅减员后，80 年代迅速转向更为有效率的精益生产方式。福特公司清楚，既然避不开工会，它就得通过长期努力建立起与工人的信任关系，以此达成与工会的团结。福特公司指派一位高级副总裁与全美汽车工人联合会（United Auto Workers，UAW）的主席进行紧密合作，并制定了一条基本政策，即不与抨击工会的零部件供应商做生意。1997 年，公司拒绝从约翰逊控制有限公司（Johnson Controls，又译江森自控）购进零部件，当时后者正卷入一场事涉全美汽车工人联合会的激烈的员工罢工和资方停工事件。[13]福特公司的这一立场激怒了约翰逊控制有限公司，但这一策略后来取得了成效，福特因此而获得实实在在的劳工和平，并得以顺利地实施公司自身的精益运营（lean operations）。

与之相比，通用汽车虽然建立起一套及时供应（just-in-time supply）的作业方式，但没有把握到社会资本是确保这套作业方式正确运转的关键。通用在争取全美汽车工人联合会的信任上付出甚少，只是指定一名在公司管理层中位置低下的小主管负责打理劳工关系问题。严格的交货时间表让及时生产十分依赖信任与合作；如果某一零部件未能按承诺的时间交货，延误就会波及整个生产链条。在 1996 年和 1998 年，通用遭遇两次打击沉重的罢工，它们都是由事发地的本地工人联合会成员发起，随即迅速扩展到通用在整个北美地区的企业。1998 年的罢工事件给通用造成了 16 亿美元的利润损失。

如上所述，日本公司向美国移植工厂时，利用了移植地社区既有的社会资本，福特公司在原本社会资本很少的地方花大力气创造社会资本，而通用汽车起初没能意识到社会资本的重要性，并为此付出沉重的代价。

一旦社会资本缺乏，等级制组织就会发挥重大的作用，实际上可能是将低信任度社会组织起来的唯一办法。经典的泰勒制不需要在工人和管理者之间建立任何信任关系，只需要处于底层的工人遵照正式规则行事即可。对工人进行激励靠的就是胡萝卜加大棒的软硬兼施；泰勒本人则是以促进产量提高为目的的计件工资制的重要倡导者之一。工人没必要将组织的目标归入到自己的目标系内，也没有理由把老板视为大家庭的一分子。对于技能和受教育水平较低的工人，等级集中制（hierarchical centralization）可以保证他们不必为自己的事操心。在 20 世纪 30 至 40 年代苏联迅急的工业化过程中，泰勒制被苏联的管理人员运用得十分有效，农民从田地里一下被带到大型工业企业来工作。那时没有其他选择的余地：斯大林主义和恐怖政治的经历使人们之间的横向联系被切断，此前残余的社会信任也被彻底摧毁，以至于整个苏联社会变得原子化。

随着学历要求和技能水平在当代经济中的全面提高——正如美国所发生的那样，需要采取泰勒制组织形式的经济部门的数量会减少。不过，一部分劳动力培训起来依旧困难重重，国家中既存的许多社会、族裔、阶级、性别和人种方面的判分，会阻碍作为社会资本基础的共享规范在人群中传播，甚至在受过良好教育的工人中间也会如此。这使得等级制组织仍将是一种重要的协调手段。

组织分层制度不会消失的这第二个原因，不仅适用于那些夕阳产业中的低技能劳动力，甚至也适用于最先进的高科技公司。许多情况下，等级控制比非集中化管理更加行之有效。尽管网络可以调动更多人的智慧，让他们勇于冒险、探索有效的做法，从而使网络可能更具创新力，但有时候一个集权的等级制的果断决策是非常关键的。

试想一下像 1944 年 6 月诺曼底登陆这样的行动吧。为了实现突袭的隐秘和突然，盟军指挥官不得不对军队调动和信息流动加以严格控制；而为了确保部队在适当时间登上指定的海滩，就需要对资源分配进行专断控制。集权组织比网络的行动速度要快得多，后

225

者那种基于共识的决策方式会令行动受到阻滞。如果德国人在 6 月
4 日就得到盟军来袭计划的风声，并把军队调往诺曼底，后果该作
何设想？如果你是艾森豪威尔，在当时情况下你是愿意让盟军按等
级制还是网络方式来运转呢？在一场关于网络决策的实验中，剧场
中的人们一齐模拟驾驶飞机，他们通过表决来控制飞机向上、向下
或向一侧飞行。[14] 实验表明，经过一个学习过程，这群人最终能够
成功地操控飞机的行驶，尽管没有哪一个人能单独控制它。这是一
个令人印象深刻的有关网络协调（network coordination）的事例，
但我怀疑，大多数人在乘坐波音 747 飞机时，更愿意把自己的性命
交于单独一位称职的飞行员之手。

　　网络协调也可能风险极高。网络的一大优点是，许多接近地方
性知识源泉的个体或次级部门（subunit）能持续地创新、实验和冒
险。但当一个公司将"赌上公司"（决定公司命运前途）这样的大
权交托给一个职位较低的员工时，这种优点就会成为一个巨大的不
利因素。这样的事情其实已经在久享盛誉的英国巴林银行的投资公
司那里发生过，该公司曾允许一位年方二十九、名叫尼古拉斯·里
森（Nicholas Leeson）的新加坡驻地交易员动用大量公司资本进行
冒险投资，结果让他仅凭一人之力就埋葬了这家有着二百三十四年
历史的金融机构。那些比巴林银行稍为幸运的、没有葬送在低职位
雇员所做的错误决策中的公司，通常是很快在员工管理的等级控制
上添加新的等级，从而避免类似灾难再度发生。

　　实际上，20 世纪 90 年代中兴起并横扫美国管理界的非集中
化、组织扁平化和网络的发展热潮，常常以一种幼稚的重起炉灶的
水平在进行。高度分权的公司和"被赋予权力"（empowered）的
底层员工，这种现象以前就出现过，并以失败告终。零售商西尔斯
百货（Sears）就是一例，20 世纪 30 至 40 年代，在罗伯特·伍德 226
（Robert E. Wood）将军的领导下，该公司将实际权力下放给分区
副总裁和地方门店的经理。如此做的理由跟今天一样：塔拉哈西

（Tallahassee，美国佛罗里达州首府）的门店经理远比在芝加哥的西尔斯大厦中的管理层更了解，应该在本地市场投放哪些商品进行销售。由此产生的问题是，很多被授权的基层管理人员开始按照自己想法行事，而其想法常常不能与公司整体的布局相一致，例如在20 世纪 70 年代，有些汽修经理利用西尔斯诚信、优质服务的声誉，玩起挂羊头卖狗肉的营销伎俩。[15]

在非集中化的组织里，功能失调常常表现为“部落主义”（tribalism）的形式，某一部门的主要兴趣发展到只是打击另一部门而不是打败外界的竞争者。20 世纪 50 年代在福特汽车公司就发生过类似的事情，公司内部的两派在销售大陆马克 II 型（Continental Mark II）汽车时发生了冲突，一派希望用它来吸引高收入家庭走入福特的展销厅，借此更好地推销福特的全线产品，而另一派则以节约成本为由阻挠一种四门车型的开发，使这一营销策略无从实施。[16]

在缺乏正式的管理控制的情况下，公司可以通过让员工诚心奉守他们可以接受的行为准则，来防止肆无忌惮的个体员工做出有损公司利益的事情。换句话说，在一个权力高度分散的组织内，只有社会资本才能让这类问题无处遁形。这一点可以、也确实常常通过培训来实现，或是通过甄别雇用那些品行端正的员工来实现，但这样投资于社会资本往往成本很高。并且，对非集中化管理的公司构成影响的部落主义，通常不是缺乏诚信和培训不足的产物，而是过分热烈地追求次级部门的目标甚至不惜以牺牲整个组织利益为代价的结果。在实行非集中化的组织里，管控行为的非正式规范可以在灵活性和风险性之间达成一个最优平衡，但它不保证两个目标都得以实现。当风险变得足够大时，正式控制就变得必要了。

吊诡的是，扁平化组织或网络的正常运转需要社会资本，而要创造这种社会资本，有着领导和魅力领袖的金字招牌的等级化组织往往是必需的。这些都是社会学家和政治学家所熟知的概念，但对经济学家来说比较陌生。大量有关组织和官僚制的研究文献都发现组织具有正式和非正式的结构，并指出后者对于前者正常发挥作用的重要意义。通常情况下，引领某一特定组织的非正式的群体精神（informal ethos）是榜样教化的结果。如同在政治生活中一样，伟大领袖是那些能够通过自身人格和榜样的力量让人们按特有方式行事的人。管理专家埃德加·施恩（Edgar Schein）提供了无数小规模事例，以说明领导者如何形塑企业文化，比如离开办公室到车间中走动，与工人共担人身风险，或是绕过公司各级部门直接与工人接触。[17] 像美国林务局和埃德加·胡佛（J. Edgar Hoover）领导下的联邦调查局这些最有效率的政府官僚部门，都有着为领导者强烈个性所塑造、常常带有鲜明个人特色的非正式文化。[18] 网络，顾名思义就是群龙无首的；榜样和规范都必须从底层涌现。如果创造社会资本的规范一开始并不存在于组织中，那该组织要想在内部产生社会资本，其难度要远大于一个拥有强力领导的等级制组织。

"等级人" *

等级制（hierarchy）不会很快从现代组织中消失还有最后一个原因：人类本性上喜欢按照等级制将自身组织起来——或更准确地说，那些位于等级制顶端的人发现承认其社会地位会给他们带来巨大的满足，其愉悦程度往往超过作为幸福之源的金钱和物质财富所能带来的。位于等级制最底端的人虽然谈不上有多喜欢这一制度，但他们通常别无选择。不管怎么说，现代社会遍布等级结构

---

* 译注：福山在这一节标题中采用了拉丁语"Homo Hierarchicus"，它源自法国人类学家路易·杜蒙（Louis Dumont）所著的 *Homo Hierarchicus: Essai sur le système des castes*，台版中文本译者定名为《阶序人：卡斯特体系及其衍生现象》，其实就是指按照等级或层级组织起来的人，在这里我暂且采用"等级人"这一译法。

（hierarchies），大多数人能够最终在其中觅得一个中等乃至偏上的位置。还有，人们最反感的不是原则上的等级制，而是他们沉沦在等级制的底层。大多数成功当权的激进的平等主义者，如法国人、布尔什维克和中国的共产主义革命者，在短时间内就设法建立起各自不同但在等级森严上相差无几的社会结构，其中最后站在权力等级之巅的不是国王或商业巨头，而是党的书记。今天，我们往往不是根据血统来赋予人们社会地位；如果在选择神经外科医生时根据的是那位候选者是某位神经外科医生的孙女，就会显得有些荒唐。但才华与能力的等级依旧得到划分。大多数人不会把神经外科医生和医院门卫同样划归到"卫生保健工作者"这一类别中——尤其是神经外科医生自己不会这么想。

228

为身份等级展开竞争是大部分动物世界的特点，尤其是与我们人类最亲密的灵长类亲戚的特点。动物世界中出现的大多数等级结构都是性选择的结果，在这一过程中雄性为了获得接近雌性的机会而彼此展开竞争。雄性黑猩猩一心想着如何争夺到头领黑猩猩的位置，这种欲望深植于他们的神经系统中。当雄猩猩在某一等级体系中夺取最高地位后，它们会感觉到"血清素升高"（serotonin high）。[19]事实上，在一场实验中，研究者通过控制猴子颅内的血清素水平，便能做到提高或降低不同猴子的支配等级。[20]抗抑郁药物百忧解（Prozac）也是通过人为控制人脑对血清素的容受性来达到治疗效果。

对地位的追求也同样被内置于人类的情感系统中。被承认的渴望——包括对自身社会地位的承认和对其信仰、国别、人种、民族、理念等状况的承认——是人们政治生活背后的核心驱动力。[21] 当一个人在适当的地位上得到普遍承认，其自豪感会油然而生，而得不到适当的承认则会感到恼怒。这些情感天然是社会性的：当一个人因为不被人承认而感到恼怒时，他想要的不是身外的某种实物，而是寻求出自另外一个主体意识的一种心理状态——即承认——的依据。常常出现这样的事例，一时之怒会令人做出明显不符合自身实际利益的事情，比如因为民族或宗教认同问题而开战，进行生死决斗，卷入暴力性的冤冤相报，或经年累月守在法庭上直到杀害妻子或儿子的凶手被绳之以法。

地位的竞争和被承认无疑也是经济生活中的重要影响因素。许多被看做是经济动机的东西（通过实物商品的获得来实现对"偏好"的满足），并不是那么的出于消费的欲望，反而更多出于经济学家罗伯特·弗兰克所说的"地位性商品"（positional goods）——即一个人在社会等级（social hierarchy）中相对其他人所处的位置。亚当·斯密在《道德情操论》（*Theory of Moral Sentiments*）一书中清楚地阐明了这一点，即富人追求财富不是出于需要，他们这方面的需要往往不多，而是因为"富人因其所拥有的财富而感到荣耀"，以及"感到财富自然会引起世人对他的注意"。[22]

当代生活中身份的重要性可以从许多现象中显示出来。罗伯特·弗兰克指出，美国公司的收入明细表中显示的收入差距，实际上要比经济学理论（设想工人的报酬严格按照其边际生产力来发放）所预计的差距要小。[23] 原因在于，报酬较其他人高出许多的员工，其部分报酬是以地位方式显现的——比如角落里的单间办公室、大门边上的车位或者一个副总裁的名牌，而职位较低的员工由于地位不如前者，不得不对之予以金钱上的补偿。

全部与经济生活有关的事情关注的都是地位而不是财富，在这一点上也许最令人信服的证据是民调专家在屡次调查中发现的一个事实，即他们与其他人相比越是富有，则会觉得他们自己越是幸福。更确切地说，处于收入分配等级顶端的 20% 的人认为，他们比收入相对较低一级的那 20% 的人要幸福，以此类推，收入水平处于最低等级的那 20% 的人觉得自己最不幸福。这看上去是证明了金钱可以买到幸福，而弗兰克认为一直以来都是如此，回头看 20 世纪 40 年代开展的最初若干次调查，那时最富有的 20% 的人所拥有

229

的绝对财富其实不比 20 世纪 90 年代中等富有的 20% 的人多。并且，在十分贫穷的国家里，处于收入分配等级顶端的人，也许在美国只能勉强算是中产阶级，但他们仍然认为他们是最幸福的。[24] 所有这些情况表明，与幸福有关的不是绝对收入而是相对收入，并且，正如斯密所说，金钱带来的满足感与富人因其财富而"感到荣耀"的程度有关。

一旦人类追求地位甚于一般的物质财富，他们所展开的就是一场零和（zero-sum）博弈，而不是一场正和（positive-sum）博弈。也就是说，获得更高的地位势必损害他人的地位。在零和竞争中，古典经济学开出的许多传统的补救措施，比如不受管制的市场竞争，就不再有效。地位竞争时常导致社会效用的无谓损失，因为竞争参与方会相互抬价。为了不落于身份地位相当的邻居之后，你会去买价格不菲的宝马车，他们则会不甘示弱地买一辆劳斯莱斯。你们的相对地位并没有改变，但两家豪华轿车公司却从你们两人的财富里各自大赚一笔。像这类情况，比较好的做法一般是双方约定不再竞争（就像是一份同样用来解决零和博弈的军备控制协议），或有一个仲裁者出来限制竞争的激烈程度。

想象一幅扁平化的、网络化的、没有等级的未来世界图景，相当于想象一个没有政治的世界。这种极端自由主义的梦想——顺便一提，在柏林墙倒塌之前的东欧，很多人权活动人士都怀有这样的梦想——同政治成为一切的社会主义梦想或不把男人当男人的激进女权主义梦想一样，都不太现实。[25] 每一代人都试图重新定义把政治同公民社会和市场区分开的界线。到了我们这代人，这条线已经从政府那边被移开。原先被归属于政治的功能，经过私有化和放松管制，业已被重归于公民社会或市场。同样，在企业层面，权力和权威也已被下放、分散、外包和分解。但政治和社会的分隔线永远不会消失：社会秩序，无论是整个社会层面的还是整个组织层面的，始终都会产生，且来自一个既有等级制又有自发性的源泉。

230

第14章

超越"76号洞穴"

让他们都见鬼去吧，除了76号洞穴的人。

——76号洞穴洞歌，语出梅尔·布鲁克斯（Mel Brooks）的
《两千岁的男人》*

从本性上来说，人类是社会性生物，与生俱来就具备解决社会
合作问题和创立道德规则以约束个体选择的能力。他们能在个体追
求日常目标和同他人的互动过程中自发地形成秩序，而不需要太多
激励。把孩子从哈梅林（Hamelin）带往异土的花衣魔笛手（Pied

---

* 译注：梅尔·布鲁克斯（Mel Brooks）和卡尔·雷纳（Karl Reiner）在20世纪60—70年
代创作了系列短喜剧，这些喜剧的情节内容主要通过雷纳与一位世界上最长寿的人（由
布鲁克斯扮演）之间的问答形式展开。在一次手术后，布鲁克斯说自己感觉像是一个有
两千多岁年纪的人，雷纳便趁机开始询问布鲁克斯的感受和两千年来的见闻，于是有了《两
千岁的男人》这场喜剧。剧中有这样一小段问答，雷纳扮演的角色问活了两千多岁的布
鲁克斯，现在的国家都有国歌，那么两千年前的人有没有国歌？布鲁克斯回答说那时候
有很多洞穴，住在每个洞穴的人们都有自己的"洞歌"，其中76号洞穴的洞歌歌词是，"其
他人都见鬼去吧，除了76号洞穴"。这种价值观与"狭隘的民族主义"本质是一样的，都
极端排外。

Piper)[*]，恐怕不会看到这些孩子以一种蝇王（Lord-of-the-Flies）式的暴力自相残杀[†]（除非孩子们中间性别比例严重不平衡，同时假定花衣魔笛手自身也没有什么政治野心）。尽管这些孩子对父母的文化传统记忆不多，但他们仍可以建立起相差不大的新传统。他们的新社会也有一套血亲制度、私有财产制度、货物交换体系、身份等级制和许许多多约束个体行为的其他规范。诚实、可靠、守诺和各种形式的互惠，至少在原则上几乎为所有人尊重，并在多数时间里为大多数人所奉行。这个社会里也会有欺诈、犯罪和其他形式的社会异常现象，以及控制这些异常的社区机制（community mechanism）。小孩子无需太多教导就懂得世界上有好人和坏人。他们对社区内部的人有强烈的休戚与共的感情，而对外部的人的感觉，好的情况下是心存戒备，不好就会公然敌视。他们，以及他们的子孙后代，会无休止地张长李短，议论着谁调皮谁乖巧、谁重然诺谁爱告密、谁性情轻佻谁朝秦暮楚。所有这样的流言蜚语都会有助于维系寻常的道德——那种在家庭内部、朋友和邻里之间被践行的道德，也构成社会资本的源泉。

　　再强调一遍，哈梅林的孩子们，无需先知带给他们神谕，也无需立法者为之建立政府，就能自发地创造出全部规则。他们会这样做因为他们是人，本质上就是道德的动物，有着足够的理性来创立使他们得以共生共存的文化规则。

---

* 　译注：德国的传说故事中有关于花衣魔笛手的一则，讲的是在几百年前，德国一个名叫哈梅林（Hameln）的村落发生了严重的鼠疫，恰逢一个自称捕鼠能手的外地人路过，村民许以重酬请他除去鼠害，于是他用神奇的笛声将所有老鼠引到河里淹死，但事成村民违反诺言不付酬劳，吹笛人愤然报复村民，伺机用笛声将村里的小孩子拐走，不知所踪。1933 年，美国曾将该传说改编成动画短片上映。

† 　译注：《蝇王》是诺贝尔文学奖获得者英国作家威廉·戈尔丁（William Golding）的代表作，是一部具有深刻意义的哲理小说。故事讲述了在未来爆发的一场战争中，一群孩子乘飞机疏散时，在海上遇事故迫降于一座荒岛上，最初孩子们尚能团结一致，但由于 "野兽" 的出现令他们产生恐惧，而恐惧使他们分崩离析，最终一步步发展为相互残杀。

如果寻常的道德在某种意义上是天然形成的，是人类自发性交往的结果，那么，在这个场景中缺少了什么呢？先知和立法者会给可被我们称之为的"新哈梅林"带来哪些缺失的东西呢？等级制形式的权威又会怎样对自发性秩序进行必要的补充呢？

首先，这里缺乏的是规模。哈梅林的孩子包括他们的后代将生活在一个 50 到 100 人的侨居群落里，这在某些方面与阿恩海姆的黑猩猩聚居群落没有什么太大差别。大多数成员与其他成员有着亲疏不同的亲属关系；实际上，除非遭遇另一个外来群落，否则很难在其中找到一个与其他成员没有亲属关系的个体。新哈梅林即使按照等级制组织起来，也会相对平等，领导者和被领导者之间没有大的区别。但这样一个群落不可能建成城市，也不可能创造出属于城市生活的一切事物。这里不会有劳动分工、非人格化的市场和规模经济，也不会有受法律保护的财产权，因此也就没有长期投资行为，几乎不存在文化多样性。这里不会有高雅艺术，出不了米开朗基罗或巴赫，因为他们的创作必得依靠井然有序的农业社会所产生的大量剩余财富为支撑。这里建不出金字塔、帕台农神殿，更不用说凡尔赛宫。小说、科学研究、图书馆、大学、医院，这类事物理论上哈梅林的孩子们能够创建出来，但他们不会这么做，因为他们所在的自组织的、相互平等的部落会维持小规模状态，陷在贫困的泥潭中难以自拔，也就无力考虑每日生存以外的事情。 233

换句话说，在本书第 8—10 章中所详细叙述的种种生物学机制，诸如亲属选择和互惠利他原则，能够解释狩猎采集社会的社会性，包括家庭、部落和其他小型群体的社会性。第 11—12 章中叙述的非生物学的自组织机制则可以对调控规模更大一些的群体（参与成员达到数百乃至数千人）的社会规则做出解释，同时也能解释在业已存在政府和法治的社会里大规模的自发秩序何以产生。但当自发性群体规模过大时，各种公共物品问题，诸如谁能参与制定规则的协商、谁来监管搭便车者、谁来执行规范等，就变得令人束手无策。埃莉诺·奥斯特罗姆所列举的有关公共资源的各类规则，构成了"小文化"（首字母小写的 culture），即适用于小社区的小规则，一般不被认为与大型的、重要的文化系统有什么关联。当在最大规模的群体（民族、同语言族群、文明）层面考察规范的形成时，有关自发秩序的研究文献就做不出相关解释。"大文化"（首字母大写的 Culture），诸如伊斯兰教、印度教、儒教或基督教文化，都没有自发性的根基。

　　这里还有一个道德问题。与寻常的道德共存的是社会组织高层人群的道德败坏，其实，前者正是后者的前提条件。一群没有组织、我行我素的乌合之众，没法像苏联在 20 世纪 30 年代集体化运动中屠杀富农那样，完成一场系统性的清洗。美国内战中死命捍卫奴隶制的南部联盟的士兵，或参与犹太人大屠杀的德国士兵，在身处自己的社区时，常常表现出诚实、勇敢和忠诚的品质。特别是德国人，他们以坚持奉守秩序而著称，就算是在押送囚犯前往集中营时也不会擅闯红灯。但这种使个体不愿违反交通规则的寻常道德，到了高层群体那里，就可能促成最恐怖的暴行。我们希望被人喜爱和敬重，也希望与人们保持一致，但这样的愿望会让陷入某一邪恶的政治体系中的个体去贯彻最无人道的秩序。属于全人类层次的道德，要求我们违背仅仅那些深感于心的、面向我们各自群体的忠诚和互惠规范。[1] 现时代出现的道德方面的巨大冲突，不在于寻常道德的缺失，而是人类群体容易狭隘地基于人种、宗教、族裔或其他主观武断的特征来定义自身，并因此与其他被予以不同定义的群体争斗不休。

　　政府能组织起大规模社区，并将社会秩序转化为政治秩序，而立法者对于政府的建立则是必需的。人类能通过创造两至三级的等级制，将家庭凝聚成部落和家族，将部落凝聚成联盟，并最终将所有次级的社会团体凝聚成一个政治共同体（political community）或者国家，在这一点上，他们比所有其他动物走得都远。[2] 如政治学家罗杰·马斯特尔斯（Roger Masters）所说，国家也许真的有其

234

生物学根源。[3] 亚里士多德说，人在本性上并不是社会性动物，而是政治性动物。他这么说的根据是，除了一小部分相互隔绝的新哈梅林，各个地方的人类都生活在各自的政治共同体中。人们不只是希望通过家庭、朋友、邻里、教会、志愿者协会等方式与他们建立联系，他们还想要统治、领导他人，还通过等级制来塑造他们的共同体，并希望这种做法得到认可。

等级制对于纠正和弥补自发秩序的缺陷和局限是有必要的。它起码在防御和财产权保护方面能提供相应的公共物品。但除此之外，政治秩序可以至少三种不同方式对创造社会资本提供帮助。首先，它直接通过立法来创造规范。"人们不能为道德立法"的说法只是部分正确；国家不能强令个体遵守那些违背人们重要的天然本能和固有利益的规范，但纵观历史，它可以并且业已塑造了种种非正式规范。20 世纪 60 年代通过的《公权法案》（Civil Rights）和《选举权法案》（Voting Rights Acts）击败了种族隔离法案，对改变与种族有关的大众规范至关重要。

政治秩序缔造社会规范的第二种方式是为平稳的市场交换创造条件，从而为自发秩序（形成于超越亲自往来型社区边界的市场）的扩张创造条件。有了可靠的、能得到强制施行的财产权保护，买卖双方可以远距离地进行交易，即使出现欺诈也有所依靠；投资者能为赚取远期收益而进行投资。在没有国家和缺乏产权的情况下，也会发生一些交易以及更少一些的投资；甚至在政治秩序已然崩溃的战争地带人们也能以物易物。但没有国家，我们所认识的现代经济世界必然无由产生。

最后，政治通过领袖和超凡魅力（leadership and charisma）来制造社会资本。此前我曾指出，在团体环境中，个人常常能够塑造其所在组织的习惯和目标。对于政治也是如此。产生政治秩序所需的美德，不同于产生社会秩序的。哈梅林的孩子们践行的美德，我们可以视作与社会资本相联系的低微（small）美德：诚实、守信、互惠，等等。尽管对于政治秩序而言它们也很重要，但政治秩序需要其他更高级的且更少观察得到的美德，例如无畏、果敢、政治才能和在政治上的创造性。从梭伦（Solon）、莱库古（Lycurgus）到彼得大帝（Peter the Great）和亚伯拉罕·林肯（Abraham Lincoln），这些政治家并不仅仅是把从身边涌现出来的规范确立为法则。在通过他们的个性和个人典范作用来创立马基雅维利所说的政治生活中的"新模式和新秩序"过程中，他们功不可没。乔治·华盛顿在位时表现得十分谦逊，断然拒绝了各种为之精心打造的荣誉称号，尽管许多国民都希望他成为准国王式（quasi-royal）的终身总统，但他在两任总统之后便不再谋求连任，这些都给美国后来的民选总统的行为提供了意义重大的先例。

等级制的宗教一直就是政治的婢女，作为一种能将宗族按照两至三级联盟的方式构建为一个帝国的等级制手段，宗教的作用几乎不逊于政治。人类历史的大部分时候，在国家的等级制权威和宗教的等级制权威之间并没有严格的分野。国王和大主教掌管着同一片土地，并且常常就是同一个人。宗教赋予政治统治以合法性：儒教经典为中国的官僚统治提供了支持，神道教在日本推广了对天皇的崇拜，欧洲的国王则利用君权神授实现统治。印度教、基督教、伊斯兰教都无偿借助国家权力来传播和推行它们的教义，而且经常是在战争的节骨眼上这么做。按那句拉丁谚语的说法，"教随君定"*。

超越国家界限的最大规模的人类共同体（human communities）实际上就是宗教性的。许多这样的共同体都可以追溯到所谓的轴心时代，并且它们中的大多数都分别起源于某一个人的学说——孔子、基督、佛陀、穆罕默德、路德、加尔文——或是数量较少的一群人的教导。虽然宗教组织的等级制权威对于形成寻常的道德准则并非

²³⁶

---

* 译注：福山在这里用了一句拉丁谚语"Cuius regio, eius religio"，英译文是"Whose realm, his the religion"，这句话有时也被译为"教随国定"，似不确切。

必需，但它对于历史上文明的形成绝对意义重大。按照塞缪尔·亨廷顿（Samuel Huntington）的说法，那些其疆域至今仍能划出世界政治的断层线的伟大文明（包括伊斯兰、犹太、基督教、印度以及儒教文明）本质上是宗教性的文明。[4]

等级制宗教也在另一个关键方面对形成道德规范起着重要作用。不管是我们喜好社会合作的生物学倾向，还是通过非集权化的讨价还价所形成的自发秩序，都永远不会导致道德普遍主义（moral universalism）——即适用于所有够资格作为人类的人的道德准则，而今天的人类平等、人权之类的观念正有赖于这些准则。天然秩序和自发秩序最终只会加强小群体的自私性并导致一个小的信任半径。它们带来了诚实和互惠的日常美德，也造成了等级和秩序，但仅仅是在相对较小的社区（communities）内。它们还会引起梅尔·布鲁克斯所说的76号洞穴人的道德，即"非我洞人死不足惜"。洞外之人成了集体侵害的恰当目标，就像贡贝的那些惨遭同类杀害的黑猩猩。

我们通常把宗教激情同集体暴力相联系，故而那种认为等级制宗教对打破人类共同体（human communities）之间的壁垒功不可没的观点则看似有些突兀。北爱尔兰的清教徒和天主教徒，波斯尼亚的穆斯林教徒和东正教徒，斯里兰卡的印度教徒和泰米尔族人，他们之间的冲突常常成为新闻焦点。但如果我们从长时段的视角考察人类历史就会发现，宗教对于扩大人类社会的信任半径起着相当重要的作用。人类进化过程中，竞争与合作总是难解难分地交织在一起：我们捍卫自己所在团体的秩序是为了能够更好地同其他团体展开竞争。但团体的规模不断在扩大，超越了家庭、部落，也远远超过了76号洞穴的规模。为在更大的社区中确保秩序、规则与和平，社会历经了一个漫长的进化过程，今日有组织的宗教群体相互间的激烈竞争就是这一进化过程的结果。现在用以解释现象的基本单元不是家庭或者部落而是文明，这一点要归功于宗教。

237

并且，正是宗教最先提出，道德准则应被施行于其间的最终共同体——最终的信任半径——就应该是人类自身。这种道德普遍主义存在于许多轴心时代涌现的宗教中，包括佛教、伊斯兰教和基督教，而正是基督教将人人平等的人权观念传给了自由主义和社会主义这类世俗学说。也许任何现行的宗教都无法让对道德普遍主义的向往成为现实，但这种向往却是宗教所创造的道德世界（moral universe）不可或缺的一部分。

构筑更高层次等级制的任务只有在现代西方世界才从宗教那里交付到国家手中，因为国家有着官僚机构、正式法律、法庭、宪法、选举等复杂周密的机制。在早期欧洲，教派冲突的破坏性实在太大，于是自由主义的创立者，如托马斯·霍布斯和约翰·洛克等人，为共同体构建了新的基础，这种新基础使国家走向世俗化，并大幅减小了由政府权威强行推广的共同价值观的数量和涉及范围。作为本书第一部分话题对象的后工业化自由民主政体，就是这一创新的最终结果。

一个现代自由民主政体，它在整体上所共享的价值观，从性质上看越来越倾向政治性而非宗教性。曾经有一度，大部分美国人认同把美国描述为一个"基督教国家"；如今只有一小部分人持此观点，而且要接受社会中其他人极度怀疑的目光。大多数美国人可能更愿意按照某些世俗的价值观，如民主、权利平等、立宪政体等，来理解其民族共同体（national community）的性质。这个国家十足的多样性能保证，除了在大众文化领域之外，能被视为足以指引人们的共同文化的价值和方向的东西越来越少。

由于今日欧洲大部分社会都已世俗化，如果再称欧洲是一个"基督教世界"（Christendom）就会更显怪异。基督教在塑造欧洲文明上起过重要作用这一事实虽不容忽视，但当代欧洲人更多是从世俗的政治方面而非宗教方面来定义其文化身份（cultural identities）。他们的这些做法（巴尔干半岛地区的各种社区也是如此），看上去

238

就像是对人类历史早期的一种怪诞的回归。几乎所有的欧洲社会都已变成多民族和多文化的社会，尽管在这一点上远不如美国发展程度之深，但它们同美国一样必须寻找出办法，以便从政治和公民而非伦理和宗教的角度来确定其身份认同。1998年，德国最高法院和政府决定将伊斯兰教列为国家认可的宗教，并向非德国裔人士开放德国国籍申请，这些都是向上述方向所积的跬步努力。

去等级化的宗教

在全部发达国家里，等级制宗教已经与国家权力相脱离，并进入了长期的衰落过程。在第8章，我提到过，在许多原始社区里，民间宗教以某种非等级化的方式产生，而在现代社会中，不同团体时常出于可归为工具理性的目的而诉诸宗教实践。或者说，支撑宗教实践的不是对天启神谕的教条式信仰，而是因为宗教的教导构成了表达社区现存道德准则的一套习惯语言。力求在自己的小部落里创造出社会秩序的哈梅林的孩子们，也许会从宗教的角度很好地定义出自己的规则。这与我之前所说的，他们不必依靠先知给他们带来神谕天启就能形成社会秩序，并不构成矛盾。这种去等级化的、工具性的宗教是自发秩序的一个组成部分，而不是自发秩序的一种替代物。以法律和政治的语言来看，这种宗教的语言看上去可能是有些非理性的，但他服务于社区建设这个理性的目的。

239

不会有哪个宗教只把它自己当做社会秩序的一种手段。德怀特·艾森豪威尔（Dwight Eisenhower）曾说美国人应该去教堂，任何一个教堂都行，他因此而受到嘲讽。但事实上，这就是许多人看待当代宗教的态度。人们发现他们的生活混乱无序，他们的孩子需要确立价值观和规则，或者发现他们孤立无援且迷失了方向；他们投身某一个教派不是因为他们成了笃实的信徒，而是因为这样做是形成规则、秩序和社区的最方便法门。这种类型的宗教实践没法克服道德微型化（moral miniaturization）的问题，而实际上会恰恰助长了这一问题。另一方面，这种做法很容易把人们带回到洞穴式的社会秩序中。

这种去等级化的宗教实践可能永远不会消失，其原因正在于它对社区是有意义的。一两代人之前，人们普遍认为现代化和世俗化必然相伴随行，基于天启的信仰最终会被基于理性、科学和经验主义的知识所取代。考虑到当时大部分欧洲社会正经历世俗化过程，并且鉴于美国也发生着公共生活的世俗化，这种说法似乎成立。但没有一种完备的社会科学理论可以告诉我们，宗教在今日的状况下不可能复苏。正如彼得·伯格（Peter Berger）、大卫·马丁（David Martin）等人所指出的 [5]，世俗化与现代化之间被假定存在关联，一度曾是社会学文献中一个重要内容，但其实这种关联并不存在。[6] 这一基于推测的社会发展的普遍法则被证明主要适用于西欧社会。其他发达国家和地区，特别是美国，随着人们收入和受教育水平的提高，并没有明显出现声称有宗教信仰的人变少的情况。[7] 马丁曾指出，自从 1620 年第一批移民在普利茅斯湾（Plymouth Bay）定居后，美国曾出现过至少三次大的宗教复兴：18 世纪上半叶的大觉醒（Great Awakening，基督教复兴运动），19 世纪 30—40 年代的第二次大觉醒，以及 20 世纪中期的五旬节运动的高涨，这一次的宗教复兴从某种意义上直到今天仍在继续。[8]

信任的文化基础

尽管等级制宗教在现代社会走向衰落，但它在许久以前就建立的文化模式，在构筑今天的信任关系方面依然发挥着决定性的作用。任何想用人类本性来解释诸如信任和社会资本一类现象的企图都有一个弱点，即无法对人类群体彼此间存在的明显差异做出解释。这里也依然如此。前面所提到的作为社会资本基础的种种普遍的心理特征，虽足以解释为何在相对小规模的群体内会存在社会合作，但不足以说明为何在当代不同的社会有着不同的信任半径。这类解释在本质上必然完全是文化性的，且时常需要回顾一个社会的宗教遗产。

在我早先的著作《信任》（Trust）中，我探讨了许多这样的文化差异。[9] 例如中国社会，由于儒教文化强调社会义务（social obligation）主要面向的是家庭，故其信任半径常常限于家庭或家族群体。在传统中国，一个孩子没有义务向警察供出自己作奸犯科的父亲；对家的责任超过了对国家的责任。这意味着在家庭内部往往有着很强的合作性联结，而在无法证明彼此存在血缘关系的陌生人之间则相对缺乏信任。中国的企业往往维持着家族式特征，其结盟也不是基于某种不带感情色彩的利益最大化标准，而是基于家庭关系和个人友谊。

类似的情况也存在于拉丁天主教（Latin Catholic）国家（南欧和拉丁美洲）。这些国家中信任半径也往往限于家庭和私人好友。像墨西哥、秘鲁、玻利维亚和委内瑞拉，这些国家的国民经济主要是被少数几个强大的家族所控制，其产业遍及从零售业、制造业到保险业等多个部门。在这样的网络里通行的经济学原理外人不易了解，除非他明白这些网络都是建立在亲属关系和私人关系之上。那些行事时忽视了这些有关信任的复杂网络的外来投资者其实是在自担风险。

在文化上强调亲属关系是社会资本的基础，这样经常会导致的　241
结果是出现两种层次的道德义务——对家庭内部是一种，而对家庭以外所有人则是义务程度更低的一种。在许多这类家庭主义的社会中，存在着严重的公共腐败（public corruption），因为公共服务在这里常被视为代表家庭在外行窃的机会。巴西有一句俗话，道德这东西，对家庭是一套，对外则是另一套。没有亲属关系或私人关系就很难做成生意，对待陌生人则常常会毫不留情地投机取巧，而这种情况在信任网络（network of trust）里是绝不会发生的。

这里没必要展开细述这些文化习俗的种种起源，除非它们有助于理解大断裂的未来以及那些经过大断裂的国家在文化复兴上的前景，我们才会进行讨论。拉丁天主教世界中的家庭主义，在文化根源上既包含拉丁文明有关家庭的传统，又包含天主教对家庭的一贯重视；在中国，家庭主义则深深植根于儒教思想之中。正如马克斯·韦伯所指出的，新教不再强调他所称的"亲族"（sib）或者说家庭，并要求信徒把诚实和道德行为作为普遍义务承担起来，从而为一个更大的信任半径奠定了基础。美国在成为一个独立国家时，就不是一个单纯的文化清教国家；美式清教在内部组织上具有强烈的宗派性、权力分散和会众制（congregational）*特点。不像欧洲有自己国家认可的宗教，美国在 19 世纪早期就废除了所有国有教会，使宗教成为完全志愿之事。志愿性社团在美国数量庞大，在很大程度上是出于具教派性的新教†的推动；后者也解释了何以美国的公民社团（civil associations）的存在密度相对高于其他任何一个发达国家。《世界价值观调查》就此提供了充分的证据：1991 年，有 71% 的美国人声称他们是某一志愿组织的成员，相比之下，法国、加拿大、英国以及前西德的相关比例是 38%、64%、52% 和 67%。[10] 莱斯特·萨拉蒙也发现美国的非盈利部门在该国就业和国内生产总值（GDP）方面所做的贡献，明显超过其他发达国家。[11] 韦伯所说的"死去的宗教信仰的幽魂"，以世俗的社团形式继续徘徊在美国社会中。

未能把信任半径扩展到家庭和朋友的自然圈子以外，是不良政府（统治）的后果之一。透明的法治会给陌生人之间的信任创造基础，但这种法治不是想有就有。有些政府在保护财产权或保卫公共安全

242

---

* 译注：会众制是基督教的一种教会体制，它强调每个地方教会的独立自治。

† 译注：西方基督教主要分为（罗马）天主教和新教两部分，天主教一般自称教会，其下也不分教派，而新教下面则有数不清的各种教派。

方面做得不好，另一些则在对社会征税和管制的方式上表现得专断和无度。在这些情况下，家庭成为一个安全的港湾、一个不对外的保护区，在其中人们对他人的可信度相对更有把握。中国人对家庭的依赖，就是根源于帝制中国的横征暴敛的税收制度，这种依赖感又在 20 世纪由于令人心悸的政治历史而被加强。家庭给自身和征税者各留一份账本的做法在包税制（tax farming）流行的社会里是情有可原的。狄亚哥·甘贝塔（Diego Gambetta）解释说，西西里黑手党之所以出现于 19 世纪晚期，是因为意大利南部的政府出于种种原因未能充分保护财产权。[12] 由于缺少在面对民事纠纷时可以求助的有效的司法系统，人们被迫转而求助某个黑手党成员，使其确保自己在遭受欺诈时能寻回公正。类似的故事正在后苏联时代的俄罗斯上演，国家无力保护财产权和个人安全，迫使人们转而寻求本地黑帮这种私人性质的保护。比较而言，一个普遍的、得到公正实施的法治，能为彼此无关的陌生人提供合力工作和解决争端的基础，从而扩大信任半径。

重返洞穴

在本章及前一章，我大体总结了自然和自发秩序的局限，并解释了为何宗教和政治权威这类形式的等级制权威对于创造社会资本和我们称之为文化的规范总和是有必要的。在组织层面，我说明了为何等级制不会完全消失，以及为何网络的巨大优势和自发组织的工作场所仍不足以满足组织所追求的全部目的。有人也许会问，既然秩序的自然和自发来源存在所有上述这些局限，并且它们必须得到等级性秩序（hierarchical order）多方面的补充，为何我还要煞费苦心地在一开始就讨论它们呢？它们与大断裂又有何关系呢？

把前面的隐喻结合到此可以说，答案在于，哈梅林的孩子已经走出了洞穴。他们失去的不是群体规模（scale）或道德普遍性，而是他们原本可以自行创造的寻常道德。也就是说，北美和欧洲的发达社会已经是大规模的、政治稳定的实体，具有足够的等级制权威来保证个人和公民权利的普遍性原则得以实施。尽管它们不可能完全实现这些原则，在这些国家里道德微型化的情况也一直在持续，但其居民并没有住在充满敌意、自顾自的洞穴或者信任半径最远不过邻里街区边缘的 "郊区飞地"。这些国家也没有一个变成波斯尼亚或卢旺达。以某些共同的政治原则为前提条件，它们得以成为庞大而富有的社会，多样性在其中既是优点也是问题。

流行于意大利南部和当代俄罗斯社会的不信任现象，在近期内不太可能得到自我纠正。当地居民自发创造秩序的天然能力，不足以让他们改变致使信任半径有限的文化习性。而这些地方缺乏善治和中介性社会群体（公民社会）——这类群体不会因一时呼唤就成为现实——的历史又导致这种文化习性被加强。但美国或其他任何一个正经历大断裂的发达国家都没有遭遇这类问题。特别是美国，由于存在鼓励志愿性团体的文化，不管社会信任出现多大的滑坡，这方面的表现也依旧强于意大利和法国。美国社会不死板、有活力，相对不受仪式化和传统的掣肘。经济发展可以在这里被拿来做类比。发展经济学家意识到，现代新古典经济学的主张不见得能适用于多数第三世界国家。这些国家缺少在发达国家那里已是理所当然的政治和经济制度，比如银行监管制度或有效的商事法院体系（commercial court system），它们还要面对那些在更富于流动性的社会（比如美国）中所没有的文化障碍。比方说，解除监管负担就会让企业家精神发扬光大，这种观念就不一定适用于那些对创新和冒险精神存在文化上的敌意的国家。在某些情况下，解除管制会导致犯罪行为和无政府状态。不过，这并不意味着在最初产生这些理论的发达国家里，上述规律不会发生作用。

美国面临的是另一类困难。由于技术变化和当代社会特有的规模和多样性，美国丢失了很多哈梅林的孩子住在洞穴时曾享有过的寻常道德。对于美国和其他处于相似状况的国家来说，社会秩序的重建不是一个重建等级制权威的问题，而是一个在变化了的技术环境下，重新恢复诚实、互惠的习性和重新扩大信任半径的问题。

因此，知道社会秩序有着重要的天然和自发性来源，这不是一个无关紧要的见解。它一方面说明文化和道德价值观会以使人们能够适应技术和经济条件变化的方式持续演进，另一方面说明自发性演进会与等级制权威相互作用，从而产生出一种"人类合作的扩展秩序"。作为规则的来源，自我组织和等级制缺一不可。美国和其他任何发达国家家庭生活秩序的恢复都无法通过政府政令来实现，国家也无法裁定女性应如何平衡工作和养育子女的责任。控制犯罪常常是邻里街区的责任，公共行为标准也由其来设定。这些文化规则必得通过个体与社区日常的彼此互动来创立。另一方面，公共政策在边际层面影响着社会选择，有时是通过确保公共安全产生正面影响，有时则因为造成了对单亲家庭的反向激励而产生负面影响。尽管当代社会不能再像过往那样依靠宗教的权威，但宗教并没有消失且依旧是共同价值观的有益来源。不过，我们应该假设，人们会继续运用与生俱来的能力和理性，去发展那些服务长远利益和需要的规则。多少万年以来，人类一直这样做，如果他们在 20 世纪行将结束之际停止这么做，将是一件令人诧异的事。 245

剩下的问题，需要从有关社会秩序的起源的抽象解释转到更具体的讨论，即我们在信息社会不断走向成熟之际将如何走出大断裂。从某种意义上，当我们讨论网络并在高科技工作场所运用社会资本时，就已经开始这么做了。虽然当代资本主义的发展已经动摇了工业时代的社会规范，但我们仍需追问，在这一发展中是否就不含有社会秩序的其他来源。通过回顾过去并检视历史上社会在遭遇快速的技术变化时如何重建道德价值观，我们也能形成一些有关未来的见解。这也是本书第三部分的主题。

第三部分

大重建

第15章

资本主义将会耗尽社会资本吗

许多人凭直觉认为，资本主义有害于道德生活。市场给每一事物标上价格，把人与人的关系用盈亏底线（bottom line）来折算。按照这种看法，一个现代资本主义社会对社会资本的消耗要大于它的产出。对机构的不信任、信任半径缩小、高犯罪率以及亲属关系的支离破碎，诸如此类发生于北美和欧洲的现象增加了某种糟糕的可能性，即这些发达社会在耗散社会资本的同时又无力再次重建它。资本主义社会必然会随着时间推移而变得物质富有道德贫穷么？难道市场那种特殊的残酷和冷漠正毁坏我们的社会联系，并教育我们唯有钱才重要，而不是价值观？难道现代资本主义注定会瓦解它自身的道德基础并因此使自己走向崩溃？

事情的真相是，当代科技社会不断需要社会资本，就像以前那样，将之用尽随后重新补充它。需求和供应源的类型已经发生了改变，但没有多少证据表明对非正式伦理规范的需求会消失，或者人类会停止为自身设立道德标准并不再致力于践行道德标准。正如我们从本书第二部分有关自然和自发秩序的讨论中所见，人类会出于自身目的创立道德标准，一部分是出于本性使然，一部分则是出于他们对私利的追求。在过去，社会资本可能出自诸如等级制宗教或古老的传统这类来源，而这些来源在一部分现代世界中似乎变得不如从前那般坚实可靠。但社会资本并不只有这样的来源。

社会重新创造社会资本的过程不仅复杂而且往往艰难。很多情况下，这一过程要历经数代人，而在社会资本虚弱期，旧的合作规范被摧毁，又缺乏任何能够代替它们的东西，于是令很多人都成为这段时期的牺牲品。大断裂不会自动完成自我纠正。人们必须认识到他们的公共生活已然恶化，他们的所作所为是在自我毁灭，故而他们必须积极努力地为他们的社会重塑规范，途径则是商讨、争辩、文化争论甚至是文化战争。有证据表明，在某种程度上这种情况业已发生，而人类早期的历史给予我们一种信心，重塑规范或重塑道德是有可能的。

资本主义的文化矛盾

现代经济秩序如何同道德秩序发生联系，这是一个曾被无数作者论述过的老问题。回顾一下对此问题的一些早期思考，有助于我们理解，在全球经济中技术最先进的那些国家和地区如何也能产生社会资本的供给。正如经济学家阿尔伯特·赫希曼（Albert Hirschman）曾指出的，为技术驱动的现代资本主义究竟是有助于还是有损于道德生活，在这一问题上存在着许多完全对立的观点。[1]

一种观点来自埃德蒙·伯克（Edmund Burke），他把社会资本的减耗追溯到启蒙时期。出于对法国大革命走过了头的不满，他批评由一个集权国家强行将一些抽象原则施加于人民、并以这些原则为基础缔造出一个崭新而公正的政治和社会秩序的做法。这样一种秩序要行得通，不仅有赖于设计这一社会的社会工程师的智慧，还有赖于一种假设，即人类能够被理性的利己主义充分驱动。伯克认为，大多数后来证明行得通的社会规则不可能通过事先的推理就被发现，而是通过持续的社会演进、在反复试错的基础上方能涌现。这不一定是个理性过程；宗教和古老的社会习俗在塑造规则时扮演着重要角色。伯克的保守主义里也有相对主义的成分。每一个社会都会根据其自身的环境和历史而产生一套不同的规则，这无法为理性所完全理解。对伯克而言，法国大革命和往广了说的启蒙工程（Enlightenment project），意味着一场人类的灾难，因为它们试图用理性的法则来取代宗教和旧习这类传统的法则，并让个体在没有神圣制裁（divine sanction）威胁的情况下遵守理性的法则。但理性并不足以产生出将社会凝聚在一起所需的道德约束，因此启蒙工程终会因自己的内在矛盾而溃败。

伯克对启蒙运动的批判近来又有更多版本。比如，当代英国作家约翰·格雷（John Gray）认为，随着柏林墙的倒塌，启蒙运动的内在矛盾被彻底暴露在世人面前，并表现在诸如美国这样的发达国家中的犯罪率提高和社会失序。[2] 资本主义对这一过程起着推进作用：资本主义的特征在于，它把私利放在道德义务之上并且不断地用一种技术代替另一种技术，借此，它破坏了人类社会经过数百年时间建立起的联结，它给社会留下的、能作为社会凝聚力之基础的只剩下赤裸裸的私利而已。

按照这样一条思路，现代诸社会之所以还未确实崩溃，仅是因为它们靠着某种历史积累的、但有消耗而无补充的社会资本而得以继续维系。对这一衰落过程起到关键作用的是世界的世俗化，因为如果宗教是道德行为的主要来源，那么宗教在现代化过程中的衰落意味着社会秩序的终结。对此，弗雷德·赫希（Fred Hirsch）在其《增长的社会极限》（Social Limits to Growth）一书中曾有过明确论述："'个人主义的、契约型的经济'，其运作所需的社会美德，如'诚实、信任、宽容、克制、责任心等'，在很大程度上以宗教信仰为基础，而'作为市场基础的个人主义、理性主义则破坏了宗教的支持作用'。"[3]

沿着相似思路展开的还有大量关于"资本主义文化矛盾"的研

究文献，它们认为，资本主义的发展会产生出与市场运作所需不一致的规范，从而会自毁根基。约瑟夫·熊彼特大概是持此观点最著名的代表人物，他在《资本主义、社会主义和民主》(*Capitalism, Socialism, and Democracy*) 一书中提出，资本主义逐渐创造出一个精英阶级，他们对那种使自身生活方式成为可能的力量深感不满，并且试图用社会主义经济体制来取代市场经济体制。[4] 丹尼尔·贝尔则认为，物质的富足会让职业伦理变得无足轻重，并创造出一个始终致力于变革现状的文化精英阶层。他观察到，现代主义艺术的本质就是渴望挑战既有的规范、质疑权威和否定公共规范 (community norms)。[5] 每一代人都感到打破规范的使命变得越来越难以实现，因为他们面对的规范越来越少，能够从满于现状的状态中警醒过来的人也越来越少。这种说法也解释了另一现象，即从 20 世纪 20 年代漫无目标的达达主义 (dadaism)，发展到 20 世纪晚期种种淫秽、亵渎、粗鄙的行为艺术毫无节制的泛滥。在贝尔看来，始终站在所有中产阶级价值观对立面的文化精英最终将摧毁市场社会的产生基础，而正是这种社会才使它们的存在得以可能。

指出市场社会和社会秩序之间潜在冲突的不只是贝尔，还有许多其他著述者，例如迈克尔·桑德尔 (Michael Sandel)、艾伦·沃尔夫 (Alan Wolfe) 和威廉·班尼特 (William J. Bennett) [6]。非正式的公共规范最容易产生和施行于小型而稳定的群体之中，而资本主义过于变动不居，以至于它不断地通过减员、优化重组和向海外转移劳工来裂解团体。巨无霸的、高效率的沃尔玛取代了夫妻零售店，从而摧毁后者所建立的人际关系，这一切都是为了更低的价格。市场社会造就了人们想看到什么就展示什么的娱乐业，也不管它对性与暴力的描绘对他们和孩子是否有益。市场社会往往把这样一类人捧为英雄，他们精擅生财之道或长于赚取名声（常常二者兼擅），为此不惜损害那些具有崇高而不实际（可货币化）之美德的人的利益。[7]

在过去许多年里，美国经济的许多部门得以免受竞争之害，是由于有着监管、专业标准或细分的市场的缘故。到了 20 世纪 80—90 年代，由于美国经济解除监管和对更激烈的国内和国际竞争采取开放姿态，许多这些从前受到保护的部门开始遭遇更强大的竞争力量，而这些竞争力量可能对社会资本产生负面影响。在 20 世纪 50—60 年代，银行家到下午三点就能去打高尔夫球，当然也有时间和财力投身于社区服务；随着银行业去监管化，他们能自主支配的时间和资金大大减少。约翰尼·柯克伦（Johnnie Cochran）用以帮助辛普森（O. J. Simpson）摆脱罪名的论据——基于种族团结的陪审团否弃权——很可能在上一代美国法律从业者（jurists）那里遭到极力反对。然而，专业团体施行这类非正式规范的能力被大为削弱，原因是今日律师面对的是竞争激烈得多的从业环境。柯克伦不仅帮助其委托人摆脱了谋杀的指控，还在这场讨价还价的过程中另有收获，给自己在有线电视法制频道（Court TV）*谋得一份新工作。

有关"资本主义的矛盾"的文献，其问题在于过于片面，还不要说资本主义尚未崩溃或者并没有动摇自身根基。我们可以承认，资本主义常常是一股有破坏性的颠覆力量，能瓦解掉传统的忠诚和义务。但它也能带来秩序，并建立起新规范以取代被它摧毁的旧规范。事实上，资本主义有可能是规范的最后（net）缔造者，也因此成为现代社会中一支最后的教化力量。本书第二部分中引述的有关自发秩序的种种文献，其要点在于揭示出，如果让处于权力分散的群体中的人们各行其是，他们往往会以怎样的方式来创造秩序。

许多启蒙主义思想家也显然抱持上面那种想法，他们认为资本主义绝不是在毁坏道德，而实际上是在促进道德。最早提出这一观点的是孟德斯鸠，他说"我们每天都能看到的是，商业……让野蛮

---

* 译注：Court TV 是于 1991 年上线的一个美国有线电视频道，以法庭实录的现场报道而闻名，后来历经拆分和股权售卖，2008 年成为时代华纳旗下的 TruTV 重新上线。

的行为方式变得优雅、和缓"。[8] 对此观点最清晰的表述是由塞缪尔·里卡德（Samuel Ricard）在 1704 年做出的，并在整个 18 世纪被广为引述：

> 商业通过人们之间的相互利用而把他们联系起来……通过商业活动，一个人学会了与人磋商、待人诚恳、举止礼貌以及言行审慎有度。意识到要想成功就得明智和诚实，他会避免恶习或至少举止得体、稳重，以避免让目前和将来可能认识的人对他产生不好的评判。[9]

尽管里卡德根本不懂博弈论，但他讲述的正是一场重复的博弈，在这场博弈中，诚实的声誉转化为个人资产。亚当·斯密也相信"温和的商业活动"（doux commerce）* 具有教化作用，认为它提倡守时、持重和诚实的品质，并通过减少贫苦劳工对社会上层人士的依赖而改善了他们的生活。[10] 从宽泛的角度可以认为，他为资本主义更多是基于道德而非经济这一主张提供了理据。[11] 贵族社会建立在渴望荣誉的基础上，这种渴望只有通过军事斗争和征服才能满足。资产阶级社会用一种建立在更狭义的私利基础上的原则取代贵族的原则——用赫希曼的话说，就是用利益取代激情——并且，在此过程中，让贵族秩序中野蛮暴力的习性变得温和。[12] 商业社会的成员从勤奋、诚实、自律和许多其他的细微美德中发展出长远利益，这些美德也许无法成就贵族社会的宏图大业，但能避免贵族社会的种种恶习。希尔斯断言的像诚实这类商业所需的美德必须依赖宗教才能存在的说法，最终证明是荒谬的。商人的私利足以确保诚实（或至

---

* 译注："doux commerce"直译为像香槟酒一样甘甜的贸易，18 世纪不少启蒙思想家如亚当·斯密、孟德斯鸠等人都拿这个比喻论述过个人私利可以通过市场机制最终服务于公共利益，中文世界有时将之翻译为"温和的商业活动"，姑从之。

少表面上的诚实）会持续存在。

最后，也许最好采取一个折中的立场，即资本主义的发展同时促进和伤害了道德行为。从激情向利益的转变不是只有得没有失。贵族对荣誉的热爱是一切伟大的政治抱负的核心所在，政治生活在许多方面都有赖于此。伟大而显赫的企业也不是靠那些仅仅具有诚实、稳重、守时、可靠等品质的人就能建立。亚当·斯密尤其能意识到往往为商业活动所鼓励的这些细微美德的局限——对他来说，稳重不过会赢得"冷淡的尊重"而已；资产阶级追求的"改善自身状况"的目标，其基础是那种认为财富可以买到幸福的错误观念。[13]

即使我们把考虑范围限定于资产阶级的美德，恐怕也得承认，市场社会同时会损害和加强道德关系。给爱情标上价码或出于提高效率而解雇一名老员工，可能真的会令人变得冷酷。但相反的情况也在发生：人们在工作场所建立起社会联系，因为不得不与他人长期工作在一起而学着诚实和稳重。不仅如此，随着我们从工业时代的经济生产方式转为后工业时代或者说信息时代的经济生产方式，以及经济活动的复杂程度和技术水平的提高，社会资本和内在化的非正式规范变得愈发重要。复杂的活动需要自行组织和自行管理。要具备这样做的能力，如果文化没有提供其基础，私人企业就会予以支持，因为它们的生产力有赖于此种能力。通过过去二十年发展已遍布于美国的工厂和办公室的新型组织，尤其是通过网络的概念，我们就能看到这一点。

现时代的后工业资本主义经济会产生对社会资本的持续需求。从长远来看，它应该也有能力提供足够数量的社会资本以满足其需求。我们有理由相信这一点，因为以自私的目的为出发点的私营部门往往能创出社会资本和与之相关的种种美德，诸如诚实、可靠和互惠。上帝、宗教和古老的传统在这一过程中虽不无助益但不是必需。孟德斯鸠和亚当·斯密说商业往往能促进道德是对的，伯克、丹尼尔·贝尔断言资本主义必然削弱其自身道德基础，或更宽泛地认为启蒙运动是自毁长城，则是错误的。

在这一点上存在很多混乱的认识。社会学家詹姆斯·科尔曼近年来为复兴社会资本这一概念做了大量贡献，他认为，正是由于社会资本是一种公共产品才往往造成自由市场对其生产不足。[14] 也就是说，社会资本对作为整体的社会有益，但每一组体现着社会资本的人群无法为自身获取这种益处，因而也就没有足够的动力来率先创造社会资本。这意味着社会资本要由非市场的力量来供应——要么是政府（当其提供具有社会化作用的服务比如公共教育时），要么是诸如家庭、教会、慈善机构或其他类型的志愿团体这类不是为钱而来的非政府参与者。与此观点一致的是，许多围绕社会资本开展争论的参与者认为，盈利型公司（比如英特尔和吉列）和非政府组织（比如山峦社或美国退休人员协会）二者有明显的差别。只有后者才体现出社会资本，才算是公民社会的组成部分。

认为社会资本是公共产品的观点是错误的。社会资本其实出自私有市场，因为它是自私的个体出于长远的利益才创造出来的。企业需要在客户服务上体现高度的诚实和礼貌，商家会立即从货架上撤下有瑕疵的产品，公司老总在萧条时期会自减工资以示与员工同进退，这些做法都不是出于利他：每一种做法都存在长远利益，因为这样做维护了诚实、可靠、优质、公平的声誉或者仅仅是作为一个大善人的声誉。这些美德成为经济资产，只关注盈亏底线的个体和公司也因而开始追求它们。同样，为了能公平地、长期地开发公共资源而创立规则的捕鲸者、牧场主和捕鱼人，不是出于环保意识而这么做；他们的私心是不让资源消耗殆尽，这样才能长期从中分得一杯羹。

然而，社会资本有着与实物资本或人力资本不同的一种特性。用经济学家帕萨·达斯古普特（Partha Dasgupta）的话说，社会资本不是公共产品，但它充满了外部性。[15] 也就是说，个人会为了自己的自私目的去创造社会资本，但一旦它被创造出来，就会对更广泛的社会造成许多有益的溢出效应。努力为自己的产品质量和可信赖度提高声誉的企业，会提高整个社会层面产品质量和可信赖度的一般水平。相信"诚实为上策"（即诚实有利己的价值）的人，其最终的所作所为同那些认为应该"为了诚实而诚实"的人的行为并无二致。不仅社会资本会产生外部性，它也常常作为其他活动的副产品或外部性而得以产生。因马克斯·韦伯而著名的清教徒不是靠累积资本来追求财富；他们是为了证明自己作为被上帝蒙选之人的身份。但是，作为他们践行节俭、自律和努力证明自己的一个意外后果，他们在那时创造了最后成为无穷财富源泉的商业。

因此，如果承认事实上社会资本并非公共产品而是充满外部性的私有物品，我们就能意识到，现代市场经济会一直产生社会资本。就个体企业而论，社会资本能够且已然通过直接对合作技能进行教育和培训投资而产生。当然，也有一大批专门的商业文献讨论企业文化塑造的问题，而企业文化无非是尝试着使企业员工在一系列规范中得以社会化，这些规范能加强他们同他人合作的意愿并构建组织认同感。[16]日本的公司是这方面的行家里手，它们让管理团队接受严苛的集体培训训练，以测试他们的耐受度，并建立起相互依存的联系。[17]如我们在第 12 章所见，许多转而采取扁平组织、团队或类似管理结构的公司发现，他们必须把大量投入用以培训蓝领工人，以使他们能够运用实际上被白领管理层所掌握的技巧。

政府之于社会资本：亦敌亦友

当然，事实上社会资本可以由私营公司创造并不意味着它不能由公共机构来创造。如果有人认为政府无法向人们灌输价值观，那么他（她）只需要看看美国海军陆战队就知道自己错了：多年以来，海军陆战队一直擅长从下层社会、贫穷的邻里街区征召男孩入伍，许多还是来自单亲家庭或问题社区，他们最后都被训练成严格奉行一套非常完备的内在的组织规则和规范的陆战队员。海军陆战队为期十一周的新兵基本训练是按完全等级制和威权式的方式进行的，在这段时间里，新兵的个人主义被有意打破，并禁止他们使用"我"这个人称代名词。

当代社会中社会资本最重要的源泉之一是教育体系，它在大多数国家是作为公共物品由国家来提供的。传统上，学校不只是简单给学生提供知识和技能，它们也致力于帮助他们适应特定的文化习惯，最终目的是使他们成为更好的公民。在 20 世纪的头一个十年里，美国的许多公共教育者将之视为自身使命之一的是，帮助那些在世纪初大量涌入该国的移民子女同化到大的美国文化中。正如前此表明过的，信任与受教育程度密切相关。

在高等教育上，学校仍然发挥着创造社会资本的积极作用。就像在早先论及高科技研发时我提到过的那样，职业教育往往充当着规范和社会联系的一个重要源泉。专业领域、职业标准和高等教育经历本身都能创造团体，人们在其中共享知识和经验，规范也在其中得以建立和加强。几乎在所有发达国家中，后中等（高等）教育的水平在过去两代人时间里都得到了提高，并且随着教育回报率的增长，上述水平还将继续提高。那么，在某一社会处于教育资源和收入分配顶端的阶层其社会资本也相对富足，就显得不足为奇。如第 4 章中对公民社会的探讨所指出的，发生变化的不是整个社会中社会资本的总量，而是社会资本的分配和社会资本的性质特点。

尽管政府有能力创造社会资本，它们也擅长摧毁社会资本。我在前面的章节中曾解释过，无力保障公共安全或财产权的国家往往会培育出既不相信政府也不彼此信任难于同人交往的公民。现代福利国家的发展、其功能的集中化以及国家权力对几乎全部生活领域的入侵，往往破坏了社会的自发社交性（spontaneous sociability）。在诸如瑞典和法国这样的欧洲国家中，看上去存在着生机勃勃的私人性社团生活，但几乎所有这一切都在一定程度上依靠政府的津贴或监管；如果没有国家的支持，很多表面上的志愿组织就会解散。

在美国，地方政府和州政府的权力在大断裂时期都有所削弱，而削弱的部分被集中于联邦政府，当中央政府行使干预时，它常常对民间团体的目标抱有敌意。前面曾谈到过，在司法体系的运作下实现了社会失序的非罪化，这说明现代自由国家可以剥夺地方社区以个人权利为名为自己设立规则和规范的能力，上面所举只是其中一例。

另取一例来说明，约翰·米勒曾指出，当代美国公共教育体系最大的弊病之一在于它放弃了同化（assimilation）这一目标。[18]公民培养课和美国历史和价值观方面的教育不像从前那么普遍；许多学校在维持简单的秩序和防止课堂暴力方面力不从心，更不用说按照共同的文化模式来塑造学生的性格。有些父母无法给子女提供充分的社会资本，也不拿出实际行动来改善状况，这种情况下，人们往往会要求学校承担使孩子社会化的责任。另外，公立学校系统鼓励诸如双语教学、多元文化这样的创新，这样做显然是出于树立少数群体自尊心的目的，但其实际效果则是在群体之间树立了不必要的文化壁垒，从而造成社会资本总量的减少。

未来要面对的问题是，自由民主国家权力的增长，以及自由民主国家运用权力来推动人们对个人权力范围不断扩大（直至以牺牲社区为代价）的承认，是否存在不可动摇的必要性。尽管在过去一代人时间里，美国在这方面的表现不算振奋人心，但我知道，不存在决定性的历史力量使人们无法避开这些后果——当这些后果明显侵犯了大多数公民利益的时候。227 号提案的通过废除了加利福尼亚州的双语制*，这也许说明了现代民主体制依然能够塑造自己的未来。

259

---

* 译注：在国际民主化浪潮和美国民权运动的背景下，1968 年美国通过《双语教育法》，授权政府为母语非英语的儿童提供双语教育，但这一教育制度在实际运行中也出现了不少问题，特别遭到主流社会的批评。1998 年加利福尼亚州通过了"为了移民孩子的英语教育"提案（227 号提案），新的政策要求帮助英语不好的孩子尽快适应英语教学并融入主流课堂。

经济交易与道德交易

许多人也许都不会认同这样的事实，一家公司出于自身私利所做的事情能含有道德方面的内容。在我看来，这种情况是由于大多数人把利他或道德动机同理性自利动机做了非常理性的区分而造成的。经济学家更是如此，他们希望让经济学彻底摆脱对道德动机的依赖。[19] 基于常识的道德推理（moral reasoning）告诉我们，如果我对你表现出诚实并有助于你，完全是为了以后继续同你做生意，那么我就不是真的诚实和有助于你，而只是工于算计。美德不成其为美德，除非它为了自身这一目的而被践行。

关于道德行为这一康德式的见解强调意图甚于结果，记住这一点很重要，尤其是在判断人的品性时。但在实际中并不容易划出道德行为和自利行为的界线。我们常常出于个人利益的原因而开始遵守一项规范，但持续遵守这项规范就是出于道德考量一类的原因。你到一家公司上班起初是因为你需要一份工作并靠它还房贷，但在那里工作几年后，你发现自己有了一些归属感，即使不是对这个作为抽象实体的公司，至少也是对你的同事这些人。你开始牺牲自己的利益——加班到很晚，动用个人关系帮公司解决问题——不仅是想挣得奖金，而是因为你觉得有必要为了同事而这么做。如果这家公司通过裁撤掉你的工作岗位而最后把你抛弃，你会觉得这不单纯是一个客观的经济的决定，而是一种道德上的背叛："我把生命中的十年光阴献给这家公司，得到的却是这个结果！"

保持以自身为目的的道德行为和出于理性私利的道德行为二者的区别固然重要，但要完全把道德行为同私利分离开来很难，而且常常也不合理。想想以生物学为基础的市场交换和互惠利他之间的差异吧（见第9章论述）。在市场交易中，买卖双方为了共同获利而交换物品和金钱。同样，在互惠的情形下，两人为了从对方那里获得长期利益，而同对方完成利益交换。我们把市场交换视为一种

260

与道德无涉的交易，然而我们却让互惠具有了道德的意味。为何会如此？

概括而言，这两种情况的区别在于利益交换的发生是否存在时间差。在市场交易中，双方的物品交换同时发生，而在互惠利他活动中，其中一人会给另一人提供好处但不指望立即有所回报。但正是这一点造成天渊之别。如果我的朋友给我打电话让我帮她搬离现在的公寓，然后我说"好啊，不过你明天得先帮我粉刷房屋"，如果这样的话她和你的友谊关系料来不会长久。设想有个男人遭遇劫匪，被暴打一顿而半死不活地躺在街边，如果此时有个陌生人过来提供帮助，但前提是他立马能得到报酬，想来大多数人会对这种算是公平的经济交换的帮助感到愤怒不已。但是，如果这个陌生人是一个乐善好施的人（good Samaritan），他把受伤的男人送到医院，那么这个男人以及其他大多数人都会觉得有必要事后找到这个陌生人予以回报，或者至少是感谢他。后一种情况构成了交换，但却有着截然不同的道德意味。

除了亲属关系外，很少有别的道德关系能导致单方面的利他行为而不是互惠交换。如果我们要对一个朋友施以恩惠，却遭到他粗暴的拒绝，并且回报以侮辱和伤害，我们就很快陷入这样一种的境地，在那里忠诚看上去不像美德而更像一种蠢行。晚年向慈善机构捐赠大笔钱财的富有的捐助者经常解释说，他们是要"回馈社会"，因为年轻时曾受过它的恩惠。在弗兰克·卡普拉（Frank Capra）执导的经典电影《生活多美好》（*It's a Wonderful Life*）的高潮一幕中，当男主角乔治·贝礼（由詹姆斯·斯图尔特饰演）资不抵债面临破产时，他一生乐善好施所惠及的贝德福德·福尔斯（Bedford Falls）镇的居民都出来回报他。使这一幕具有感人力量的不是乔治·贝礼一心利他的事迹，而在于这一场景给人们吃了一颗定心丸：在真正的人类社区中，利他终会获得回报——在这则故事中，回报形式是大量冷冰冰的现金。我们不认为——除非我们是非常

261

极端的康德主义者——乔治·贝礼的道德行为会因其最终带来了
经济收益而有所贬值。另一方面,我们也不会把社区中这种存在
时间差的利益交换等同于市场交换。后者是老头子波特(Old Man
Potter)——作为电影中反面角色的狠心银行家所做的事。

因此,市场交换与发生于道德共同体(moral communities)中
的互惠利他不同,但二者也不是完全没有联系。市场交换促进了互
惠的习惯,使互惠行为从经济生活领域发展到道德生活领域。道德
交换则促进了参与者的自身利益。人们在私利和道德行为间常常所
做的严格二分法很多情况下都难以持久成立。

现代资本主义社会给道德关系带来的问题,并不因此存在于经
济交换自身的性质上,而是在于技术及其变化。资本主义是如此充
满变数,如此为创造性破坏(creative destruction)提供动力,以
至于它在不断地改变人类社会中所发生的交换的条件。经济交换和
道德交换都同样面对这种情况,而这种情况也正是大断裂的根源。

过去、现在与未来的重建

现在该是回到大断裂并追问接下来将会如何的时候了。我们难道注定要滑入社会失序和道德沦丧状况日益严重的境地么？或者，我们有理由期待大断裂只是一个暂时的状态，美国和其他经历了大断裂的国家会成功地为自己重塑规范？假如规范真的得到重塑，那会采取的是怎样一种形式？它是自发产生的，还是需要政府通过公共政策来介入呢？或者，莫非我们需要守候某些难以预料乃至很可能无法控制的宗教复兴来恢复社会价值观？在本书的第二部分，我们曾画出一个四象限图，在其中分出了秩序的四种性质，即自然的、自组织的、宗教的和政治的。这些秩序的来源哪一个会被我们在未来加以利用呢？

这些问题中最容易回答的是第一个：由于启蒙运动的出现、世俗的人文主义（secular humanism）或其他深厚的历史根源，造成了不可避免的长期的道德衰退，大断裂的出现并不代表这种衰退走到了尽头。除了文化上对个人主义的重视已深深扎根于传统，大断裂还有更多直接原因，诸如从工业经济向后工业经济的转变以及劳动力市场的变化。

　　要回答大断裂之后会怎样这一问题，也许最简单的办法就是看看过去的大断裂。随着时间推移，社会秩序的指标会上升也会下降，这说明尽管社会资本看上去往往处于不停减耗的过程中，但在特定的历史时期其总量也会增加。据特德·罗伯特·格尔（Ted Robert Gurr）估算，13 世纪英国的凶杀率要比 17 世纪该国的凶杀率高出三倍，17 世纪又高出 19 世纪三倍，19 世纪早期伦敦的凶杀率是 20 世纪 70 年代伦敦凶杀率的两倍。[1] 无论是谴责道德沦丧的保守主义者还是盛赞个人选择增加的自由主义者，有时在他们口中仿佛我们一直在与 17 世纪初的清教徒价值观渐行渐远并逐步发展出今天的价值观。不过，纵然在这一漫长时期里，显现出向更大程度的个人主义发展的长期趋势，但行为方式出现过许多起伏变化，这说明社会完全有能力通过道德准则来加强对个体选择的约束程度。

　　19 世纪就曾出现过这样的情形。本书开篇我就提到，社会学的一众经典巨著，就是为了描述诸如北美和欧洲这些从农业社会进入工业社会的国家所发生的规范转变而撰写出来，这一转变体现为对社区和社会的二分。这种转型首先发生于英国，接着是美国，两个最早完成工业化的国家；稍晚于它们发生转型的则是欧洲大陆各地。大量证据表明，18 世纪末和 19 世纪初是社会失序和道德混乱变得严重的时期，社会资本的各种指标在英国和美国都出现了下降。

　　在美国，虽然殖民时期政治参与程度较高，但那也不是一个循规蹈矩或社交活跃的时期。到了 18 世纪 90 年代，按照历史学家理查德·霍夫施塔特（Richard Hofstadter）的说法，大概有 90% 的美国人是"不入教者"，即不与某一教会或其他宗教组织发生任何正式的从属关系。[2] 考虑到新教信仰对于托克维尔所说的美国人的结社艺术至关重要，这一数据表明，当时许多美国人在其农场和村庄里处于比较孤立的状态，到 19 世纪才开始蓬勃发展的各种公民组织此时尚付阙如。

265

这一时期的社会越轨程度也比 17 世纪和以后时期相对要高。在 19 世纪初，十五岁以上的美国人，其人均酒消耗量折算为纯酒精为 6 加仑，而 20 世纪末这一数字为不到 3 加仑。[3] 有学者估计，到 1829 年，人均酒（按纯酒精折算）消耗量上升到惊人的 10 加仑。[4] 作为社交的集中点，酒馆显然要比教会更受欢迎，醉醺醺的农夫跟跟跄跄地从家里走向农舍，工人在上班路上拎着一瓶威士忌，这样的场景并不罕见。据历史学家威廉·罗雷鲍（William Rorabaugh）说，在 19 世纪早期，"嗜酒如命的男人充斥于各种社会群体和各行各业人员中，西边有一个农夫在酒馆里喝到烂醉如泥，东边就有一个收庄稼的劳工每天能喝下半品脱或一品脱朗姆酒，如果某个南边的农场主能控制自己每天只喝一夸脱白兰地，其自我节制程度就会被视为足以做一名卫理公会教徒了。"[5]

要得到这一时期性行为的量化证据当然十分困难。对未婚生育这类现象的统计直到 20 世纪才得以定期开展。不过，有些社会史学家认为，这一时期性规范不像在 17 世纪清教文化统治下那般严格。父母对于婚姻伴侣选择的干预减少了，据某项研究表明，婚前怀孕率从 17 世纪的 10% 上升到 18 世纪后半叶的 30% 左右。[6]

犯罪的情况也是如此。虽然在殖民时期看上去犯罪数量并不太多，但大多数社会史学家似乎都认为犯罪率在 19 世纪头十年中开始快速上涨：波士顿、宾夕法尼亚和纽约都出现了犯罪率的增长。在 19 世纪初的美国，年轻男人凭自己力量过活的机会越来越多。在此之前，多数工薪阶层都以家庭为中心。做家仆、学徒或雇工会和雇主生活、工作在同一屋檐下，会像雇主的家庭成员一样受其管制。然而，随着工厂制度的发展，男性和女性工人第一次在家庭之外谋得雇工职业，并开始建立他们自己的社区。最早入驻美国西部的是年轻男性，妇女和孩子的加入是后来的事情。所有这些情况都造成了犯罪率的增长。这一现象不仅发生在美国；格尔提到过，伦敦和斯德哥尔摩的犯罪率也在这一时期增高了。[7] 而在 1821—1841

年间，伦敦也和美国边疆地区一样，出现了青年男性相对数量增长
的情况。[8]

　　除了社会越轨现象的增加，从乡村到城市的转变意味着乡民把
自己连同他们的习惯带入到全新的、拥挤的城市环境中。这一时期
生活的鄙陋常常被人们遗忘。不妨看看作家詹姆斯·林肯·科利尔
（James Lincoln Collier）对 19 世纪初的美国所做的描述：

> 　　自己有床可睡的人很少，有时一张床上同时要睡两个或更
> 多的人，尤其是在当时已经很典型的大家庭里。人们不常洗澡，
> 同一件衣服穿了又穿。他们的住处周围都是粪肥……破烂的窗
> 户、下陷的房门、腐烂的护墙板，说明至少是好几个月没人来
> 修葺，房子也得不到时常粉刷。破损的工具、家具、推车被长
> 年弃留在院子里……男人嚼着烟叶，不少女人也这样，块状的
> 褐色痰渍从酒馆的地板到教堂的地板随处可见。很多人吃饭时
> 只用刀，另有一些人更是基本只用手。[9]

　　在同一时期，英国和其他欧洲国家的农民和城市穷人也有着与
美国农户家庭相同的特征。

　　在很多人眼中，维多利亚时期的英国和美国体现着传统价值观，
但在这一时期之初的 19 世纪中叶，它们根本谈不上传统。维多利
亚主义其实是一场激进的社会运动，其针对的是 19 世纪初似乎四
处蔓延的社会失序，这一运动就是要创造出新的社会规则，向那些
沉湎于颓废堕落的人们灌输美德。向维多利亚式价值观的转变发生
于 19 世纪 30 至 40 年代，最早是在英国，随即又被引入美国。许
多为传播维多利亚式价值观做出贡献的机构明显具有宗教性质，它
们所带来的变化以惊人的速度发生着。用保罗·约翰逊（Paul E.
Johnson）的话说："在 1825 年，一个北方的生意人对老婆和孩子
拥有绝对权威，他的工作时间不固定，喝很多的酒，很少参与投票

或去教堂。而十年以后，同样是这个男人，每周去两次教堂，对待家人和善而有爱心，不喝酒只喝水，工作定时定点并要求雇员也这么做，他还参加辉格党的竞选，并用闲暇时间努力让其他人相信，只要按照与他相似的方式组织生活，世界就会变得完美。"[10] 英国的非国教（安立甘宗）教派和美国的新教教派，特别是卫斯理宗（Wesleyan），领导了紧随着社会失序程度增加而在 19 世纪前几十年发生的"第二次大觉醒"，它们创造了新的规范，使社会秩序得到控制。主日学校（Sunday school）1821—1851 年间在英国和美国以指数形式增长；19 世纪 50 年代从英国传到美国的基督教青年会运动，其发展也呈现如此景象。据理查德·霍夫斯塔特说，美国教会成员数量从 1800 年到 1850 年翻了一倍，并且由于狂喜的福音教派各宗在宗教仪式上越来越庄敬，使人们对教会成员的尊重也与日俱增。[11] 与此同时，禁酒运动成功减少了美国人均酒水消耗量，使之到 19 世纪中叶降到 2 加仑多一点的水平。[12]

宗教，尤其是分宗派的新教，也与这一时期志愿性团体的普及和公民社会的发展有着密切的联系。1830 年，托克维尔访问美国并注意到当地公民社团数量很多。尽管他对宗教给予了充分评价，但如果说有什么不足的话，那就是他低估了宗教之于这类组织的普及和人们养成结社习惯的重要性。截至 1860 年，纽约的成人新教徒有大约五分之一在世俗的公民社团组织中担任职务。[13]

历史学家格雷戈里·辛格尔顿（Gregory Singleton）指出了宗教组织对于西方走向文明是何等重要：

> 以伊利诺伊州昆西市为例，美国家庭传教协会（American Home Missionary Society）、美国福音传单协会（American Tract Society）和美国主日学校联合会（American Sunday School Union）对迅速建立起一个志愿主义的社会基础起着重要作用……到 1843 年，昆西市有 17 个不同的传教性的、旨在改

革教会的和慈善性的社团。到 1860 年，志愿性社团的数量有 59 个，吸纳了 90% 的成年人加入其中。[14]

从 19 世纪 30 年代开始，在我们今天所称的维多利亚时代，这些致力于在英国和美国重塑规范的种种努力取得了巨大的成功。它们对两个国家的社会资本产生了卓著的影响，大批粗鲁而又目不识丁的农场雇工和城市穷人被转化为今天意义上的工人阶级。在考勤钟的规约下，这些工人明白了，他们必须按时作息，在工作中保持清醒，在举止得体方面也要说得过去。

仅仅从犯罪率这样的指标上，也能看出社会资本在增加。几乎所有对 19 世纪犯罪率的估算都承认，从 19 世纪中叶开始到该世纪末，社会越轨程度在逐步减小。图 16.1 显示了英格兰和威尔士从 1805 年到 19 世纪末的重罪发生率。从拿破仑战争开始起，犯罪率就逐步上升，不过在 19 世纪 40 年代到达顶峰后又开始逐步下降。[15]在美国的个别城市，犯罪率达到高峰的时间略晚；格尔认为在波士顿和其他美国城市，峰值是在 19 世纪 70 年代到达的。[16] 19 世纪后半叶犯罪率的下降显得格外显著，原因是它发生在一个人们本以为犯罪率会提高的时期。从美国内战时期开始，人们开始从乡村涌向新的城市中心，身具不同文化和习惯的新移民陆续抵达，工业社会的新节奏也搅乱了既有的社会关系。[17]

在英国，非婚生育的情况和犯罪率的变化情况如出一辙。私生子数量占全部出生人数的比例，从 19 世纪初 5% 多一点发展到 1845 年 7% 的峰值，之后在 19 世纪末降回到 4%。[18]

认为维多利亚时期英国和美国社会秩序普遍好转仅仅是因为非正式的道德规范的转变，这种断言恐怕是错误的。在这一时期，两个国家都建立了现代警察机构，后者取代了 19 世纪初存在的那种由地方机构和缺乏训练的代理警员拼凑起来的警务力量。在内战之后的美国，警察把注意力集中到破坏公共秩序的轻微犯罪（例如在

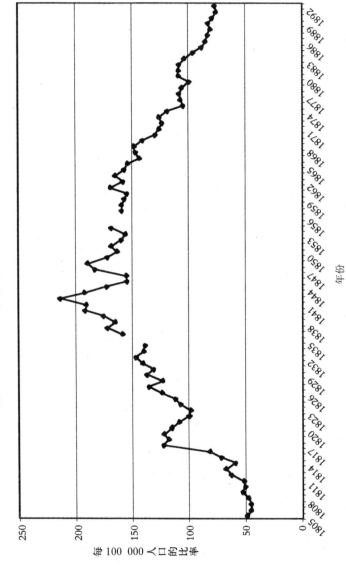

图 16.1　1805—1892 年间英格兰和威尔士的重罪发生率

公共场合酗酒、游手好闲和流浪街头）上，在 1870 年前后对此类行为的拘捕达到一个高峰。[19] 到 19 世纪末，美国许多州都已着手建立旨在将全部儿童送入公立学校的全民教育体系，稍晚之后英国也开始了这一进程。

但发生根本变化的是价值观而不是机构或制度。维多利亚式道德的核心是，向青年人灌输要抑制冲动，或者按今天经济学家的说法是形成他们的偏好，使他们不再沉湎于草率的性行为、酒精或赌博这些从长远来看对他们有害的活动。那个时代的人们力图在社会中树立值得尊敬的个人习俗，而当时大多数民众还只能算是粗人。时至今日，渴望体面通常会被嘲笑，被认为是一种唯唯诺诺的中产阶级才有的乏味难耐的说法，但它在 19 世纪上半叶文明礼貌并非理所当然之际，有着重大的意义。教会人们养成清洁、守时、彬彬有礼的习惯，在一个还不具有上述三种资产阶级美德的时代是极为重要的。

从其他文化中也能找到道德革新的例子。德川时代的日本——此时这个国家处于封建时期，权力把持在不同的大名*或武士手里——常常处于战乱和社会动荡之中。1868 年开始的明治维新使日本成为一个单一的中央集权国家，彻底扫清了封建时代的种种匪乱现象。同时它也发展出一套新的道德体系。我们想当然地把特别是在日本大公司里施行的终身雇佣一类的惯例，当做一种古老的、具有深厚文化基础的传统，而事实上它只能追溯到 19 世纪。在那一时期，劳动力的流动性很高；熟练的工匠特别短缺，他们不停地从一家公司跳到另一家公司。像三井和三菱这样的日本大公司发现无法招募到它们所需的技术工人，于是在政府的帮助下，他们掀起了一场旨在使忠诚美德高于一切的运动。不同于前苏联和其他共产主义国家通过强行让人为世界社会主义贡献力量来培养大家奉献利他

271

---

* 译注：大名，或者说大名主，是对日本封建时代大领主的称呼，名主意即领主。

精神的做法，日本的精英阶层巧妙地开展了这一运动，劝导人们对公司、国家和天皇保持忠诚。忠诚在武士阶层或贵族战士阶层那里当然是一种基本的美德，但从来没有被推广到商人和农民那里。明治时期的统治者成功地让后二者相信，对公司的忠诚也就是对大名的忠诚。即便如此，对公司的忠诚在开始时并不为人在意；直到二战之后终身雇佣制才开始在大的公司企业中普及开来。

社会秩序的重建

大断裂所带来的问题是，英国和美国或者日本在 19 世纪后半叶所曾经历的发展模式会在下一代人或下两代中重演么？

越来越多的证据表明，大断裂已发展到头，规范重塑的过程已然开启。到了 20 世纪 90 年代，犯罪率、离婚率、非婚生育率和不信任程度的增长势头，在许多早先曾经历严重社会失序的国家中已明显减缓，甚至出现回落。美国在这方面尤为如此，犯罪率比 20 世纪 90 年代初的高峰水平降低了超过 15%。在 20 世纪 80 年代达到顶峰的离婚率，以及未婚生育的女性的比例都停止了增长。接受福利救济的人数同犯罪率一样明显下降，这要归因于 1996 年通过的福利改革措施和 20 世纪 90 年代几乎实现全民就业的经济繁荣。对机构和个人的信任程度在 20 世纪 90 年代期间有了明显的恢复。

在过去一代人时间里，围绕社会建立起来的、被马克思称之为 272 意识形态的上层建筑已经发生了天翻地覆的变化。三十年前当莫伊尼汉报告发布之时，因为按正派观点它是在"谴责受害者"并有种族主义色彩，故而几乎遭到举世声讨。但今天学术界的观点来了个 180 度的大转弯：家庭结构和价值观在决定社会结果上具有重要作用的观点得到广泛承认。当然，学术论文不会直接影响到个人行为，但正如凯恩斯说过的，抽象理念有办法在一到两代人时间里渗入到大众意识的层面。

　　有许多其他迹象表明，从文化意义上，个人主义不断膨胀的时期行将结束，至少某些大断裂时期被驱走的规范正在得以重建。20世纪90年代，美国最火爆的日间广播节目之一是由劳拉·史莱辛格（Laura Schlessinger）博士主持的一档电话访谈，她在定期讲座中以直率且常常带有批评的语气劝诫听众不要再放纵自己，要肩负对配偶和子女的责任。她的言论，比起那些在20世纪60和70年代主张解放论的社会疗救者给人们建议的"了解自己的感受"、抛弃那些阻碍了"个人发展"的社会约束，实在有云泥之别。

　　20世纪90年代在华盛顿首府爆发的两场最大规模的游行，是由"伊斯兰民族组织"（Nation of Islam）领导人路易斯·法拉堪（Louis Farrakhan）发起的"百万黑人三月游行"，和由保守主义基督教组织"守约者"（Promise Keepers）组织的另一场游行。这两场事件共同有趣的地方在于，它们都对男人的家庭责任心下降表现出重视，并强调男人有必要加强作为父亲、供养者和家庭榜样的责任意识。围绕男性责任问题能够动员如此多男人参与游行的事实表明，在大的社会中出现了一种共识，即，作为性革命和女权主义革命的后果，社会对于男人的期望以及男人对自己的期望，有些是错误的。

　　在许多美国人眼中，伊斯兰民族组织和守约者组织都是极不可信的群体，前者是因为法拉堪和其他组织领导人长期以来所表现的反犹态度，而后者是因为许多妇女怀疑守约者组织企图让女 人重新依附于男人。因此，它们为男人重塑规范而做的特别努力就遭遇了很大的限制：伊斯兰民族组织把组织以外的人当替罪羊并以此作为打造内部团结的手段，这与美国的自由原则直接冲突；守约者组织则因无力筹集资金以维持自身的官僚机构运转而土崩瓦解。

　　然而，我们有理由认为，以更严格的规范为目标的保守主义倾向会持续发展下去。原因首先来自本书第二部分对秩序来源所做的学理讨论：人们生来是社会性的动物，并且是文化规则的理性创造者。无论是天性还是理性，最终都有助于构成社会资本基础的寻常美德的发展，如诚实、可靠和互惠等等。

不妨来看家庭规范方面的问题。协调男女双方家庭行为的规范自 20 世纪 60 年代以后发生了显著的变化，其结果是对孩子的利益造成伤害：男人抛弃家庭，女人婚外怀孕，夫妻常常出于鸡毛蒜皮的小事和自我放纵的原因而离婚。父母的利益常常同孩子的利益发生冲突：带孩子去运动或上学花费的时间会挤掉用于工作、陪女友或休闲活动的时间；为了孩子的缘故而同不尽如人意的配偶将就生活在一起，就会失去寻找性伴侣或一时寻欢作乐的新机会。但父母也天然地会对子女的幸福抱以强烈关注。如果可以向他们证明，其行为会对子女的生活选择造成严重伤害，他们就可能理智行事并愿意按照能有助于孩子的方式来改变行为。

形成一套合理规范的过程不是一个自动的过程。大断裂时期的文化造就了许多认知结构（cognitive constructs），而这些认知结构使人们看不清个人行为会给周遭的人带来怎样的后果。社会科学家告诉人们，在单亲家庭中成长并不比在完整家庭中成长要糟糕。家庭治疗师也向他们保证，孩子如果留在一个存在冲突、关系紧张的家庭里，还不如在离婚家庭里的状况好。同样是这些治疗师，还告诉人们，只有大人快乐孩子才会快乐，因此把大人自己的需求摆在首位是对的。家长还受到大众文化图景的狂轰滥炸，后者美化性事，并把传统的核心家庭生活描述为滋生虚伪、压抑和恶习的温床。改变这些观念需要经过讨论、争辩，甚至是某种被詹姆斯·戴维森·亨特（James Davison Hunter）冠之以"文化战争"的冲突。[20] 美国副总统丹·奎尔（Dan Quayle）在 1992 年的总统竞选中提出"家庭价值观"问题，并对电视剧《风云女郎》（*Murphy Brown*）所美化的单亲现象提出批评，当时他遭到大肆批评，被认为偏执和无知。但他引发了一场文化辩论并产生了重要的反响。克林顿总统旋即把家庭价值观作为自己总统任内的一个主题事项（尽管他自己的家庭

274

出现了问题），并使个人责任的概念成为公共政策话语的一个正式议题。与此同时，有关破裂家庭有害影响的实证性的社会科学证据仍在积累，其成就不容忽视。到 20 世纪 90 年代末，芭芭拉·达芙·怀特海德（Barbara Dafoe Whitehead）所做的判断——在家庭重要性问题上"丹·奎尔是对的"，即使跟五年前比，也在被越来越多的人所接受。[21]

社会秩序的重建不是仅仅依靠个人和团体之间非中心化的相互作用，也需要通过公共政策来重建它。这意味着政府既要有所为又要有所不为。政府在创造社会秩序方面存在一个清晰的界域，即通过警察力量以及通过促进教育来实现其作为。犯罪率下降很大程度上是因为监狱的修建和罪犯被收监。我们已然看到，有关犯罪问题上社会资本意识的觉醒如何导致了像社区警务一类的创新，这种创新可以说给 20 世纪 90 年代美国城市犯罪率水平的降低带来了影响。然而，不仅是对犯罪率，社区警务明显也对社会资本构成重要影响，其方式是在生活于城市地区的人们中创造出一种更为强烈的社会秩序感，以及帮助那些对参与社区生活和建立更严格的社区标准近来表示出意愿的人们在城市中重新安置下来。美国也开始着手对福利体系和子女抚养费征收制度进行重大改革，这些都是在大断裂期间美国家庭所表现出来的问题。纽约市市长鲁道夫·朱利亚尼（Rudolph Giuliani）这样的政治人物希望为中产阶级人群改造城市地区，而不是为放低姿态去收容社会最边缘人群，这样的态度为重建社会资本奠定了基础。其他一些市长，例如印第安纳波利斯市市长斯蒂芬·戈德史密斯（Stephen Goldsmith），也提出了许多有创意的办法来支持公民组织以及鼓励市民管理好自己的生活和邻里街区。[22]

另一方面，有些公共政策议程不包含行动主义的成分，而是让政府为希望由自己来建立社会秩序的个人和团体让路。在某些情况下，这意味着阻止国家去做那些可能会起反作用的事情，比如补贴私生子或在学校系统中鼓励多语言、多文化教学。在另一些情况下，在个人权利和群体利益之间找到较好的平衡则是法院的事情。

社会的规范重塑会有怎样的表现和前景呢？我们更有可能在犯罪率水平和信任度方面看到明显的变化，而不是在性行为、生育问题和家庭生活方面。事实上，在前两个领域内社会规范的重塑已经很好地在进行。不过，在性行为和生育问题上，由于现时代技术和经济条件的不同，类似回到维多利亚时代价值观这样的事情将很难发生。不受约束的性行为很容易导致怀孕，而且未婚生育有可能造成贫穷甚至是母亲和孩子的早亡，如果是在这样一个社会中，对性行为实行严格管制的规则才会是有意义的。第一种情况随着节育技术的出现而消失殆尽，后一种情况在女性收入提高和福利津贴的双重作用下，纵然没有消失也大为改观了。尽管美国可以并且已经在大幅削减福利，但没有人打算提出要把节育算作违法或扭转妇女从业的趋势。个人对理性私利的追求也不会解决生育率日益下降带来的问题。恰恰是父母对子女未来生活机会的理性考量诱使他们少生。亲属关系作为社会联系来源的重要性可能会持续下降，核心家庭的稳定性有可能永远无法彻底恢复。像日本和韩国这样迄今仍在阻挡这一趋势的社会更有可能转向西方的做法而不是相反。

然而，我们希望未来将发生的是不同方式的文化适应，这能让信息时代的社会更适宜孩子成长。女性渴望参加工作甚于抚养子女显然有着某种强烈的文化因素。在当代许多社会中，特别是北欧地区的社会中，全职母亲会被有工作的母亲抱以轻蔑，因为这就是当下的流行观念。不过，如果下面的结论能得到证实，即妈妈不能在孩子小的时候待在家中陪伴他们，会给孩子未来的生活机会造成不利影响，文化规范就会改变。家长有能力数年时间不工作而陪在幼孩身边，就会成为高地位富裕家庭的标志；可能只有工薪阶层和那些靠福利过活的母亲才会被迫把处于婴幼儿期的孩子送到日间托儿所或保育员那里。[23]

长寿在帮助缩小性别收入差距方面可能也会产生意料之外的影

响。一生工作年限的增加，加之工作对教育要求的提高以及市场中
竞争的加剧，意味着一个年轻人取得一份学历就足以支持其整个职
业生涯的旧有模式变得越来越行不通。在美国，终身干同一份工作
或受雇于同一家公司的事情对许多人来说都已成为过去。诸如法国
这样试图维系终身雇佣制甚至试图调低退休年龄的欧洲国家，将发
现自己会背上高永久失业率和巨额社会服务债务的包袱。受 20 世
纪 80 和 90 年代美国公司裁员影响的许多受害者是四十或五十多岁
的男性中层管理人员。他们被迫开始新的职业生涯，或因为缺乏灵
活适应性而只能提前退休，于是彻底退出劳动力市场。在未来，当
人们一般情况下都足够健康并能很好地工作到七十多岁时，不断地
接受再培训就会变得必不可少而且司空见惯。不过，在人生后半程
以新技能和新职业再度启程的人们，不能指望再度进入薪酬水平处
于金字塔顶端的劳动力行列；在职业阶梯上逐级向下流动以及在社
会层级向下流动可能成为男性的常规经历。女性和男性在收入方面
既存的差异，很大程度上与女性退出职场去养育子女有关，这将她
们推上一条收入不高的"妈妈之路"（mommy track）。在一个工作   277
更加碎片化并且男人在高龄阶段重启事业的世界里，妈妈之路的不
利之处似乎不再那么难以承受。如果人们再能对母亲之于孩子的重
要性有更多的认识，在工资方面继续存在的性别差异最终可能不再
是一种亟须纠正的不公平现象。

　　技术有可能以其他方式有助于遏止亲属关系和家庭生活的衰
败趋势。现代网络和通讯技术允许人们越来越多地在家庭之外的
场所开展工作。家庭和工作应该分置于不同场所的观念完全是工
业时代的一项发明。在此之前，大多数人是生活于其劳作场所的
农民；尽管家庭之中也有劳动分工，但家务和生产活动发生的物
理空间彼此相邻。制造性生产活动也常常发生在家庭里，雇工常
被当做是大家庭的组成部分。只是到了工业时代，随着工厂和办
公室的出现，丈夫和妻子才分开度过他们的白天时间。到了 20 世

纪下半叶，女性进入职场后，在家庭以外发生性行为的机会才大为增加，从而产生了性骚扰这样的新问题，并加剧了本已给核心家庭带来困扰的压力。

时至今日，无数的男人和女人被裁撤出他们原本所在的泰勒制的工厂或办公室，他们如今在家庭之外工作，用电话、传真、电子邮件和互联网与外部世界联系。他们开始可能对这样的安排感到不适应，因为生长的环境令他们认为，家庭和工作应该发生在不同场所。但这只是一种偏见：如果有的话，更本然的、更与整个人类历史相伴随的其实是，家庭和工作应该处在同一地方。也许，正是具有令我们远离自然欲望和天然倾向的、拥有无限潜力的技术，能在这种情况下多少恢复人类生活为个人主义所剥夺的整全性。

宗教复兴，过去与现在

根据上述对19世纪重建的描述，宗教对维多利亚时代英美社会规范的重塑起着至关重要的作用。维多利亚王朝与新教和统治两个社会的新教徒精英结成紧密联盟。在反对酗酒、赌博、奴隶制、犯罪和卖淫行为的斗争中，在构筑志愿性机构的密集网络时，卫理公会、公理会、浸理会教徒和其他传教师、俗世信徒（lay believers）构成了主力军。他们不仅通过教会，到了19世纪末还通过他们对公立学校系统的控制来达到这些文化目标。明治之后的日本统治者在为日本工业时代树立新的行为准则时也大量运用了宗教符号（Religious symbolism）。宗教在过去文化觉醒中的作用让人想到，它是否也能在扭转大断裂中起到同等作用。如果它不能发挥这样的作用，那么我们可能就有理由质疑到底大断裂会不会发生。

一些宗教保守派希望（而许多自由主义者担心），道德滑坡的问题将会通过大规模回归宗教正统而解决，就像是阿亚图拉·霍梅尼（Ayatollah Khomeini）乘坐喷气客机回到伊朗这一场景的西方版本。出于种种原因,这似乎不太可能发生。现代社会文化多种多样,谁都不知道谁的版本的宗教正统会大行于世。任何一种真正形式的正统思想,都可能被视为是对社会中重要的大型群体的威胁,因此都不会盛行太久或成为扩大信任半径的基础。保守的宗教复苏不是去整合社会,相反,事实上会加快业已发生的社会分裂和道德微型化过程:各类新教原教旨主义者会在内部围绕教义问题展开争论,正统派犹太教信徒思想会变得更正统,而像穆斯林和印度教徒这样的新移民群体则可能开始组织具有政教合一性质的团体。

回归虔诚更有可能以一种温和的、去中心化的形式,即这里的宗教信仰与其说表达的是一种教理,不如说表达的是团体的现有规范和对秩序的渴望。从某些方面来看,这已经在美国的许多地方发生了。团体不是作为严格信仰的附属品而产生,而是因为人们对团体的需要而产生信仰。换句话说,人们回归宗教传统,并不一定是因为他们接受了真理的启示,而恰恰是因为团体的缺乏和俗世中社会关系的无常让他们渴求仪式和文化传统。他们帮助穷人或邻居,不是因为教义告诉他们必须这样做,而是因为他们想要为团体服务,并觉得基于信仰的组织是最有效的服务方式。他们会反复念诵古代的祈祷,重新布演古老的仪式,这样做不是因为他们相信祈祷和仪式传承于上帝,而是因为希望他们自己的孩子能拥有更正确的价值观,并愿意享受宗教仪式的抚慰和它带来的共同体验感。从这个意义上说,人们不会严格按照教义的要求来对待宗教。在礼仪之事被完全剥夺的社会,宗教就成为仪式的来源,因而也是人们与生俱来的对社会关系的渴望的一种合理拓展。这是一种持怀疑态度的、现代理性人可以认真对待的事物,就像他们庆祝民族独立,穿上传统的少数民族服饰,或者阅读他们传统文化的经典。从这些角度理解,宗教便失去了其等级制特点,自发的理性和非理性的权威之间的区别也变得模糊。

20 世纪 90 年代开始的价值观重建,以及未来可能发生的任何

社会规范的重塑，都出自或会出自在第 8 章提出的规范分类的四个
象限：政治的、宗教的、自组织的和自然的。国家既不是我们所有
问题的根源，也不是可用以解决问题的工具。但国家的行为能或多
或少地损耗或者恢复社会资本。我们还没有现代化和世俗化到可以
不需要宗教的地步。但我们也没有丧失先天的道德资源到需要等待
救世主来拯救的程度。我们总拿着草耙试图驱走天性，但它总会跑
回来。

社会资本与历史

　　我之前曾提到，一个扩大了的信任半径主要有两个来源：宗教
和政治。在西方，基督教率先创建了人类普遍具有尊严的原则，这
一原则来自上天，并被启蒙运动转化为人人平等的世俗观念。现在
我们让政治来担负这一人为创制的原则的几乎全部内容，而政治干
得着实不错。人类社会是建立在形成有限信任半径的许多原则的基
础上，包括家庭、亲属关系、王朝规定、派系、宗教、人种、民族
和国家认同。启蒙运动意识到所有这些社会的传统来源最终都是不
合理的。就国内政治而言，它暗示着社会冲突，因为几乎没有社会
就任何一个上述特征而言是和谐的。在外交政策上，他们为战争铺
平了道路，因为基于不同原则的社会总是无意间同处于世界舞台上
的另一个社会发生碰撞。只有一个立基于承认人类尊严普遍性——
即一切人类基于其道德选择的能力而实质上彼此平等——的政治秩
序方能避免这些非理性的东西，才能通往和平的国内和国际秩序。
康德的共和政体、美国的《独立宣言》和《人权法案》、黑格尔的
普遍同质的国家、《世界人权宣言》以及当代几乎所有自由民主国
家基本法律中枚举的权利，都把这一普遍认同的原则奉为圭臬。

　　尽管时常出现倒退和暴露出弱点，但建立在这些普遍自由原则
上的国家在过去两百多年里表现出令人惊讶的适应性。建立在塞尔

维亚民族身份或十二伊玛目派（Twelver Shi' ism）基础上的政治秩序，永远走不出巴尔干半岛或中东地区的某些悲惨角落所展示的怪圈，也永远不会成为多样化、充满复杂和变动的大型现代社会（例如组成七国集团的那些国家）的指导原则。这些地方不仅面临着宗教或少数民族方面无法解决的政治矛盾，对创新的抵制还使它们无法加入自由的经济交换中，也就从而无法进入现代经济世界。随着社会的经济发展，自由民主的政治秩序其逻辑进程变得更加紧迫，因为要调谐组成社会的种种利益同时需要平等和参与。现代自然科学的发展促进了经济发展，同时，经济发展也推动（同时也掣肘、阻碍和误导）政治向自由民主的方向发展。因此，我们可以预料，281人类政治制度向自由民主转变会是一个漫长的演进过程。[24]

对历史进步的这一基本乐观的看法，其核心问题在于，社会和道德秩序不一定紧随政治秩序和经济的发展而来。政治秩序的文化先决条件不是理所当然存在的事物，其原因有二。一是自由社会以达成道德共识为代价来获得政治秩序。自由社会所提供的唯一道德准则是宽容和相互尊重的普遍义务。这起初并不是问题，因为许多像美国、英国和法国之类的自由社会，它们各自在文化上是相对同质的，由单一的族群或宗教来统治。但随着时间的推移，它们变得更加庞大、文化更加多样。人口数量持续减少、大量移民造成的压力、廉价的交通手段和无处不在的通信手段造成国家边界的脆弱，这些都表明，向更大的多样性发展这一趋势将会在世界各地持续。即使像日本那样致力于保持相当程度文化和种族同一性的国家也将在未来面临相似的压力。

在美国等英语民主国家，也包括在法国，这种起离心作用的文化作用力，已经随着一种并非出于民族或宗教的新型公民认同被创造出来而抵消。在美国，由民主政治理想和盎格鲁—撒克逊文化传统所形成的"美国化"，向所有移民儿童敞开怀抱。根据古典共和主义和法国的自由文化建立起来的法国公民身份，在理论上已平等地向来自塞内加尔的黑人和突尼斯的阿拉伯人开放,尽管移民在法国遭到了以玛丽·勒庞国民阵线(Jean-Marie Le Pen's Front National)运动为主要形式的强烈抵制。

未来的首要问题是,如果把多元文化主义当做原则来信仰,那些文化认同的普遍主义形式在其冲击下能否继续生存,这一信仰不止于对文化多样性的容忍,而是要以实际行动来颂扬和推动它。在前面讨论美国公民社会时提及的道德微型化已经发生,部分是因为基层社会变得更加多样化。对此过程起到更重要的推动作用的是越来越普及的对道德相对主义的原则性信仰——这一信仰认为没有特定的价值观或准则可以是权威的。当这一相对论延伸到作为政权根基的那些政治价值观时,自由主义便会自毁长城。

自由社会在保卫他们自己的文化根基时所面临的第二个问题在于科技变化带来的挑战。社会资本不是在信仰时期(Age of Faith)得以创造并从古代传统那里像传家宝一样传承下来的稀世之珍,也不是存在固定供给如今正被现代世俗人肆意挥霍的东西。尽管社会资本的存量一直能得到补充,但这一过程并不是自动、简单或低成本的。提高生产力或推出一个新行业的创新,同样可能对某一既有的社区造成破坏乃至造成整个生活方式的老化。了解技术进步规律的社会发现,随着社会规则的演变,自己需要不断加紧步伐去适应变动的经济条件。机械化生产使人们从乡村移居到城市,并迫使男人走出家庭,而信息技术让他们又回归乡村,却又让女人成为劳动力。核心家庭随着农业的发展而消失,又随着工业化重新出现,在向后工业时代过渡的时期又走向瓦解。人们总是能根据这些变化的状况来调整自己,但是技术变革通常比社会调整要来得快。当社会资本的供应不能满足需求,社会就会付出高昂的代价。

这里似乎存在两个同时进行的过程。在政治和经济领域,历史似乎是沿着一定方向在进步,并在 20 世纪末在自由民主方面发展到顶峰——对于技术发达国家,自由民主体制只能是唯一选择;而在社会和道德领域，历史却表现出周期性，社会秩序在许多代人的时间长河里兴衰起伏。没有东西可以保证在这种历史循环中定会有向上的发展。我们满怀希望的唯一理由是人类在重建社会秩序上与生俱来的强大能力。历史发展的箭头能否向上就取决于这一重建过程的成功与否。

附加材料及其来源

图表 A.1 到 A.5 呈现了各种趋势，内容包括犯罪、盗窃、生育、离婚，以及除美国、英格兰和威尔士、瑞典和日本之外（它们的情况呈现在本书正文中）经合组织（OECD）的十个国家对非法的定义情况。这些图表和本书中的其他图表可以在作者的网站上看到，网址为 http://mason.gmu.edu/~ffukuyam/.

加拿大

暴力犯罪率：来自暴力犯罪条目，其中包括杀人、谋杀未遂、各种形式的性侵犯和其他侵犯、抢劫以及绑架。

偷盗率：来自财产犯罪条目，其中包括非法入侵住宅、欺诈、财产偷窃。

来源：Statistics Canada, *Canadian Crime Statistics 1995* (Ottawa: Canadian Center for Justice Statistics, 1995).

丹麦

暴力犯罪率：来自性犯罪条目，其中包括强奸和有伤风化；而

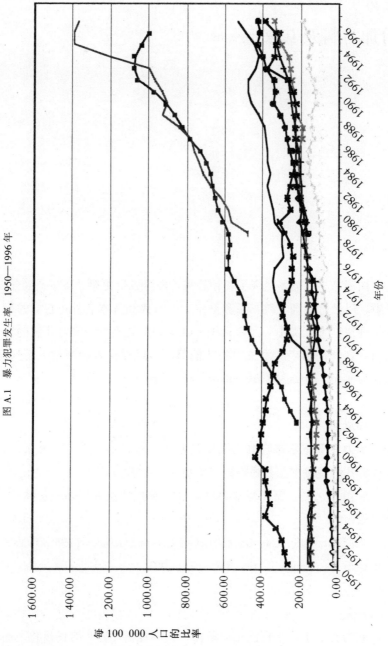

图 A.1 暴力犯罪发生率，1950—1996 年

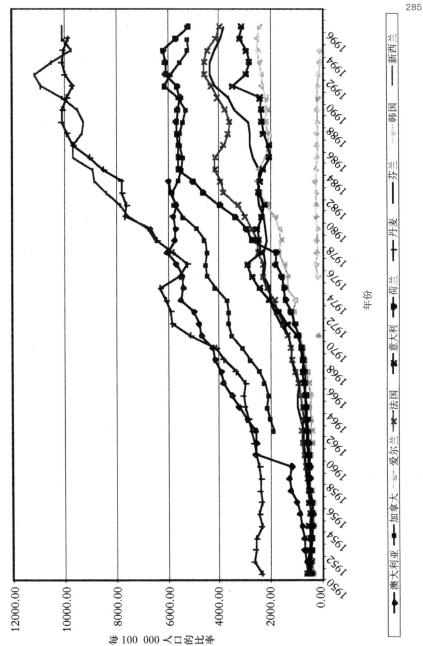

图 A.2 失盗率, 1950—1996 年

暴力犯罪条目则包括妨害公务、杀人以及侵犯个人。

偷盗率：来自财产犯罪条目，其中包括伪造、纵火、入室盗窃、偷盗、欺诈、抢劫、偷窃登记过的汽车、摩托车、助动车、自行车以及恶意损坏财产。

来源：Danmarks Statistic (Statistics Denmark), *Kriminalstatistik (Criminal Statistics)*(Copenhagen: Statistics Denmark, 1996).

荷兰

暴力犯罪率：仅适用于 1978—1996 年间，来自暴力犯罪条目，其中包括杀人或杀人未遂（在 1978 年前也适用）；协助自杀与堕胎（在 1992—1996 年间并不适用）；袭击；威胁（仅适用于 1992—1996 年间）；致死或者严重的身体伤害；强奸；性侵犯；其他性犯罪；暴力盗窃；敲诈勒索。

偷盗率：来自财产犯罪条目，包括普通偷窃、入室盗窃和其他严重的偷窃行为。

注：关于暴力犯罪和财产犯罪的条目同来源中所提供的主要犯罪类型并不相同。而且关于犯罪类型和年份覆盖面的问题，使这些主要条目和其中分门别类的犯罪类型变得难以被充分解释。

来源：私人通信，Ministry of Justice, Netherlands National Bureau of Statistics, Revised by Ministry of Justice, WDOC/SIBa, January 1998.

新西兰

暴力犯罪率：来自暴力犯罪条目，其中包括谋杀、绑架、抢劫、恶性侵犯、严重侵犯、轻微侵犯、恐吓威胁、非法聚集；另外来自性犯罪条目，其中包括性侵犯、性侮辱、不正常的性关系、不道德行为，以及影视和出版物分级。

偷盗率：来自"不诚实"条目，其中包括入室盗窃、偷窃机动车／干扰机动车行驶、偷窃、受贿和欺诈。

来源：同 P. E. C. Doone 的私人通信，Commissioner of Police, New Zealand Police.

芬兰

暴力犯罪率：来自刑事违法中的表格，其中包括杀人、谋杀、凶杀、谋杀未遂或杀人未遂、袭击、强奸和抢劫。

偷盗率：来自刑事违法中的表格，其中包括偷窃、恶性偷窃、顺走或偷窃机动车。

注：法律、刑法和法规在 1972 年修正了关于抢劫和恶性袭击的条款，在 1991 年修改了关于顺走或是偷窃机动车、偷窃和挪用公款的条款。

来源：Statistics Finland, *Yearbook of Justice Statistics 1996* (Helinski: Statistics Finland, 1997) 和 Statistics Finland, *Crime Nomenclature 1996* (Helinski: Statistics Finland, 1997).

法国

暴力犯罪率：来自个人侵犯目录（没有提供犯罪类型）。

偷盗率：来自偷窃（包括买卖盗窃所得）条目（没有提供犯罪类型）。

来源：私人通信，Bernard Gravet, the Directeur central de la police judicaire, Ministry of Interior, Republic of France. 该来源被列为法兰西统计机构，Institute National de la statistique et des Etudes Economiques (INSEE).

爱尔兰

暴力犯罪率：来自组 1——个人侵犯，其中包括（在许多详细分类的类别中）谋杀、各种类型的杀人、各种类型的袭击、强奸、其他性侵犯、绑架、诱拐、恐吓、虐待儿童和杀害婴儿。此外还来自组2——暴力侵犯财产，其中包括恶性入室盗窃、恶性持械入室盗窃、抢劫和意欲抢劫的袭击、持械抢劫、持枪或炸弹的宅内袭击、纵火、杀害或伤害家畜、造成可能危及生命或损害财产的爆炸。

偷盗率：来自组2——暴力财产侵犯，包括渎神、入室盗窃、蓄意非法持有财务、非法入侵住宅、商店等、威胁出版或蓄意强占出版物、恶意损毁学校、其他恶意损害财产、蓄意引起爆炸、持有爆炸性物品、恶意损害财产以及其他暴力侵犯财产的行为。此外还来自组3——非暴力财产侵犯（也叫盗窃等等），包括（在许多详细分类的类别中）各种类型的盗窃和买卖盗窃所得。但不包括诈骗和诈骗相关的犯罪。

来源：Central Statistics Office, *Statistical Abstract* (Cork: Central Statistics Office, annual editions).

意大利

暴力犯罪率：来自原始资料中的表格，包括预谋杀人、过失杀人、人身伤害、抢劫、敲诈、绑架和对家庭的侵犯。

偷盗率：来自资料来源中的表格，包括偷盗。

注：违反道德和公众骚乱被我排除了，因为它们在这里似乎被归入了刑事犯罪，这已经在我的主要条目之外了，而且在这里我也要同其他国家相统一（在其他国家，违反道德和公众骚乱也被排除在外）。

来源：私人通信，Claudia Cingolani, head, International Relations Department, Istituto Nazionale Di Statistica(ISTAT). 1950—1985年的数据取自一份出版物，1986—1996年的数据取自一份内部传阅的表格。

日本

暴力犯罪率：来自原始资料中的表格，包括谋杀、抢劫、导致死亡的抢劫、导致身体伤害的抢劫、抢劫情境下的强奸、身体伤害、袭击、恐吓、强占、携带危险武器的非法聚集、强奸、猥亵、公众场合有伤风化的行为、传播淫秽物品、纵火和绑架。

偷盗率：来自原始资料中的表格，包括偷窃。

来源：Hoichi Hamai, senior research officer, First Research Department, Research and Training Institute, Ministry of Justice, Government of Japan translated the data taken from the annual White Paper on Crime. 完整的引用出处为：Government of Japan, *Summary of the White Paper on Crime* (Tokyo: Research and Training Institute, Ministry of Justice, annual editions).

瑞典

289

暴力犯罪率：来自原始资料中的表格，包括谋杀、过失杀人、致死的袭击、袭击和恶性袭击、性犯罪和抢劫。

偷盗率：来自原始资料中的表格，包括财产损坏、夜盗、不包括抢劫和夜盗的财产犯罪。

来源：Statistics Sweden (Statistika Centralbyran), *Kriminalstatistik 1994* (Stockholm: Statistics Sweden, 1994).

美国

暴力犯罪率：来自犯罪数据第一部分，包括谋杀和过失杀人、暴力强奸、抢劫、恶性袭击。

偷盗率：来自犯罪数据第一部分，包括夜盗、盗窃、机动车盗窃。

来源：来自 Program Support Section 的私人通信，Criminal Justice Information Services Division, Federal Bureau of Investigation, U.S. Department of Justice. 在自愿的基础上，数据来

自 FBI 管理的 Uniform Crime Reporting (UCR) 项目。

英格兰和威尔士

暴力犯罪率：来自第一等级人身侵犯（1950—1972）和暴力人身侵犯（1973—1997）、性犯罪条目。其中包括谋杀、过失杀人和杀婴（杀人）、蓄意谋杀、威胁或阴谋杀人、伤害儿童、伤人或是其他危及人身的行为、危害铁运乘客、危害海运乘客、其他伤人行为等等、袭击（1988 年后它不再包括在内，而变成了即决犯罪）、遗弃两岁以下婴儿、绑架、非法堕胎、隐瞒生育。性犯罪包括夜盗、鸡奸、对男性进行有伤风化的侵犯、男性间有伤风化的行为、强奸、对女性进行有伤风化的侵犯、和十三岁以下的女性进行性交、和十六岁以下的女性进行性交、乱伦、拉皮条、诱拐、重婚以及同儿童进行有伤风化的恶性行为。

偷盗率：来自第二等级暴力财产犯罪（除了抢劫和敲诈勒索）（1950—1972）和条目夜盗，以及第三等级的非暴力财产犯罪（不包括侵占盗用、错误地吹嘘自己占有、通过中介欺骗等等，以及虚假的说辞）和条目盗窃。其中包括不同类型的夜盗和盗窃。

来源：Home Office, Criminal Statistics: England and Wales (London: Her Majesty's Stationery Office, various years).

澳大利亚

暴力犯罪率：来自监察局的犯罪报告，包括凶杀、谋杀和过失杀人（非由驾车所致）（只在 1971—1997 年间实行）、强奸（1964—1987）、抢劫、恶性袭击。

偷盗率：来自监察局的犯罪报告，包括夜盗或私闯民宅的偷盗、偷盗和机动车盗窃。

来源：1964—1973 年，数据来自 Satyanshu K. Mukherjee, Anita Scandia, Dianne Dagger, and Wendy Matthews, *Sourcebook of*

Australian Criminal and Social Statistics (Canberra: Australian Institute of Criminology, 1989)；1974—1997 年，数 据 来 自 Satyanshu K. Mukherjee and Dianne Dagger, *The Size of the Crime Problem in Australia*, 2d ed. (Canberra: Australian Institute of Criminology, 1990)，以 及 同 John Myrtle 的 私 人 通 信，Principal Librarian, Australian Institute of Criminology.

韩国

暴力犯罪率：1970 和 1975—1994 年，数据来自暴力犯罪实例，包括谋杀、强奸、抢劫、恶性袭击。

偷盗率：1970 和 1975—1994 年，数据来自财产犯罪实例。尚不清楚该犯罪包含哪些类型。

来 源：National Statistical Office, Republic of Korea, *Social Indicators in Korea 1995* (Seoul, Korea: National Statistical Office, 1995).

所 有 欧 洲 国 家 中 女 性 未 婚 生 子 的 数 据 取 自 Eurostat, *Demographic Statistics* (New York: Haver Analytics/Eurostat Data Shop, 1997)。日本的数据来自日本厚生省大臣官房统计情报部。美 国 的 数 据 来 源 为 S. J. Ventura et al., "Report of Final Natality Statistics," *Monthly Vital Statistics Report* 46, No. 11 supplement (Hyattsville, Md.: National Center for Health Statistics, 1996)，和 S. J. Ventura et al., "Births to Unmarried Mothers: United States, 1980-1992," *Vital Health Statistics* 21 (53) (Hyattsville, Md.: National Center for Health Statistics, 1995). 澳大利亚和加拿大的数据来源为 United Nations Department for Economic and Social Information and Policy Analysis, Statistical Division, *Demographic Yearbook* (New York: United Nations Publications, 1965, 1975, 1981, 1986). 其他数据由相关国家提供。

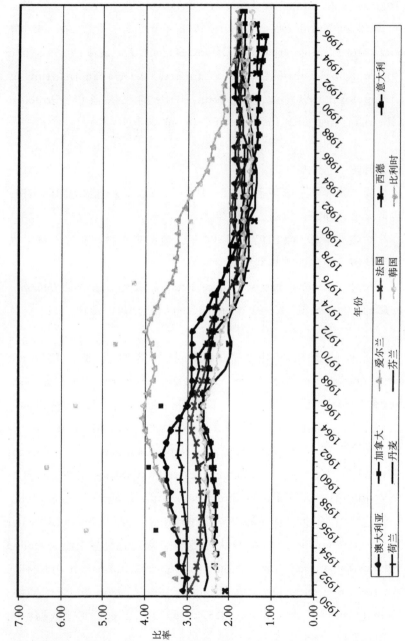

图 A.3 总人口出生率，1950—1996 年

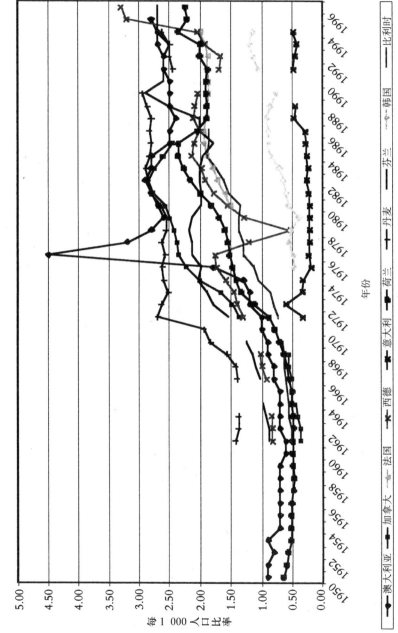

图 A.4 离婚率，1950—1996 年

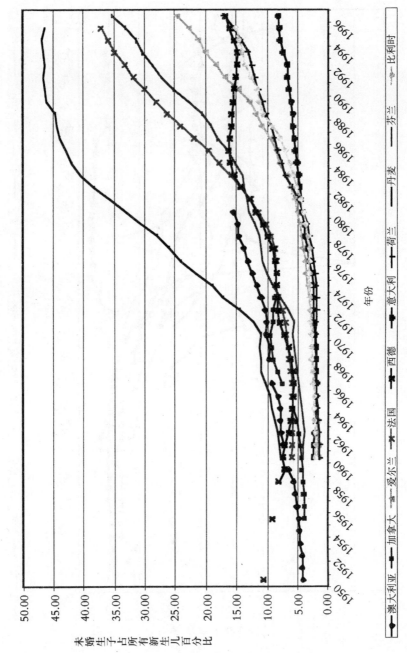

图 A.5 女性未婚生子情况，1950—1996 年

澳大利亚

总体生育率：不包括 1996 年前的"纯土著人"。

离婚率：不包括 1996 年前的"纯土著人"。毛离婚率指的是在当年 6 月 30 日的判决中，每 1 000 名估计人口中的被准许离婚的数量。在 1994 年以前，毛离婚率以公历年居民人口的平均值为基础。在解释这个比率时，必须要记住，用作分母的大量且不断变化的人口部分是没有结婚或是小于最小结婚年龄的人。

来源：私人通信，March 2, 1998, Christine Kilmartin, coordinator, Family Trends Monitoring. Australian Institute of Family Studies, Australian Bureau of Statistics, *Catalog No. 3301.0* (Canberra: Australian Government Publishing Service, 1995).

加拿大

离婚率：数据不包括无效婚姻和合法分居，除非另有说明。该比率指的是依照民法，年中每 1 000 名人口中成功判离的数量。

来源：United Nations Department for Economic and Social Information and Policy Analysis, *World Population Prospects: The 1996 Revision—Annex 1—Demographic Indicators* (New York: United Nations Publication, 1996); U.S. Bureau of the Census, *International Database*, International Programs Center; United Nations Department for Economic and Social Information and Policy Analysis, Statistical Division, *Demographic Yearbook* (New York: United Nations Publications, 1965-1995).

美国

离婚率：数据仅指在美国国内发生的事件。自 1959 年起包括阿拉斯加，1960 年起包括夏威夷。1950、1960、1970 和 1980 年每 1 000 人中的比率是按 4 月 1 日算出，其余年份则按 7 月 1 日算出。

来源：S. J. Ventura, J. A. Martin, T. J. Mathews, and S. C. Clarke, *Report of Final Natality Statistics, 1996,* Monthly Vital Statistics Report, Vol. 46, No. 11 supplement (Hyattsville, Md.: National Center for Health Statistics, 1998); S. J. Ventura, *Births to Unmarried Mothers: United States, 1980-1992,* National Center for Health Statistics, Vital Health Statistics 21(53) (Hyattsville, Md.: National Center for Health Statistics, 1995); U.S. Department of Health and Human Services, *Vital Statistics of the United States,* Vol. 1: Natality, Publication No. (PHS) 96-1100 (Hyattsville, Md.: National Center for Health Statistics, 1996); S. C. Clark, Advance *Report of Final Divorce Statistics, 1989 and 1990,* Monthly Vital Statistics Report, Vol. 43, No. 8 supplement (Hyattsville, Md.: National Center for Health Statistics, 1995); National Center for Health Statistics, *Births, Marriages, Divorces and Deaths for 1996,* Monthly Vital Statistics Report, Vol. 45, No. 12 (Hyattsville, Md.: National Center for Health Statistics, 1997).

日本
来源：日本厚生省大臣官房统计信息部。

韩国
离婚率：数据的完整性未在来源或资料中注明，这被认为是不完整的。

来源：United Nations Department for Economic and Social Information and Policy Analysis, *World Population Prospects: The 1996 Revision—Annex 1—Demographic Indicators* (New York: United Nations Publications, 1996); U.S. Bureau of the Census, *International Database,* International Programs Center; United

Nations Department for Economic and Social Information and Policy Analysis—Statistical Division, *Demographic Yearbook* (New York: United Nations Publications, 1980-1995).

丹麦

离婚率：数据不包括法罗群岛（Faeroe Islands）和格陵兰岛（Greenland）。

来源：Jean-Paul Sardon, *General Natality* (Paris: National Institute of Demographic Studies, 1994); U.S. Bureau of the Census, *International Database*, International Programs Center; United Nations Department for Economic and Social Information and Policy Analysis? Statistical Division, *Demographic Yearbook* (New York: United Nations Publications, 1965-1995).

芬兰

来源：United Nations Department for Economic and Social Information and Policy Analysis, *World Population Prospects: The 1996 Revision—Annex 1—Demographic Indicators* (New York: United Nations Publications, 1996); U.S. Bureau of the Census, *International Database*, International Programs Center; United Nations Department for Economic and Social Information and Policy Analysis—Statistical Division, *Demographic Yearbook* (New York: United Nations Publications, 1965-1985); 私人通信, January 23, 1998, Anja Torma, information specialist-library; Statistics Finland, *Vital Statistics 1996* (Helsinki: Statistics Finland, 1996).

法国

来源：Jean-Paul Sardon, *General Natality* (Paris: National

Institute of Demographic Studies, 1994); Roselyn Kerjosse and
Irene Tamby, *The Demographic Situation in 1994: Movement of
the Population* (Paris: National Institute of Statistics—Economic
Studies, 1994).

德国 / 前东德

来源：Ministry for Families, Senior Citizens, Women, and
Youth, *Die Familie im Spiegel det Amdichen Statistik: Aktuel
und Eiweiterte Neuauflage 1998* (Bonn, 1997); United Nations
Department for Economic and Social Information and Policy
Analysis, *World Population Prospects: The 1996 Revision—
Annex 1—Demographic Indicators* (New York: United Nations
Publications, 1996); United Nations Department for Economic
and Social Information and Policy Analysis, Statistical Division,
Demographic Yearbook (New York: United Nations Publications,
1965-1995).

爱尔兰

来源：Jean-Paul Sardon, *General Natality* (Paris: National
Institute of Demographic Studies, 1994); U.S. Bureau of the Census,
International Database, International Programs Center.

意大利

离婚率：数据的完整性并没有在来源中注明。

来源：私人通信，April 17, 1998, Viviana Egidi, Direzione
Centrale delle Statistiche su Popolazione e Territorio. Istituto
Nazionale Di Statistica (ISTAT); United Nations Department for
Economic and Social Information and Policy Analysis, Statistical

Division, *Demographic Yearbook* (New York: United Nations Publications, 1990-1995).

荷兰

离婚率：数据未包括因死亡造成的离异或正式经过手续的离婚。

来源：私人通信, March 4, 1998, Ursula van Leijden, Population Department, Statistics Netherlands.

瑞典

来源：Jean-Paul Sardon, *General Natality* (Paris: National Institute of Demographic Studies, 1994); 私人通信, June 11, 1998, Ake Nilsson, Statistics Sweden; *Population Statistics 1996, Part 4, Vital Statistics* (Stockholm: Statistics Sweden, 1997).

英国

离婚率：1964—1970 年的数字只适用于英格兰和威尔士。人口比率计算时包括国外的军队、商人和海上的渔民，但是不包括驻扎在英国的邦联和外国军队。

来源：United Nations Department for Economic and Social Information and Policy Analysis, *World Population Prospects: The 1996 Revision—Annex 1—Demographic Indicators* (New York: United Nations Publications, 1996); United Nations Department for Economic and Social Information and Policy Analysis, Statistical Division, *Demographic Yearbook* (New York: United Nations Publications, 1965-1995); Council of Europe, *Recent Demographic Developments in Europe* (Strasbourg: Council of Europe Publishing, 1997).

297

注 释

第一章

1. Daniel Bell, *The Coming of Post-Industrial Society: A Venture in Social Forecasting* (New York: Basic Books, 1973).

2. 对"信息社会"特点的常见态度，见 Alvin Toffler, *The Third Wave* (New York: William Morrow, 1980), and Manuel Castells, *The Rise of the Network Society* (Maiden, Mass.: Blackwell Publishers, 1996).

3. 第一次主要的分裂来自农业的发明。然而，从狩猎采集社会向农业社会的转变相比于自工业革命以来的经济转变要慢得多，而且我们对它的了解也少得多。

4. Ferdinand Tönnies, *Community and Association* (London: Routledge and Kegan Paul, 1955).

5. Sir Henry S. Maine, *Ancient Law: Its Connection with the Early History of Society and Its Relation to Modern Ideas* (Boston: Beacon Press, 1963: originally published 1861), pp.163-164; see also the parallel discussion in Max Weber, *Economy and Society* (Berkeley: University of California Press, 1978), 1: 40-46; and Robin Fox, *Reproduction and Succession: Studies in Anthropology, Law, and Society* (New Brunswick, N.J.: Transaction Publishers, 1997), pp. 96-100.

6. Samuel P. Huntington, *The Third Wave: Democratization in the Late Twentieth Century* (Oklahoma City: University of Oklahoma Press, 1991).

7. Francis Fukuyama, *The End of History and the Last Man* (New York: Free Press, 1992); see also "Capitalism and Democracy: The Missing Link," *Journal of Democracy* 3 (1992): 100-110.

8. See, for example, the introduction to James M. Buchanan, *The Limits of Liberty: Between Anarchy and Leviathan* (Chicago: University of Chicago Press, 1975).

9. Diego Gambetta, *The Sicilian Mafia: The Business of Private Protection* (Cambridge: Harvard University Press, 1993), p. 35.

10. See, for example, Edward C. Banfield, *The Moral Basis of a Backward Society* (Glencoe.
    Ill.: Free Press, 1958), and Robert D. Putnam, *Making Democracy Work: Civic Traditions in*   300
    Modern Italy (Princeton, NJ: Princeton University Press, 1993).

11. 就我所知，使用该术语的第一人以及书目是：Lawrence Harrison in *Underdevelopment Is*
    a State of Mind: The Latin American Case (New York: Madison Books,1985), pp. 7-8.

12. 根据韦伯所言，"在上述新教的所有伦理主义与禁欲主义教派中，伦理型宗教的伟大成就
    在于割断了血缘关系的束缚"。*The Religion of China* (New York: Free Press, 1951), p. 237.

13. 关于公民社会的讨论，参见 Larry Diamond, "Toward Democratic Consolidation," *Journal*
    of Democracy 5 (1994): 4-17.

14. 该讨论来自 Ernest Gellner in *Conditions of Liberty: Civil Society and Its Rivals* (London:
    Hamish Hamilton, 1994).

15. Lyda Judson Hanifan, "The Rural School Community Center," *Annals of the American*
    Academy of Political and Social Science 67 (1916):130-138.

16. Jane Jacobs, *The Death and Life of Great American Cities* (New York: Vintage Books, 1961),
    p. 138.

17. Glenn Loury, "A Dynamic Theory of Racial Income Differences," in P. A. Wallace and A.
    LeMund, eds., *Women, Minorities, and Employment Discrimination* (Lexington, Mass.:
    Lexington Books, 1977); Ivan H. Light, *Ethnic Enterprise in America* (Berkeley: University
    of California Press, 1972).

18. James S. Coleman, "Social Capital in the Creation of Human Capital," *American Journal of*
    Sociology Supplement 94 (1988): S95-S120, and "The Creation and Destruction of Social
    Capital: Implications for the Law," *Journal of Law, Ethics, and Public Policy* 3 (1988): 375-
    404.

19. Putnam, *Making Democracy Work*, and "Bowling Alone: America's Declining Social
    Capital," *Journal of Democracy* 6 (1995): 65-78.

20. Everett C. Ladd, "The Data Just Don't Show Erosion of America's 'Social Capital,'" *Public*
    Perspective (1996): 4-22; Michael Schudson, "What If Civic Life Didn't Die?" *American*
    Prospect(1996): 17-20; John Clark, "Shifting Engagements: Lessons from the 'Bowling
    Alone' Debate," *Hudson Briefing Papers*, no. 196 (October 1996).

21. 这项研究把许多消极的社会资本量度用在一个指标当中，见 National Commission on
    Civic Renewal, *The Index of National Civic Health* (College Park, Md.: National Commission
    on Civic Renewal, 1998), and *A Nation of Spectators: How Civic Disengagement Weakens
    America and What We Can Do About It* (College Park, Md.: National Commission on Civic
    Renewal, 1998).

第二章

1. Jane Jacobs, *The Death and Life of Great American Cities* (New York: Vintage Books, 1992),
   pp. 29-54.

2. Ibid, pp. 38-39.

3. 关于对高度现代主义都市生活不利影响的讨论，见 James C. Scott, *Seeing Like a State: How Certain Schemes to Improve the Human Conditions Have Failed* (New Haven, Conn.: Yale University Press, 1998), pp. 132-139.

4. 见 Robert E. Park, "Community Organization and Juvenile Delinquency," in Ernest W. Burgess, Park, and Roderick D. McKenzie, eds.,*The City* (Chicago: University of Chicago Press, 1925), pp. 99-112. 相似的，犯罪学家约翰·布雷思韦特强调，被他称为"重新整合性耻辱"（reintegrative shaming）的东西起着犯罪控制手段的作用。社群通过羞辱那些违反社群规范的人来表达它们的反对。重新整合性耻辱会在某种时刻出现：社群乐意去接受那些在返回正统时为自己的行为感到耻辱或忏悔的离经叛道者。据布雷思韦特所言，重新整合防止了被污名化的离经叛道者形成自己的犯罪亚文化。日本便是第一个例子：同其他国家相比，日本有着极低的犯罪率，它并不依赖于警察，而是通过非正式的社会压力来确保社群规范。为罪犯在道德上去污名化的重大努力便是社群中其他成员的积极调停；一旦发生这种情况，那么个人就会被欢迎重新进入规范性的社会生活当中。John Braithwaite, *Crime, Shame, and Reintegration*(Cambridge: Cambridge University Press, 1989).

5. Robert J. Sampson, Stephen W. Raudenbush, and Felton Earls, "Neighborhoods and Violent Crime: A Multilevel Study of Collective Efficacy," *Science* 277 (1997): 918-924.

6. See Erich Buchholz, "Reasons for the Low Rate of Crime in the German Democratic Republic," *Crime and Social Justice 29* (1986): 26-42.

7. James Q. Wilson, *Thinking About Crime*, rev. ed. (New York: Vintage Books, 1983), p.15.

8. George Kelling and Catherine Coles, *Fixing Broken Windows: Restoring Order and Reducing Crime in Our Communities* (New York: Free Press, 1996), pp. 14-22.

9. Ibid, p. 47.

10. Wesley G. Skogan, *Disorder and Decline: Crime and the Spiral of Decay in American Neighborhoods* (New York: Free Press, 1990).

11. 自 Dane Archer 和 Rosemary Gartner 发表了 *Violence and Crime in Cross-National Perspective* (New Haven, Conn.: Yale University Press, 1984) 以后，现在已经有了少量的发达国家比较犯罪数据汇编。至于其他的调查研究，参见 Antoinette D. Viccica, "World Crime Trends," *International Journal of Offender Therapy* 24 (1980): 270-277.

12. 关于国际犯罪比较方面的方法论问题的探讨，参见 James Lynch, "Crime in International Perspective," in James Q. Wilson and Joan Petersilia, eds., *Crime* (San Francisco: ICS Press, 1995). pp. 11-38.

13. W. S. Wilson Huang, "Are International Murder Data Valid and Reliable? Some Evidence to Support the Use of Interpol Data," *International Journal of Comparative and Applied Criminal Justice* 17 (1993): 77-89.

14. See U.S. Department of Justice, Bureau of Justice Statistics, *Criminal Victimization, 1973-95* (Washington, D.C.: U.S. Government Printing Office, 1997).

15. 一项关于 14 个发达国家的近期此类研究是 Jan J. M. Van Dijk and Pat Mayhew, *Experiences of Crime Across the World* (Deventer, Netherland: Kluwer, 1991).

16. Pat Mayhew and Philip White, *The 1996 International Crime Victimisation Survey*, Home Office Research and Statistics Directorate Research Findings No. 57 (London: Research and Statistics Directorate, 1997).

17. 第二个方法论上的难题就是不得不处理犯罪问题上的跨文化对比。不同社会对犯罪的定
    义方式并不相同。甚至在谋杀方面，国际刑事警察组织的数据将谋杀未遂包含在内，而
    美国却没有；"谋杀"（murder）和"凶杀"（homicide）有时候被当成相同的概念，但有
    时候却不是；一些国家警察机构把伤风败俗的行为与暴力犯罪同日而语，而有些却不这
    么做。即便是在同一个社会中，对犯罪的定义也会与时俱变。在诸如强奸和虐童之类的
    性犯罪中尤为如此，社会规范在这方面的变化非常迅速。约会中的强奸在今天的美国会
    被起诉，而在三十年前则不会；言语辱骂和精神虐待在今天也已经是虐童的组成部分。
    在定义相同的条目中，不同国家之间的差别也存在着：与美国相比，自行车盗窃在荷兰
    的财产犯罪中所占的比例要比汽车盗窃和夜盗大得多，这仅仅因为在荷兰有更多的自行
    车被盗。

    由于在犯罪定义中频繁出现的模糊性，有一个犯罪学学派认为犯罪只是特定社会中
    占统治地位的精英有选择地把某事标识为犯罪，而且一个团体中的离经叛道者在另一个
    团体则是正常的。爱德温·萨瑟兰的解释含蓄地表明，犯罪的产生是因为逾越了定义，
    而这种逾越支持对法律的违犯，而且这延续了所谓的标识理论学派。在这种解释之下，
    法律的施行变成了一种强制的文化偏见。由于保守派在19世纪60到70年代将犯罪变
    成了一个政治议题，很多自由派分子借助响应涂尔干来对"离经叛道是正常"的效用做
    出回应，即没有一个社会摆脱了犯罪和偏离[规范]。他们认为，任何醍醐犯罪的条目都
    是在维多利亚时期和19世纪50年代的北美市郊被约定的；把这些阶段回顾成黄金时代
    不过是怀旧的心态在起作用罢了。

    对于文化偏见的问题存在两种不同的回答：第一种答案比较精细也比较技术性。研
    究表明，国际数据集合之间有着适度的一致性。如果犯罪条目在两个社会或在一个社会
    的不同时段有着不同的划定，那么条目很明显不可能被任何寻找特定原因或修正特定犯
    罪类型的精细研究所解构。然而只要犯罪类型在不同时间都被使用，那么这就不应该影
    响到时下流行的数据。第二种答案则更为粗疏，犯罪是否只是将少数群体和其他边缘人
    群污名化的一种偏见，这一议题确实不能应用于我们现在所讨论的这个问题中的广阔现
    象。世界上并不存在一个社会（无疑不存在完成发展的社会）认为谋杀和财产偷盗是合
    法的。随着时间的推移，容忍更高程度的犯罪和离经叛道的意愿，并没有意味现在有更
    少的社会动荡，而是意味另一种情况下的"重新定义偏离[规范]"。

    See W. S. Wilson Huang, "Assessing Indicators of Crime Among International Crime
    Data Series," *Criminal Justice Policy Review* 3 (1989): 28-48; Piers Beirne, " Cultural
    Relativism and Comparative Criminology," *Contemporary Crises 1* (1983): 371-391; Gregory
    C. Leavitt, "Relativism and Cross-Cultural Criminology: A Critical Analysis," *Journal of
    Research in Crime and Delinquency* 27 (1990): 5-29; Edwin Sutherland and Donald Cressy,
    Criminology (Philadelphia: Lippincott, 1970); Frank Tannenbaum, *Crime and the Community*
    (New York: Columbia University Press, 1938); Howard S. Becker, *Outsiders: Studies in the
    Sociology of Deviance* (Glencoe, Ill.; Free Press, 1963).

18. Ted Robert Gurr, "Contemporary Crime in Historical Perspective: A Comparative Study of
    London, Stockholm, and Sydney," *Annals of the North American Academy of Political and
    Social Science* 434 (1977): 114-136.

19. W. S. Wilson Huang, "Arc International Murder Data Valid?"

20. James S. Coleman, *Foundations of Social Theory* (Cambridge, Mass.: Harvard University
    Press, 1990), p. 300.

21. 在1995年的美国，少于20名雇员的公司占据了私企雇佣的19.5%。Small Business

Administration, Office of Advocacy, Small Business Answer Card 1998.　　303

22.　如果一个女人能够满足当年各个育龄小组的生育率特征，那么总体的生育率就是一个女
　　人在育龄时的平均生育数字。见数据来源的附录。

23.　我要感谢 Nicholas Eberstadt 对这一章节的分析，参见他的文章 "World Population
　　Implosion?" *Public Interest,* no. 129 (Fall 1997): 3-22.

24.　Nicholas Eberstadt, "Asia Tomorrow, Gray and Male," *National Interest,* no. 53 (Fall 1998):
　　56-65.

25.　关 于 这 一 阶 段 的 讨 论，参 见 Michael S. Teitelbaum and Jay M. Winter, *The Fear of
　　Population Decline* (Orlando, Fla.: Academic Press, 1985).

26.　David Popenoe, *Disturbing the Nest: Family Change and Decline in Modern Societies* (New
　　York: Aldine de Gruyter, 1988), p. 34.

27.　Sara McLanahan and Lynne Casper, "Growing Diversity and Inequality in the American
　　Family," in Reynolds Farley, ed., *State of the Union: America in the 1990s,* vol. 2: *Social
　　Trends* (New York: Russell Sage Foundation, 1995).

28.　William J. Goode, *World Change in Divorce Patterns* (New Haven, Conn.: Yale University
　　Press, 1993), p. 54. 离婚在像智利等一些天主教国家到现在都还没有合法化。

29.　U.S. Bureau of the Census, *Statistical Abstract of the United States* (Washington, D.C.: U.S.
　　Government Printing Office, 1996), Table98, p.79.

30.　Ibid.

31.　U.S. Department of Health and Human Services, Centers for Disease Control, *National Vital
　　Statistics Report* 47, no. 4 (Washington, D.C.: USHHS, October 7, 1998), p. 15.

32.　然而，这些改变只是将比率带回了 20 世纪 80 年代初的水平。Stephanie J. Ventura, Sally C.
　　Curtin, and T. J. Matthews, "Teenage Births in the United States: National and State Trends,
　　1990-96," *National Vital Statistics System* (Washington, D.C.: National Center for Health
　　Statistics, U.S. Department of Health and Human Services, 1998).

33.　See, for example, McLanahan and Casper, "Growing Diversity," p. 11.

34.　Ibid.

35.　U.S. Department of Health and Human Services, *Report to Congress on Out-of-Wedlock
　　Childbearing* (Hyattsville, Md.: U.S. Government Printing Office, 1995), p. 70; Larry L.
　　Bumpass and James A. Sweet, "National Estimates of Cohabitation," *Demography* 26 (1989):
　　615-625.

36.　McLanahan and Casper, "Growing Diversity," p. 15. 这些关于瑞典的统计数据来自同瑞典
　　卫生部以及社会事务部社会服务支部往来的私人通信。

37.　Louis Roussel, *La Jamille incertaine* (Paris: Editions Odile Jacob, 1989).

38.　Richard F. Tomasson, "Modern Sweden: The Declining Importance of Marriage,"
　　Scandinavian Review (1998): 83-89.

39.　Elise F.Jones, *Teenage Pregnancy in Industrialized Countries* (New Haven, Conn.: Yale
　　University Press, 1986).

40.　这是些关于美国的数据。Larry L. Bumpass and James A. Sweet, "NationalEstimates of

Cohabitation," *Demography* 26 (1989): 615-625.

41. 即便对年龄、受教育情况、收入和其他与家庭侵犯相关的因素进行控制时，这一点也是真的。See Jan E. Stets, "Cohabiting and Marital Aggression: The Role of Social Isolation," *Journal of Marriage and the Family* 53 (1991): 669-680.

42. Popenoe, *Disturbing the Nest*, p. 174; Ailsa Burns and Cath Scott, *Mother-Headed Families and Why They Have Increased* (Hillsdale, N.J.: Erlbauni, 1994), p. 26.

43. Sara McLanahan and Gary Sandefur, *Growing Up with a Single Parent: What Hurts, What Helps* (Cambridge, Mass.: Harvard University Press, 1994), p. 2.

44. David Popenoe, *Life Without Father: Compelling New Evidence That Fatherhood and Marriage Are Indispensable for the Good of Children and Society* (New York: Free Press, 1996), p. 86. Andrew Cherlin 指出，即使这个对比是有效的，和历史上因为其他原因引起的家庭解体相比，由于离婚所带来的家庭破裂的比例也仍然更高。Andrew J. Cherlin, *Marriage, Divorce, Remarriage*, 2d ed. (Cambridge, Mass.: Harvard University Press, 1992), p. 25.

45. Popenoe, *Life Without Father*, pp. 151-152.

46. Goode, *World Change*, p. 35.

47. Ralf Dahrendorf, *Life Chances: Approaches to Social and Political Theory* (Chicago: University of Chicago, 1979).

48. 基于综合社会调查，John Brehm 和 Wendy Rahn 的研究数据显示，凭借公民的参与度可以很好地预测信任度。这项研究支持了这个观点。Wendy Rahn and John Brehm, "Individual-Level Evidence for the Causes and Consequences of Social Capital," *American Journal of Political Science* 41 (1997): 999-1023.

49. 关于此观点，见拙著《信任》第一章，*Trust: The Social Virtues and the Creation of Prosperity* (New York: Free Press, 1995). See also Diego Gambetta, *Trust: Making and Breaking Cooperative Relations* (Oxford: Blackwell, 1988).

50. 关于该问题的总体分析，见 Joseph S. Nye, Jr., ed., *Why People Don't Trust Government* (Cambridge, Mass.: Harvard University Press, 1997).

51. Karlyn Bowman and Everett C. Ladd, *What's Wrong: A Survey of American Satisfaction and Complaint* (Washington: AEI Press and the Roper Center for Public Opinion Research, 1998), Table 5-20.

52. *American Enterprise* (Nov-Dec. 1993), pp. 94-95.

53. Ladd and Bowman, *What's Wrong*, Tables 6-1 to 6-23.

54. Wendy Rahn and John Transue, "Social Trust and Value Change: The Decline of Social Capital in American Youth, 1976-1995," unpublished paper, 1997.

55. Tom W. Smith, "Factors Relating to Misanthropy in Contemporary American Society," *Social Science Research* 26 (1997): 170-196.

56. Ibid, pp. 191-193.

57. Alan Wolfe, *One Nation, After All* (New York: Viking, 1998), p. 231.

58. Rahn and Transue, "Social Trust."

59. Mancur Olson, *The Rise and Decline of Nations* (New Haven, Conn.: Yale University Press, 1982).

60. Everett C. Ladd, *The Ladd Report* (NewYork: Free Press, 1999). 该书的早期版本为 Ladd, "The Data Just Don't Show Erosion of Americas 'Social Capital,'" *Public Perspective* (1996); and Everett C. Ladd, "The Myth of Moral Decline," *Responsive Community* 4 (1993-94): 52-68.

61. Robert D. Putnam, "Bowling Alone: America's Declining Social Capital," *Journal of Democracy* 6 (1995): 65-78.

62. Calvert J. Judkins, *National Associations of the United States* (Washington, DC.: U.S. Department of Commerce, 1949). 关于这一点以及其他关于组群内成员关系评估的参考资料，我要感谢 Marcella Rey，参见她的 "Pieces to the Association Puzzle" (paper presented at the annual meeting of the Association for Research on Nonprofit Organizations and Voluntary Action, November 1998).

63. Lester M. Salamon, *America's Nonprofit Sector* (New York: Foundation Center, 1992).

64. W. Lloyd Warner, J. O. Low, Paul S. Lunt, and Leo Srole, *Yankee City* (New Haven, Conn: Yale University Press, 1963).

65. 除了这种组群数量难以计算的问题以外，在评估它们所带来的组群关系的质量中还有许多复杂的问题。帕特南认为新的宣传小组只是"成员小组"，因此对其不予考虑，但是拉德对此提出异议。他认为在大型环境组织（如大自然保护协会和世界野生动物基金会）中，不仅成员数量已经在实质上增长，而且组织内成员之间关系的质量已经远不止是一份年度会费检查。他通过一项研究表明某个环境组织的一个地方分会如何资助无数徒步和自行车旅行、背包客之类的活动，它们在经促进人际关系形成上发挥了积极作用并对社会资本产生了外溢效应。

66. National Opinion Research Center (NORC), *General Social Survey* (Chicago: NORC, various editions). 第一次调查是在 1972 年，后续的年份则包括 1973—1979、1980、1982、1983—1993、1994、1996 和 1998 年。

67. Wolfe, *One Nation*, pp. 250-259.

68. Rahn and Transue, "Social Trust."

69. Pew Research Center for the People and the Press, *Trust and Citizen Engagement in Metropolitan Philadelphia: A Case Study* (Washington, D.C.: Pew Research Center, 1997). 这项研究表明，费城人确实表现出了对他人显著的不信任。在费城（和调查中的郊区县镇相反），只有 28% 的受访者表示"大部分人都可被信任"，而 67% 的人则表示"再小心也不为过"，这和其他调查结果（如 GSS）大致相符。正如在全国调查中，人们对大型机构表现出极大的不信任：公立学校、地方报纸、城市和当地政府，还有华盛顿的联邦政府，表示信任它们的人少于 20%。另一方面，有证据显示公民参与度很高：60% 的人在过去一年中为一些类型的组织做过义工，49% 则在过去一个月中做过；49% 的人参加过集体工作来解决共同问题，30% 的人则联系过被选举的公务员。尽管这些比例稍低于全国的平均数，但是没有关于公民不参与的证据。

70. 世界价值观调查（WVS）问了一个问题："通常来讲，你会说大部分人是可以信任的，或者你在和他人打交道时再小心谨慎也不过分？"这和 Roper 的调查、GSS 和其他美国民调是相似的。令人惊讶的是，它们显示，在 1991—1990 年间，很多工业化国家中的

305

信任度是上升的，包括美国。在西方国家中，信任度只在英国、法国和西班牙下降了。其他来自 GSS 和民调的结果显示，在过去的这段时间里，信任度在美国是大幅下降的，这和上述的发现并不一致。根据 GSS 的数据，在 1980—1990 年间，美国人之间的总体信任度从 44.3% 下降到了 38.4%。

71. 这些国家指的是美国、比利时、英国、加拿大、丹麦、芬兰、法国、爱尔兰、意大利、荷兰、挪威、西班牙、瑞典和前联邦德国。

72. Ronald Inglehart, "Postmaterialist Values and the Erosion of Institutional Authority," in Nye (1997), pp. 217-236.　　306

73. 总结中没有包括的是一些关于伦理价值的问题，这些伦理价值和社会总体信任之间的关系是可疑或薄弱的，包括受访者是否吸食了大麻或印度大麻制品，以及一个人是否认同同性恋和堕胎的正当性。

74. 帕特南在《独自打保龄》中断言，当我们观察世界上国家的详细情况时，会发现信任度和公民社会密度之间是有关联的。如果考虑对制度的信任和人际间的信任，我们就会发现这个关联是非常脆弱的，而且一点都不适用于美国。世界价值观调查确认了一个老生常谈的事实：天主教国家——特别是拉丁天主教国家（如法国、意大利和西班牙）——的总体社会信任度要比北欧新教国家低。这些国家作为一个群体在志愿组织方面的参与度更低，至少在法国和西班牙，这种低参与度是他们统一官僚制国家下中央集权历史的副产品。在另一方面，美国在志愿组织方面的参与度要比其他任何一个工业化国家高得多，但是总体社会信任度却并不见得比一些其他欧洲国家高，而且在制度方面的信任度要比其他欧洲国家低得多。

75. Pew Research Center for the People and the Press, *Deconstructing Distrust: How Americans View Government* (Washington, D.C.: Pew Research Center, 1998), pp. 53-54.

76. Ronald Inglehart and Paul R. Abramson, *Value Change in Global Perspective* (Ann Arbor: University of Michigan Press, 1995); see also Inglehart, *Modernization and Postmodernization: Cultural, Economic, and Political Change in 43 Societies* (Princeton, N.J.: Princeton University Press, 1997).

77. See Lester M. Salamon and Helmut K. Anheier, *The Emerging Sector: An Overview* (Baltimore: Johns Hopkins Institute for Policy Studies, 1994); and Lester M. Salamon, "The Rise of the Nonprofit Sector," *Foreign Affairs 73* (1994): 109-122.

78. Lester M. Salamon, *Partners in Public Service: Government-Nonprofit Relations in the Modern Welfare State* (Baltimore: John Hopkins University Press, 1995), p. 243.

79. Ibid, p. 246.

80. Ibid, p. 247.

81. 举个例子，我在兰德公司工作了很多年，这个公司由美国空军于 1948 年建立，是一个非盈利的私人智库，目的是研究国家安全问题。根据 Salamon 的定义，兰德公司是美国公民社会中的一部分，但如今它却几乎不这样定位自己，因为它的大部分工作都是在国防部和武装部门的合约下进行的。在人员、研究议程和远离政治压力方面，这种由非盈利的准自治组织所进行的研究很少有自由度，理论上联邦政府也可以直接进行这种研究。对于遍布美国的由美国国家科学联合会、美国国立卫生研究院和国防部资助的所有非盈利研究实验室也是如此。

82. 在发达国家中显得棘手的衡量难题在第三世界国家（如印度和菲律宾）中也成了压倒性

问题，Salamon（1994）也宣称，社团革命在第三世界也已经开展了。外国研究者很可能在这种社会中了解到许多关于新型的西方化非政府组织的知识，因为这是与外部世界的连接点；但是对于每一个新的非政府组织而言，有多少传统的村落网络、大家族或部落已经消失了呢？

83.　见 Francis Fukuyama, "Falling Tide: Global Trends and United States Civil Society," *Harvard International Review* 20 (1997): 60-64.

第三章

1.　Seymour Martin Lipset, *American Exceptionalism: A Double-Edged Sword* (New York: W. W. Norton, 1995), pp. 46-51.

2.　Ruth A. Ross and George C. S. Benson, "Criminal Justice from East to West," *Crime and Delinquency* (January 1979): 76-86.

3.　比如参见 Lipset, *American Exceptionalism,* and Robert K. Merton, "Social Structure and 'Anomie,'" *American Sociological Review* 33 (1938): 672-682. 这个论点最近又被重新讨论，虽然与此前有所不同，见 Steven F. Messner and Richard Rosenfield, *Crime and the American Dream,* 2d ed. (Belmont, Calif: Wadsworth, 1997). 另见和美国少数群体直接有关的犯罪来源的讨论著作，Richard Cloward and Lloyd Ohlin, *Delinquency and Opportunity* (New York: Free Press, 1960).

4.　Steven Stack, "Social Structure and Swedish Crime Rates: A Time-Series Analysis, 1950-1979," *Criminology* 20 (November 1982): 499-513.

5.　关于犯罪率参见 James Lynch, "Crime in International Perspective," in James Q. Wilson and Joan Petersilia, eds., Crime (San Francisco: ICS Press, 1995), pp. 16, 36-37. 关于海外下层社会参见 Cait Murphy, "Europe's Underclass," *National Interest,* no. 50 (1997): 49-55.

6.　这个观点最近被 Derek Bok, *The State of the Nation: Government and the Quest for a Better Society* (Cambridge, Mass.: Harvard University Press, 1997) 所讨论；另见 Peter Flora and Jens Albert, "Modernization, Democratization, and the Development of Welfare States in Western Europe," in Peter Flora and Arnold J. Heidenheimer, eds., *The Development of the Welfare State in Europe and America* (New Brunswick, NJ: Transaction, 1987). pp. 37-80.

7.　U.S. Bureau of Census, *Statistical Abstract of the United States, 1996* (Washington, D.C.: U.S. Government Printing Office, 1996), p. 448.

8.　David Popenoe, *Disturbing the Nest* (New York: Aldine de Gruyter, 1988), p. 156，调查了瑞典式福利国家和那里家庭破裂之间的关系。

9.　尽管日本在事实上通过限制竞争保护了很多低技术工作，并且向公司提供信贷来确保它们存活，但日本并没有坚持实施要求富裕人群将收入让予贫困人群的大型计划。

10.　Sara McLanahan and Lynne Casper, "Growing Diversity and Inequality in the American Family," in Reynolds Farley, ed., *State of the Union: America in the 1990s,* vol. 2, *Social Trends* (New York: Russell Sage Foundation, 1995), pp. 31-32.

11.　Lionel Tiger, *The Decline of Males* (New York, Golden Books, 1999).

12.　Judith R. Blau and Peter M. Blau, "The Cost of Inequality: Metropolitan Structure and

307

Violent Crime," *American Sociological Review* 47 (1982):114-129; Harvey Krahn, Timothy Hartnagel, and John W. Gartell, "Income Inequality and Homicide Rates: Cross National Data and Criminological Theories," *Criminology* 24 (1986): 269-295; Rosemaiy Gartner, "The Victims of Homicide: A Temporal and Cross-National Comparison," *American Sociological Review* 55 (1990): 92-106; Richard Rosenfeld, "The Social Sources of Homicide in Different Types of Societies," *Sociological Forum* 6 (1991): 51-70.

13. 将经济不平等和犯罪相联系的理论也是混乱的：在一个像美国这样的大型社会中，底层的人会把自己同顶层的人相比吗（比如通过看电视）？或是他们会将自己同在自己的居住区或所在地看到的身边人相比吗？绝对贫穷会带来犯罪吗？相对贫穷呢？如果是后者，那么什么类型的相对剥夺是最值得注意的呢？关于更进一步的讨论，参见 Ineke Haen Marshall and Chris E. Marshall, "Toward a Refinement of Purpose in Comparative Criminological Research: Research Site Selection in Focus," *International Journal of Comparative and Applied Criminal Justice 1* (1983): 89-97; Harvey Krahn et al., "Income Inequality and Homicide Rates: Cross-National Data and Criminological Theories," *Criminology* 24 (1986): 269-295; W. Lawrence Neuman and Ronald J. Berger, "Competing Perspectives on Cross-National Crime: An Evaluation of Theory and Evidence," *Sociological Quarterly* 29 (1988): 281-313; Steven F. Messner, "Income Inequality and Murder Rates: Some Cross-National Findings," *Comparative Social Research* 3 (1980): 185-198; and Charles R. Tittle. "Social Class and Criminal Behavior: A Critique of die Theoretical Foundation." *Social Forces* 62 (1983): 334-358.

14. Alan Wolfe, *Que Nation, After All* (New York: Viking, 1998). pp. 234-250.

15. See Daniel Yankelovich, "How Changes in the Economy are Reshaping American Values," in Henry J. Aaron and Thomas Mann, eds., *Values and Public Policy* (Washington, D.C.: Brookings Institution, 1994).

16. 这个讨论最早见于 Charles Murray, *Losing Ground* (New York: Basic Books, 1984). 更早的讨论见 Gary Becker, *A Treatise on the Family* (Cambridge, Mass.: Harvard University Press, 1981).

17. 在很多国家，这种把已婚女性排除在外的现象在 20 世纪 80 年代终结，特别是在通过 1988 年的家庭资助法案之后，参见 Garv Bryner, *Politics and Public Morality: The Great American Welfare Reform Debate* (New York: W. W. Norton, 1998), pp. 73-76.

18. 关于福利改革措施的描述，参见 Rebecca M. Blank, "Policy Watch: The 1996 Welfare Reform," *Journal of Economic Perspectives* 11 (1997): 169-177.

19. Gary S. Becker, "Crime and Punishment: An Economic Approach," *Journal of Political Economy* 76 (1968): 169-217.

20. "Defeating the Bad Guys," *Economist*, October 3, 1998, pp. 35-38.

21. 基于对美国司法部司法统计局公务员的私人采访。

22. James Q. Wilson, "Criminal Justice in England and America," *Public Interest* (1997): 3-14.

23. 参见对这个问题研究的综述 Robert Moffitt, "Incentive Effects of the United States Welfare System: A Review," *Journal of Economic Literature* 30 (1992): 1-61.

24. 在一个关于美国的福利和非法之间关系的实证研究的调查中，Murray 指出，在 20 世纪 70 年代中期以后的一个时段内，也即当平均福利在实质上开始下降时，福利与非法之间的关系就变得脆弱，而且这种关系对于黑人来说要比白人脆弱。见 Charles Murray, "Welfare and the Family: The United States Experience," *Journal of Labor Economics* 11 (January 1993): S224-262.

25. 如何计算生活福利的总体价值这一问题使得这个议题更加复杂，如在补助有子女的家庭外，它是否还包括了医疗补助计划的隐含价值，参见 Moffitt, "Incentive Effects"; Robert Moffitt, "The Effect of the United States Welfare System on Marital Status," *Journal of Public Economics* 41(1990): 101-124; Greg J. Duncan and Saul D. Hoffman, "Welfare Benefits, Economic Opportunities, and Out-of-Wedlock Births Among Black Teenage Girls," *Demography* 27 (1990): 519-535; Robert D. Plotnick, "Welfare and Out-of-Wedlock Childbearing: Evidence from the 1980s," *Journal of Marriage and the Family* 52 (1990): 735-746.

26. See William A. Galston, "Beyond the Murphy Brown Debate: Ideas for Family Policy" (speech to the Institute for American Values, Family Policy Symposium, New York, 1993); and Mark R. Rosenzweig and Kenneth J. Wolpin, "Parental and Public Transfers to Young Women and Their Children," *American Economic Review* 84 (1994): 1195-1212.

27. James L. Nolan, *The Therapeutic State: Justifying Government at Century's End* (New York: NYU Press, 1998).

28. Margaret Mead, *Coming of Age in Samoa: A Psychological Study of Primitive Youth for Western Civilisation* (New York: William Morrow, 1928).

29. James L. Collier, *The Rise of Selfishness in America* (New York: Oxford University Press, 1991), pp. 141-142.

第四章

1. James Q. Wilson and Richard Herrnstein, *Crime and Human Nature* (New York: Simon & Schuster, 1985), pp. 104-147.

2. James Wilson, *Flunking About Crime,* rev. ed. (New York: Vintage Books, 1983), p. 20.

3. Glenn D. Deane, "Cross-National Comparison of Homicide: Age/Sex-Adjusted Rates Using the 1980s United States Homicide Experience as a Standard," *Journal of Quantitative Criminology* 3 (1987): 215-227.

4. Wilson, *Thinking About Crime,* p. 23.

5. Rosemary Gartner and Robert N. Parker, "Cross-National Evidence on Homicide and the Age Structure of the Population," *Social Forces* 69 (1990): 351-371. See also Robert G. Martin and Rand D. Conger, "A Comparison of Delinquency Trends: Japan and the United States," *Criminology* 18 (1980): 53-61.

6. Henry Shaw and Clifford McKay, *Juvenile Delinquency and Urban Areas* (Chicago: University of Chicago Press, 1942).

7. Rodney Stark, "A Theory of the Ecology of Crime," in Peter Cordelia and Larry Siegel, *Readings in Contemporary Criminological Theory* (Boston: Northeastern University Press, 1996), pp. 128-142.

8. See Fox Butterfield, "Why Americas Murder Rate Is So High," *New York Times*, July 26, 1998, p. WK1.

9. See, for example, Henry B. Hansmann and John M. Quigley, "Population Heterogeneity and the Sociogenesis of Homicide," *Social Forces* 61 (1982):. 206-224.

10. Richard Cloward and Lloyd Ohlin, *Delinquency and Opportunity* (New York: Free Press, 1960).

11. See Matthew G. Yeager, "Immigrants and Criminality: Cross-National Review," *Criminal Justice Abstracts 29* (1997): 143-171.

12. "Decline of Violent Crime Is Linked to Crack Market," *New York Times,* December 28, 1998, p. A16.

13. Eleanor Glueck and Sheldon Glueck, *Unraveling Juvenile Delinquency* (New York: 310
Commonwealth Fund, 1950).

14. See Travis Hirschi and Michael Gottfredson, *A General Theory of Crime* (Stanford, Calif: Stanford University Press, 1990), esp. p. 103.

15. Rolf Loeber and Magda Stouthamer-Loeber, "Family Factors as Correlates and Predictors of Juvenile Crime Conduct Problems and Delinquency," in Michael Tonry and Norval Morris, *Crime and Justice*, vol. 7 (Chicago: University of Chicago Press, 1986).

16. Robert J. Sampson and John H. Laub, *Crime in the Making: Pathways and Turning Points Through Life* (Cambridge, Mass.: Harvard University Press, 1993).

17. J. Rankin and J. E. Wells, "The Effect of Parental Attachments and Direct Controls on Delinquency," *Journal of Research in Crime and Delinquency 27* (1990): 140-165; Ruth Seydlitz, "Complexity in the Relationships Among Direct and Indirect Parental Controls and Delinquency," *Youth and Society* 24 (1993): 243-275; J. E. Wells and J. H. Rankin, "Direct Parental Controls and Delinquency," *Criminology* 26 (1988): 263-285; Rosemary Gartner, "Family Stucture, Welfare Spending, and Child Homicide in Developed Democracies," *Journal of Marriage and the Family* 53 (1991): 231-240; Shlomo G. Shoham and Giora Rahav, "Family Parameters of Violent Prisoners," *Journal of Social Psychology* 127 (1987): 83-91.

18. Robert J. Sampson, "Urban Black Violence: The Effect of Male Joblessness and Family Disruption," *American Journal of Sociology* 93 (1987): 348-382.

19. Wilson and Herrnstein, *Crime*, pp. 213-218.

20. Robin Fox, *The Red Lamp of Incest*, rev. ed. (South Bend, Ind.: University of Notre Dame Press, 1983), p. 76.

21. Thomas E. Ricks, *Making the Corps* (New York: Scribners, 1997).

22. Children's Defense Fund, *The State of America's Children Yearbook 1997* (Washington, D.C: Children's Defense Fund), p. 52.

23. Andrea J. Sedlak and Diane D. Broadhurst, *Third National Incidence Study of Child Abuse and Neglect* (Washington, DC: U.S. Department of Health and Human Services, September 1996), p. 3-3.

24. 此外，虐童的标准与时俱变。卫生部和人类服务部现在试图监视的不仅仅是身体虐待和性虐待，还有"精神虐待"和一些不明确归属但臭名昭著的犯罪类型。父母越来越少地借助于身体惩罚，而且某个在儿童保护和发展方面做得引人注目的专业人士团体，现在把打屁股也视作虐待儿童。在 1988—1997 年间，美国的一项调查发现，在受访人群中，通过打屁股来训诫孩子的比例已经从 62% 下降到了 46%，参见 National Commission to Prevent Child Abuse, *Public Opinion and Behaviors Regarding Child Abuse Prevention: A Ten Year Review of NCPCA's Public Opinion Poll Research* (Chicago: NCPCA, 1997), p. 5.

25. Martin Daly and Margo Wilson, *Homicide* (New York: Aldine de Gruyter, 1988), p.83; Martin Daly, "Child Abuse and Other Risks of Not Living with Both Parents," *Ethology and Sociobiology* 6 (1985): 197-210.

26. Robert Whelan, *Broken Homes and Battered Children: A Study of the Relationship Between Child Abuse and Family Type* (Oxford: Family Education Trust, 1994), pp. 22-23.

27. Sedlak and Broadhurst, *Third Study*, pp. 5-18-5-19, 5-28.

28. Martin Daly and Margo Wilson, "Children Fathered by Previous Partners: A Risk Factor for Violence Against Women," *Canadian Journal of Public Health* 84 (1993): 209-210.

311

29. 根据 the U.S. Census Bureau, *Statistical Abstract of the United States, 1997*(Washington, D.C.: U.S. Government Printing Office, 1997)，生活在贫困中的美国人比例在 1980 年为 13%，而在 1994 年为 14.5%。比例在 1983 年高达 15.2%。

30. 人们对家庭适应养父母的能力有点悲观，参见 Andrew J. Cherlin and Frank F. Furstenberg, Jr., "Stepfamilies in the United States: A Reconsideration," *Annual Review of Sociology* 20 (1994): 359-381.

31. 虐童和家庭破裂之间存在着联系，关于这个联系的有力证据既是自然的，又是实证的，但令人好奇的是，在公众或处理这方面问题的专家眼里，这两方面的联系并不密切。涉及儿童福利的政府和宣传机构倾向于不对虐童案例中大量的自然的事件、替代监护者和其他种类的看护者中的犯罪种类做出区分，这也反映出他们并没有察觉，亲生父母和养父母之间的行为有着系统的不同。生物学理论能够理解当代行为的进化论基础，但很多有关虐童的社会科学文献对这些理论不屑一顾。参见 Owen D. Jones, "Law and Biology: Toward an Integrated Model of Human Behavior," *Journal of Contemporary Legal Issues* 8 (1997): 167-208, and "Evolutionary Analysis in Law: An Introduction and Application to Child Abuse," *North Carolina Law Review* 75 (1997): 1117-1241 esp. pp. 1230-1231; and Marilyn Coleman, "Stepfamilies in the United States: Challenging Biases and Assumptions," in Alan Booth and Judy Dunn, *Stepfamilies: Who Benefits? Who Does Not?* (Hillsdale, N.J.: Erlbaum, 1994).

32. Robert D. Putnam, "Tuning In, Tuning Out: The Strange Disappearance of Social Capital in America," *PS: Political Science and Politics* (1995): 664-682.

33. Eric Uslaner, "The Moral Foundations of Trust," unpublished manuscript, 1999, chap. 7.

34. Tom Smith, "Factors Relating to Misanthropy in Contemporary American Society," *Social Science Research* 26 (1997): 170-196; Wendy Rahn and John Transue, "Social Trust and Value Change," unpublished manuscript, 1997.

35. Smith, "Factors," p. 193. 少数族群的地位似乎并没有解释不信任的增多，因为美国黑人这一最不被信任的少数种族／族群已经在美国人口中占据了一个稳定的百分比。移民的确在 1965—1995 年间爆炸性增长，而且有一论点认为，移民由于毁坏共同文化规范而使不信任滋长。但是不信任和移民者地位的联系非常脆弱，而且美国一向非常欢迎移民。

可能的情况是，美国人对移民的强烈反对已经随着时间推移变得更为不信任。但是，对移民的反对在很大的程度上和社会经济地位相关（首先，移民者威胁到了低技术工作者的工作），因此很难把这两个因素分开。

36. Rahn and Transue, "Social Trust." 显然对很多人来说，主要实权人物离开他们家庭的事实并不一定影响人们信任他们和或怀疑他们与身边的人共同工作的能力。把一个人的性别和家庭生活同他／她和陌生人的关系区分开来乍看起来令人费解，但在实际上却是相同的。法国作家 Albert Camus 对爱他的女人举止恶劣，还把自己的一个老婆逼疯乃至最后自杀。这一事实并没有阻止他被当成他那个时代最重要的道德代言人之一。当总统克林顿在犯下的一系列恶劣性行为问题上撒谎时，绝大部分美国人觉得这并不影响他成为一个值得信任的政治领导人。他们更加不信任理查德·尼克松（Richard Nixon），但到目前为止，没有任何人发现过他对自己的妻子有过不忠的行为。

312

37. Seymour Martin Lipset, *American Exceptionalism* (New York: W. W. Norton, 1995), pp. 60-67.

38. 关于这一点，参见 Adam Seligman, *The Problem of Trust* (Princeton, N.J.: Princeton University Press, 1997).

第五章

1. Gary Becker, *A Treatise on the Family*, enl. ed. (Cambridge, Mass.: Harvard University Press, 1991), pp. 135-178.

2. Naohiro Ogawa and Robert D. Retherford, "The Resumption of Fertility Decline in Japan: 1973-92," *Population and Development Review* 19 (1993): 703-741.

3. 从经济学角度而言来说，不仅抚养孩子和妇女工作的机会成本发生了相当的变化，对孩子的偏爱也发生了自主的变化。人们只是不再想要那么多孩子了。

4. 引自 Michael Specter, "Population Implosion Worries a Graying Europe," *New York Times*, July 10, 1998, p. Al.

5. Alice Rossi, "The Biosocial Role of Parenthood," *Human Nature* 72 (1978): 75-79.

6. Alice Rossi, "A Biosocial Perspective on Parenting," *Daedalus* 106 (1977): 2-31.

7. Lionel Tiger and Robin Fox, *The Imperial Animal* (New York: Holt, Rinehart, and Winston, 1971), p. 64.

8. 事实上，尽管鸟类是一对一配对的，但它们常常不是一夫一妻，见 "Infidelity Common Among Birds and Mammals, Experts Say," *New York Times*, September 27, 1998, p. A25.

9. 参见 William J. Hamilton III, "Significance of Paternal Investment by Primates to the Evolution of Adult Male-Female Associations," in David M. Taub, *Primate Paternalism* (New York: Van Nostrand Reinhold, 1984).

10. Robert Trivers, *Social Evolution* (Menlo Park, Calif: Benjamin/Cummings, 1985), p. 214.

11. Ibid, p. 215.

12. 关于这个问题的多讨论，参见 Matt Ridley, *The Red Queen: Sex and the Evolution of Human Nature* (New York: Macmillan, 1993), pp. 181-183.

13. Tiger and Fox, *Imperial Animal*, p. 67.

14. Ibid, p. 71.

15. 关于家庭理论是如何随着时间变化的历史性解释，参见 David Popenoe, *Disturbing the Nest* (New York: Aldine de Gruyter, 1988), pp. 11-21.

16. Stevan Harrell, *Human Families* (Boulder, Colo.: Westview, 1997), pp. 26-50.

17. Adam Kuper, *The Chosen Primate: Human Nature and Cultural Diversity* (Cambridge, Mass.: Harvard University Press, 1993), p. 174.

18. Ibid, p. 170.

19. See Peter Laslett and Richard Wall, *Household and Family in Past Time* (Cambridge: Cambridge University Press, 1972); and Peter Laslett and Richard Wall, *Family Forms in Historic Europe* (Cambridge: Cambridge University Press, 1983).

20. David Blankenhorn, *Fatherless America: Confronting America's Most Urgent Social Problem* (New York: Basic Books, 1995), p. 3.

21. Margaret Mead, *Male and Female* (New York: Dell, 1949), pp. 188-191. 一些观察者已经提到过这一点，包括 David Blankenhorn, *Fatherless America.*

22. 关于这一点，参见 Becker, *Treatise*, pp. 141-144.

23. 我非常感谢 Lionel Tiger 指出了这点。

24. U. S. Department of Health and Human Services, *Report to Congress on Out-of-Wedlock Childbearing* (1995), p. 72.

25. See George Akerlof, Janet Yellen, and Michael L. Katz, "An Analysis of Out-of-Wedlock Childbearing in the United States," *Quarterly Journal of Economics* 111 (May 1996): 277-317.

26. Becker, "Treatise," pp. 347-361.

27. Gary S. Becker and Elisabeth M. Landes, "An Economic Analysis of Marital Instability," *Journal of Political Economy* 85 (1977): 1141-1187. See also Cynthia Cready and Mark A. Fossett, "Mate Availability and African American Family Structure in the United States Nonmetropolitan South, 1960-1990," *Journal of Marriage and the Family* 59 (1997): 192-203.

28. Shoshana Zuboff, *In the Age of the Smart Machine: The Future of Work and Power* (New York: Basic Books, 1984), p. 37.

29. Lawrence F. Katz and Kevin M. Murphy, "Changes in Relative Wages, 1963-1981: Supply and Demand Factors," *Quarterly Journal of Economics* 107 (February 1992): 35-78.

30. June O'Neill and Solomon Polachek, "Why the Gender Gap in Wages Narrowed in the 1980s," *Journal of Labor Economics* 11 (1993): 205-228.

31. Valerie K. Oppenheimer, "Women's Rising Employment and the Future of the Family in Industrial Societies," *Population and Development Review* 20 (1994): 293-342.

32. Ibid.

33. Annette Bernhardt, Martina Morris, and Mark S. Handcock, "Women's Gains or Men's Losses? A Closer Look at the Shrinking Gender Gap in Earnings," *American Journal of*

Sociology 101 (1995): 302-328.

34. O'Neill and Polachek, "Why the Gender Gap?"

35. Elaine Reardon, "Demand-Side Changes and the Relative Economic Progress of Black Men: 1940-90," *Journal of Human Resources* 32 (Winter 1997): 69-97. 作者说道，在女白人取代男白人时，男黑人在被中产阶级男白人取代。

36. Bernhardt, Morris, and Handcock, "Women's Gains or Men's Losses?" p. 314.

37. John Bound and Richard B. Freeman, "What Went Wrong? The Erosion of Relative Earnings Among Young Black Men in the 1980s," *Quarterly Journal of Economics* (1992): 201-232; John M.Jeffries and Richard L. Schaffer, "Changes in the Economy and Labor Market Status of Black Americans," in National Urban League, *The State of Black America, 1996* (Washington, DC: National Urban League, 1997).

38. Cordelia W. Reimers, "Cultural Differences in Labor Force Participation Among Married Women," *ABA Papers and Proceedings* 75, no. 2 (1985): 251-255.

39. Herbert G. Gutman, *The Black Family in Slavery and Freedom, 1750-1925* (New York: Vintage Books, 1977).

40. 参见 William Julius Wilson, *The Truly Disadvantaged: The Inner City, the Underclass, and Public Policy* (Chicago: University of Chicago Press, 1988), and *When Work Disappears: The World of the New Urban Poor* (New York: Knopf, 1996).   314

41. Tamar Lewin, "Wage Difference Between Men and Women Widens," *New York Times*, September 15, 1997, p. Al. 一种意见是，自 20 世纪 90 年代中期的福利制度以来，对于那些现在仍是劳动力，而且在曾经享受福利的人而言，他们的低技能已经把整个妇女群体的收入给拉低了。

第六章

1. 在意大利，六十岁以上和二十岁以下的人口一样多。在向低增长变化的情境下，联合国人口署在 1997 年开始第一次预测抚 / 赡养率：六十五岁以上受赡养的人相对于劳动人口的比率发生了急剧的变化。在整个西方世界中，现在的比例为 20%（即每五个劳动人口要赡养一个人），但是到了 2050 年，这个数字在德国会达到 60%，在日本为 65%，而在意大利则达到令人惊讶的 80%。这些预测基于一种假设，即在没有巨额的外来人口涌入的情况下，生育率在即将达到低谷之前会持续走低。我们当然不可能知道在未来的五十年中，生育率会否突增。然而，对欧洲和日本急剧减少且老龄化的人口预测，并不需要对未来行为做出夸大的假设；它们是源自大断裂时期所形成的生育模式，参见 Nick Eberstadt, "World Population Implosion?" *Public Interest* no. 129(1997): 18.

2. Jean Fourastie, "De la vie traditionelle a la vie tertiaire," *Population* (Paris) 14 (1963): 417-432.

3. Eberstadt, "World Population Implosion?" p. 21.

4. Lionel Tiger, *The Decline of Males* (New York: Golden Books, 1999).

5. James S. Coleman et al., *Equality of Educational Opportunity* (Washington, D.C.: U.S. Department of Health, Education and Welfare, 1966).

6. Daniel P. Moynihan, *The Negro Family: A Case for National Action* (Washington, D.C.: U.S.

Department of Labor, 1965).

7. See, for example, Carol Stack, *All Our Kin: Strategies for Survival in a Black Community* (New York: Harper & Row, 1974); see also William J. Bennett, "America at Midnight: Reflections on the Moynihan Report," *American Enterprise 29* (1995).

8. 其中第一次提出该论点的是 Elizabeth Herzog and Cecilia E. Sudia, "Children in Fatherless Families," in B. Caldwell and H. H. Ricciuti, eds., *Review of Child Development Research*, vol. 3 (Chicago: University of Chicago Press, 1973). 关于更为近期的观点，参见 Michael Katz, *The Undeserving Poor: From the War on Poverty to the War on Welfare*(New York: Pantheon, 1989), pp. 44-52.

9. See the evidence summarized in Sara McLanahan and Gary Sandefur, *Growing Up with a Single Parent* (Cambridge, Mass.: Harvard University Press, 1994), pp. 79-94.

10. Ibid, pp. 24-25; Greg J. Duncan and Saul D. Hoffman, "A Reconsideration of the Economic Consequences of Marital Disruption," *Demography* 22 (1985): 485-498.

11. 父亲对孩子影响的研究仍缺乏，关于这一点，参见 Suzanne M. Bianchi, "Introduction to the Special Issue, 'Men in Families,'" *Demography* 35 (May 1998): 133.

12. 对这一话题最好的概述之一，参见 David Popenoe, *Life Without Father* (New York: Free Press, 1996)；另见 Patricia Cohen, "Daddy Dearest: Do You Really Matter?" *New York Times*, July 11, 1998, p. A13.

13. See, for example, David Blankenhorn, *Fatherless America* (New York: Basic Books,1995).

14. Robert Putnam, "Tuning In, Tuning Out," *PS* (1995).

15. James Q. Wilson, *Thinking About Crime*, rev. ed. (New York: Vintage Books, 1983), p. 26.

16. Dorothy Rabinowitz 的文章包括 "Kelly Michaels's Orwellian Ordeal," *Wall Street Journal (WSJ)*, April 15, 1993, p. A14; "A Darkness in Massachusetts," *WSJ*, January 30, 1995, p. A20; "A Darkness in Massachusetts II," *WSJ*, March 14, 1995, p. A14; "A Darkness in Massachusetts III," *WSJ*, May 12, 1995; "Wenatchee: A True Story," *WSJ*, September 29, 1995, p. A14; "Wenatchee: A True Story—II," *WSJ*, October 13, 1995, p. A14; "Wenatchee: A True Story—III," *WSJ*, November 8. 1995, p. A20; "Verdict in Wenatchee," *WSJ*, December 15, 1995, p. A14; "The Amiraults: Continued," *WSJ*, December 29, 1995, p. A10; "Justice and the Prosecutor," *WSJ*, March 21, 1997, p. A18; "The Amiraults' Trial Judge Reviews His Peers," *WSJ*, April 10, 1997; "Justice in Massachusetts," *WSJ*, May 13, 1997, p. A22; "The Snowden Case, at the Bar of Justice," *WSJ*, October 14, 1997; "Through the Darkness," *WSJ*, April 8, 1998, p. A22; "From the Mouths of Babes to a Jail Cell," *Harper's* (May 1990): 52-63.

17. June Kronholz, "Chary Schools Tell Teachers, 'Don't Touch, Don't Hug'," *Wall Street Journal*, May 28, 1998, p. Bl.

18. James Q. Wilson and George Kelling, "Broken Windows: The Police and Neighborhood Safety," *Atlantic Monthly* 249 (1982): 29-38.

19. 关于社区政策的概论，参见 Robert Trojanowicz, Victor E. Kappeler, Larry K. Gaines, and Bonnie Bucqueroux, *Community Policing: A Contemporary Perspective*, 2d ed. (Cincinnati, Ohio: Anderson Publishing, 1996).

20. "警察在获取信息时面临的挑战是，必须对公民有一定程序的信任，相信他们会与警察

315

合作。" Ibid, p. 10.

21. Wesley G. Skogan, *Disorder and Decline: Crime and the Spiral of Decay in American Neighborhoods* (New York: Free Press, 1990), p. 15.

22. George Kelling and Catherine Coles, *Fixing Broken Windows* (New York: Free Press, 1996), pp. 12-13.

23. 关于这个过程的解释，参见 Nicholas Lemann, *The Promised Land: The Great Black Migration and How It Changed America* (New York: Alfred A. Knopf, 1991), pp. 347-348.

第七章

1. 参见 Janes Q. Wilson, "Thinking about Crime," in Wilson, *Thinking About Crime*, revised. (New York: Vintage Books, 1983).

2. Kingsley Davis and Pietronella Van den Oever, "Demographic Foundations of New Sex Roles," *Population and Development Review* 8 (1982): 495-511.

3. See, for example, Fareed Zakaria, "A Conversation with Lee Kuan Yew," *Foreign Affairs* 73 (1994): 109-127.

4. See Francis Fukuyama, "Asian Values and the Asian Crisis," *Commentary* 105 (1998): 23-27.   316

5. 日本和韩国已经历了社会规范的变迁，即社会规范在某些方面变得同西方世界类似。比如说，根据世界价值观调查，在 1981—1990 年间，两个国家的人民对主要机构（从政府开始）的信任度降低，这一点对于日本来说并不惊讶，它经历了一系列的丑闻，而对于韩国而言，它的民主机构并不完善，到 1990 年只有三年的历史。在日本，人们对教堂、军队、教育和法律系统、工会和警察的信任度降低了，而对媒体、议会（非常少）、公务员和大公司的信任度则上升了。在韩国，人们对除了工会以外的所有机构的信任度都降低了。就如在西方世界一样，在机构成员身份方面的趋势是不确定的，它在日本略微下降，而在韩国则有所上升（尤其是在宗教团体成员身份方面）。在这两个国家中，尤其是在日本，生育率在过去一代人之中急剧下降。家庭结构也发生了变化，多世同堂的家庭结构变成了核心结构（这个过程在日本远远早于韩国）。在亚洲和西方，家庭结构的变化比较相似，在其他方面也一样，包括工作场地和家庭的分离、在组织机构中接受教育以及孩子更容易获得经济资源。参见 Arland Thornton and Thomas E. Fricke, "Social Change and the Family: Comparative Perspectives from the West, China, and South. Asia," *Sociological Forum* 2 (1987): 746-779.

6. Organization for Economic Cooperation and Development, *Employment Outlook* (Paris, July 1996), 以及个人通信。

7. Marguerite Kaminski and Judith Paiz, "Japanese Women in Management: Where Are They?" *Human Resource Management* 23 (1984): 277-292.

8. Eiko Shinotsuka, "Women Workers in Japan: Past, Present, Future," in Joyce Gelb and Marian Lief Palley, eds., *Women of Japan and Korea* (Philadelphia: Temple University Press, 1994); Andrew Pollack, "For Japan's Women, More Jobs and Longer and Odder Hours," *New York Times,* July 8, 1997, p. Dl.

9. Shinotsuka, "Women Workers," p. 100.

10. Roh Mihye, "Women Workers in a Changing Korean Society," in Gelb and Paley, *Women of Japan*.

11. 事情并不总是这样。在西方、日本以及当代亚洲，轻工业（比如纺织业）已经成了雇佣年轻妇女的主要行业。参见 Claudia Goldin, "The Historical Evolution of Female Earnings Functions and Occupations," *Explorations in Economic History* 21 (1984): 1-27.

12. Miho Ogino, "Abortion and Women's Reproductive Rights: The State of Japanese Women, 1945-1991," in Gelb and Paley, *Women of Japan*, pp. 72-75; see also Naohiro Ogawa and Robert Retherford, "The Resumption of Fertility Decline in Japan," *Population and Development Review* 19 (1993): 703-741.

13. Ronald R. Rindfuss and S. Philip Morgan, "Marriage, Sex, and the First Birth Interval: The Quiet Revolution in Asia," *Population and Development Review* 9 (1983): 259-278.

14. Gavin W. Jones, "Modernization and Divorce: Contrasting Trends in Islamic Southeast Asia and the West," *Population and Development Review* 23 (1997): 95-114.

15. 有证据表明这些问题已经开始出现了，参见 Maryjord and Kevin Sullivan, "In Japanese Schools, Discipline in Recess," *Washington Post* (January 24, 1999): A1, A22.

16. 在很多国家，尤其是天主教国家，家庭作为正式和合法的机构保持得相对完整，但男人同时会有情人或是女友。尽管这种状况有些伪善，但是相对于像有请教徒传统的美国所实行的时间序列上的一夫多妻制而言，在保护家属的合法权益方面，它起着更大的效用。

317

第八章

1. 该解释基于 Lee Lawrence, "On the Trail of the Slug: A Journey into the Lair of an Endangered Species," *Washington Post*, August 10, 1997, p. 1 ("Style" section).

2. 尽管"蹭车族"并不是由国家所造就的，但是当哥伦比亚特区警察试图在第十四大街控制"蹭车族路线"时，国家随后就会介入其中。作为回应，弗吉尼亚的众议院提出用立法来保障"蹭车族"的利益。由于等级权威的介入，非正规的规则因此变成了正规规则。参见 "Slugfest," *Washington Post*, August 2, 1998, p. C8.

3. Friedrich A. Hayek, *The Fatal Conceit: The Errors of Socialism* (Chicago: University of Chicago Press, 1988), p. 5; see also his *Law, Legislation and Liberty* (Chicago: University of Chicago Press, 1976).

4. 关于这一点的论述，参见 the discussion in Kevin Kelly, *Out of Control: The New Biology of Machines, Social Systems, and the Economic World* (Reading, Mass.: Addison-Wesley, 1994), pp. 5-7. See also John H. Holland, *Hidden Order: How Adaptation Builds Complexity* (Reading, Mass.: Addison-Wesley, 1995).

5. 这一主题参见 Richard Dawkins, *The Blind Watchmaker* (New York: W. W. Norton, 1986).

6. 关于桑塔菲研究院起源的描述，参见 M. Mitchell Waldrop, *Complexity: The Emerging Science at the Edge of Order and Chaos* (New York: Simon & Schuster, 1992).

7. See Emile Durkheim, *The Rules of Sociological Method* (Glencoe, 111.: Free Press, 1938), pp. 23-27. See also Dean Neu, "Trust, Contracting and the Prospectus Process," *Accounting, Organizations, and Society* 16 (1991): 243-256.

8. Max Weber, The *Protestant Ethic and the Spirit of Capitalism* (London: Allen and Unwin, 1930).

9. Dennis Wrong, "The Oversocialized Conception of Man in Modern Sociology," *American Sociological Review* 26 (1961): 183-196.

10. Viktor Vanberg, "Rules and Choice in Economics and Sociology," in Geoffrey M. Hodgson, ed., *The Economics of Institutions* (Aldershot: Edward Elgar Publishing Co., 1993).

11. Ronald A. Heiner, "The Origin of Predictable Behavior," *American Economic Review* 73 (1983): 560-595, and "Origin of Predictable Behavior: Further Modeling and Applications," *American Economic Review* 75 (1985): 391-396.

12. 关于新制度主义的描述以及它与旧制度主义的不同，参见 Geoffrey M. Hodgson, "Institutional Economics: Surveying the 'Old' and the 'New,'" *Metroeconomica* 44 (1993): 1-28.

13. Douglass C. North, *Institutions, Institutional Change, and Economic Performance* (New York: Cambridge University Press, 1990).   318

14. 关于小型团体行为的经典社会学描述见 George C. Homans, *The Human Group* (New York: Harcourt, Brace, 1950).

15. 关于这一点，参见 Adam Kuper, *The Chosen Primate* (Cambridge, Mass.: Harvard University Press, 1993), pp. 98-99.

16. 该分支学科开始于 John von Neumann and Oskar Morgenstern, *Theory of Games and Economic Behavior* (New York: John Wiley, 1944).

17. 关于最初的"自由且分离的权利根基"，参见 Mary Ann Glendon, *Rights Talk: The Impoverishment of Political Discourse* (New York: Free Press, 1991), pp. 67-68.

18. 关于方法论个人主义的讨论以及不公正的批评，参见 Kenneth J. Arrow, "Methodological Individualism and Social Knowledge," *AEA Papers and Proceedings* 84 (1994): 1-9.

19. 一些人可能会质疑，被民主政治程序所传播的法律是否应该被归类于阶层范畴之内，因为根据定义，当民主致力于某种形式的选民平等，并且被很好地落实时，它就能够反映广大共同体的意愿。这里使用的"等级的"一词所指的是法律被颁发和施行的方式，但并不是制定它们的程序。一部基于民主所制定的法律仍然是自上而下传播的，而且伴随着能使它完全施行的国家权力。

第九章

1. 关于社会建构主义者的观点是如何从 19 世纪达尔文主义的滥用中发展出来的那段历史，参见 Carl N. Degler, *In Search of Human Nature: The Decline and Revival of Darwinism in American Social Thought* (New York: Oxford University Press, 1991), pp. 59-83. See also Francis Fukuyama, "Is It All in the Genes?" *Commentary* 104 (Sept. 1997): 30-35.

2. 对该模型的批判性表述，参见 J. H. Barkow, Leda Cosmides, and John Tooby, *The Adapted Mind* (New York: Oxford University Press, 1992), p. 23.

3. Clifford Geertz, *The Interpretation of Cultures* (New York: Basic Books, 1973), chap. 1.

4. Robin Fox, *The Red Lamp of Incest* (New York: Dutton, 1983). 另见他的文章 "Sibling

Incest," *British Journal of Sociology* 13 (1962): 128-150.

5. 特别是参见 Degler, *In Search of Human Nature*, pp. 245-269; Adam Kuper, *Chosen Primate* (Cambridge, Mass.: Harvard University Press, 1993), pp. 156-166; Matt Ridley, *The Red Queen* (New York: Macmillan, 1993), pp. 282-287.

6. Degler, *In Search of Human Nature*, pp. 258-260.

7. Fox, *Red Lamp*, p. 76.

8. Claude Levi-Strauss, *The Elementary Structures of Kinship* (Boston: Beacon Press, 1969).

9. Edward O. Wilson, "Resuming the Enlightenment Quest," *Wilson Quarterly* 22 (1998): 16-27.

10. 关于从生物学寻求模型和证据的经济主义者的举例，参见 Jack Hirshleifer, "Economics from a Biological Viewpoint," *Journal of Law and Economics* 20 (1977): 1-52; Gary S. Becker, "Altruism, Egoism, and Genetic Fitness: Economics and Sociobiology," *Journal of Economic Literature* 14 (1976): 817-826; Richard E. Nelson and Sidney G. Winter, *An Evolutionary Theory of Economic Change* (Cambridge: Belknap/Harvard University Press, 1982); and Robert H. Frank, *Passions Within Reason: The Strategic Role of the Emotions* (New York: Norton, 1988). 319

11. 对方法论个人主义在社会科学中的讨论，参见 Kenneth Arrow, "Methodological Individualism and Social Knowledge," *ABA Papers and Proceedings* 84 (1994): 1-90. See also James Coleman, *Foundations of Social Theory* (Cambridge, Mass.: Harvard University Press, 1994), p. 5.

12. 卡尔·马克思把人的特性归结为"类存在"，这预设了一定程度的自然利他主义，这种利他主义指向类整体。

13. See Vero C. Wynne-Edwards, *Animal Dispersion in Relation to Social Behaviour* (New York: Hafner Publishing, 1967), and *Evolution Through Group Selection* (Oxford: Blackwell Scientific, 1986). For a critique of Wynne-Edwards, see Robert Trivers, *Social Evolution* (Menlo Park, Calif: Benjamin/Cummings, 1985), pp. 79-82. See also Ridley, *Red Queen*, pp. 32-33.

14. George C. Williams, *Adaptation and Natural Selection: A Critique of Some Current Evolutionary Thought* (Princeton, N.J.: Princeton University Press, 1974).

15. Jack Hirshleifer 指出，大量关于人性的结论来自生物学的新发现，但是他并没有对此有更为深入的讨论。Jack Hirshleifer, "Natural Economy Venus Political Economy," *Journal of Social Biology* 1 (1978): 319-337.

16. Frans de Waal, *Chimpanzee Politics: Power and Sex Among Apes* (Baltimore: Johns Hopkins University Press, 1989).

17. Richard Wrangham and Dale Peterson, *Demonic Males: Apes and the Origins of Human Violent;* (Boston: Houghton Mifflin, 1996), p. 191.

18. Ibid.

19. Lionel Tiger, *Men in Groups* (New York: Random House, 1969).

20. 洛克指出，灵长类动物之间的互相梳理毛发所起到的作用同人们之间的简短谈话相似。参见 John L. Locke, *The De-voicing of Society: Why We Don't Talk to Each Other Anymore* (New York: Simon & Schuster, 1998), pp. 73-75.

21. 关于这个问题的讨论，参见 Lawrence H. Keeley, *War Before Civilization* (New York: Oxford University Press, 1996), chap. 2.

22. Mary Ann Glendon, *Rights Talk* (New York: Free Press, 1991), pp. 47-75.

23. *Politics* Book I 1253a.

24. 亚里士多德认为人是政治动物，这个断定部分基于这样的事实：只有人拥有语言，通过语言人们能够在好与坏、对与错方面表达自己的观点，而且最高形式的德行只能存在于城邦之中。*Politics* Book I 1253b.

第十章

1. 参见 William D. Hamilton, "The Genetic Evolution of Social Behavior," *Journal of Theoretical Biology* 7 (1964): 17-52. 关于亲属选择理论的概括，参见 Leda Cosmides and John Tooby, "Cognitive Adaptations for Social Exchange," in J. H. Barkow, Leda Cosmides, and John Tooby, eds., The *Adapted Mind* (New York: Oxford University Press, 1992), pp. 167-168.

2. Richard Dawkins, *The Selfish Gene* (New York: Oxford University Press, 1989).

3. 超乎寻常的社会利他主义能在单倍二倍体（haplodiploid）物种（如蚂蚁和蜜蜂）中看到，在那里，个体会为了养育它们的姐妹而放弃生育，这是由于一个耐人寻味的现象：在这些社会性物种中，姐妹之间的基因中有四分之三是一样的。

4. P. W. Sherman, "Nepotism and the Evolution of Alarm Calls," *Science* 197 (1977): 1246-1253.

5. 参见 Robert L. Trivers, "Parental Investment and Sexual Selection," in Bernard Campbell, ed., *Sexual Selection and the Descent of Man* (Chicago: Aldine, 1972), pp. 136-179.

6. Martin Daly and Margot Wilson, *Homicide* (New York: Aldine de Gruyter, 1988), chap. 1.

7. Ibid, Owen D.Jones, "Evolutionary Analysis in Law: An Introduction and Application to Child Abuse," *North Carolina Law Review* 75(1997): 1117-1241; and Owen D. Jones, "Law and Biology: Toward an Integrated Model of Human Behavior," *Journal of Contemporary Legal Issues* 8 (1997): 167-208.

8. Cosmides and Tooby, "Cognitive Adaptations," p. 169.

9. 关于这点的描述，参见 Robert Trivers, *Social Evolution* (Menlo Park, Calif.: Benjamin/ Cummings, 1985), pp. 47-48.

10. Francis Fukuyama, *Trust: The Social Virtues and the Creation of Prosperity* (New York: Free Press, 1995), pp. 83-95.

11. 关于这一点，参见 On this point see Robert Trivers, "The Evolution of Reciprocal Altruism," *Quarterly Review of Biology* 46 (1971): 35-56; also Trivers, *Social Evolution*, pp. 47-48.

12. See Matt Ridley, *The Origins of Virtue: Human Instincts and the Evolution of Cooperation* (New York: Viking, 1997), p. 61.

13. Robert Axelrod, *The Evolution of Cooperation* (New York: Basic Books, 1984).

14. See Daniel B. Klein, ed., *Reputation: Studies in the Voluntary Elicitation of Good Conduct* (Ann Arbor: University of Michigan Press, 1996).

320

15. Trivers, *Social Evolution*, p. 386.

16. Ridley, *The Origins of Virtue*, pp. 96-98.

17. Adam Kuper, *The Chosen Primate* (Cambridge, Mass.: Harvard University Press, 1993) p. 228.

18. Richard D. Alexander, *How Did Humans Evolve? Reflections on the Uniquely Unique Species* (Ann Arbor: Museum of Zoology, University of Michigan, 1990), p. 6.

19. 关于自卫型现代化，参见 Francis Fukuyama, *The End of History and the Last Man* (New York: Free Press, 1992), pp. 74-76.

20. Nicholas K. Humphrey, "The Social Function of Intellect," in P. P. G. Bateson and R. A. Hinde, eds., *Growing Points in Ethology* (Cambridge: Cambridge University Press, 1976), pp. 303-317; Alexander, *How Did Humans Evolve?* pp. 4-7; Richard Alexander, "The Evolution of Social Behavior," in Richard F. Johnston, Peter W. Frank, and Charles D. Michener, eds., *Annual Review of Ecology and Systematica*, vol. 5 (Palo Alto, Calif: Annual Reviews, 1974), pp. 325-385. See also Steven Pinker and Paul Bloom, "Natural Language and Natural Selection," in Barkow et al. (1992); and Robin Fox, *The Search for Society: Quest for a Biosocial Science and Morality* (New Brunswick, N.J.: Rutgers University Press, 1989), pp. 29-30.

21. Matt Ridley, *The Red Queen* (New York, Macmillan, 1993), pp. 329-331.

22. John L. Locke, "The Role of the Face in Vocal Learning and the Development of Spoken Language," in B. de Boysson-Bardies, ed., *Developmental Neurocognition: Speech and Face Processing in the First Year of Life* (Netherlands: Kluwer Academic Publishers, 1993).

23. 达尔文对这个话题特别感兴趣，他写了整本书来讨论该话题。参见他的 *The Expression of Emotion in Man and Animals* (New York and London: D. Appleton and Co., 1916).

24. 一些生物学家推测，语言在梳理毛发中产生。参见 Robin Dunbar, *Grooming, Gossip, and the Origin of Language* (Cambridge, Mass.: Harvard University Press, 1996).

25. 关于大脑和大脑作用的总体性描述，参见 George E. Pugh, *The Biological Origin of Human Values* (New York: Basic Books, 1977), pp. 140-143.

26. Locke (1998), pp. 48-57.

27. Ridley, *Red Queen*, p. 338.

28. 参见第一部分中提到的关于男人和女人的动机的参考书目。

29. See Martin Daly and Margo Wilson, "Male Sexual Jealousy," *Ethology and Sociobiology* 3 (1982): 11-27. See also Ridley (1993), pp. 243-244.

30. Michael S. Gazzaniga, *Nature's Mind: The Biological Roots of Thinking, Emotions, Sexuality, Language, and Intelligence* (New York: Basic Books, 1992), pp. 60-61, 113-114. 另一些生物学家说还有另外一些形式的先天知识：Edward O. Wilson 推测，对蛇的畏惧可能来自基因，而非文化传承。这一论断既不支持也不反对 Wilson 的证据。Edward O. Wilson, *On Human Nature* (Cambridge, Mass.: Harvard University Press, 1978), chap. 1.

31. 关于这项研究的概述，参见 Michael S. Gazzaniga, *The Social Brain: Discovering the Networks of the Mind* (New York: Basic Books, 1985), and "The Split Brain Revisited," *Scientific American* 279 (1998): 50-55.

32. Tooby and Cosmides, "Cognitive Adaptations," pp. 181-185.

33. Plato, *Republic* 359d.

34. Robert Frank, *Passions Within Reason* (New York: Norton, 1988) pp. 18-19.

35. Pugh, *Biological Origin*, p. 131.

36. Antomo R. Damasio, *Descartes' Error: Emotion, Reason, and the Human Brain* (New York: G. P. Putnam, 1994); and Antonio R. Damasio, H. Damasio, and Y. Christen, eds., *Neurobiology of Decision-Making* (New York: Springer, 1996).

37. Damasio, *Descartes' Error*, pp. 34-51; R. Adophs, D. Tranel, A. Bechara, H. Damasio, and Damasio, "Neuropsychological Approaches to Reasoning and Decision-making," in Damasio, Damasio, and Christen, *Neurobiology*, pp. 157-179.

38. P. S. Churchland, "Feeling Reasons," in Damasio, Damasio, and Christen, *Neurobiology*, p. 199.

39. Robert: Axelrod, "An Evolutionary Approach to Norms," *American Political Science Review* 80 (1986): 1096-1111; also see his *The Complexity of Cooperation: Agent-Based Models of Competition and Collaboration* (Princeton, N.J.: Princeton University Press, 1997).

40. Robert Trivers, "The Evolution of Reciprocal Altruism," *Quarterly Review of Biology* 46 (1971): 35-56,

41. Frank, *Passions*, pp. 4-5.

第十一章

1. Robert C. Ellickson, *Order Without Law: How Neighbors Settle Disputes* (Cambridge, Mass.: Harvard University Press, 1991), pp. 138-140.

2. 对 Michael Rothschild 的生态学研究所的评论，参见 Paul Krugman, "The Power of Biobabble: Pseudo-Economics Meets Pseudo-Evolution," *Slate*, October 23, 1997.

3. Armen A. Alchian, "Uncertainty, Evolution, and Economic Theory," *Journal of Political Economy* 58 (1950): 211-221; Arthur de Vany, "Information, Chance, and Evolution: Alchian and the Economics of Self-Organization," *Economic Inquiry* 34 (1996): 427-443. See also Jack Hirshleifer, "Natural Economy versus Political Economy," *Journal of Social Biology* 1 (1978): 320-321.

4. 关于概述，参见 Karl-Dieter Opp, "Emergence and Effects of Social Norms-Confrontation of Some Hypotheses of Sociology and Economics," *Kyklos* 32 (1979):775-801.

5. Garrett Hardin, "The Tragedy of the Commons," *Science* 162 (1968): 1243-1248.

6. 比如参见 Russell Hardin, *Collective Action* (Baltimore: Johns Hopkins University Press, 1982).

7. 关于 Garrett Hardin 的批判，参见 Carl Dahlman, "The Tragedy of the Commons that Wasn't: On Technical Solutions to the Institutions Game," *Population and Environment* 12 (1991): 285-295.

8. Mancur Olson, *The Logic of Collective Action: Public Goods and the Theory of Groups* (Cambridge, Mass.: Harvard University Press, 1965).

322

9. H. Demsetz, "Toward a Theory of Property Rights," *American Economic Review* 57 (1967): 347-359.

10. Douglass C. North and Robert P. Thomas, "An Economic Theory of the Growth of the Western World," *Economic History Review,* 2d ser. 28 (1970): 1-17; and Douglass C. North and Robert P. Thomas. *The Growth of the Western World* (London: Cambridge University Press, 1973).

11. 严格来说，科斯自己并没有认为"科斯定理"是真的。Ronald H. Coase, "The Problem of Social Cost," *Journal of Law and Economics* 3 (1960): 1-44. 这是在今天的法律文献中最常引用的一篇文章。

12. Andrew Sugden, "Spontaneous Order," *Journal of Economic Perspectives* 3 (1989): 85-97, and *The Economics of Rights, Cooperation and Welfare* (Oxford: Basil Blackwell, 1986).

13. Ellckson, *Order Without Law,* p. 192.

14. Ibid, pp. 143ff.

15. Elinor Ostrom, *Governing the Commons: The Evolution of Institutions for Collective Action* (Cambridge: Cambridge University Press, 1990).

16. 同上 , pp. 103-142.

第十二章

1. Ludwig von Mises, *Socialism: An Economic and Sociological Analysis* (Indianapolis: Liberty Classics, 1981); Friedrich A. Hayek, "The Use of Knowledge in Society," *American Economic Review* 35 (1945): 519-530.

2. 对于等级管理问题更为深入的讨论，参见 Gary J. Miller, *Managerial Dilemmas: The Political Economy of Hierarchy* (New York: Cambridge University Press, 1992).

3. Jeremy R. Azrael, *Managerial Power and Soviet Policy* (Cambridge, Mass.: Harvard University Press, 1966).

4. See Alfred D. Chandler, *The Visible Hand: The Managerial Revolution in American Business* (Cambridge, Mass.: Harvard University Press, 1977), and *Scale and Scope: The Dynamics of Industrial Capitalism* (Cambridge, Mass.: Harvard University Press/Belknap, 1990).

5. Ronald H. Coase, "The Nature of the Firm," *Economica* 6 (1937): 386-405; 另 见 Oliver Williamson 的 著 作, 包 括 *The Nature of the Firm: Origins, Evolution and Development* (Oxford: Oxford University Press, 1993).

6. 企业的科斯理论还没有被普遍接受。Alchian 和 Demsetz 争论说企业可以被充分地理解成市场关系。Armen Alchian and H. Denisetz, "Production, Information Costs, and Economic Organization," *American Economic Review* 62 (1972): 777-795.

7. See, for example, Gemot Grabher, *The Embedded Firm: On the Socioeconomics of Industrial Networks* (London: Roudedge, 1993); Nitin Nohria and Robert Eccles, eds., *Networks and Organizations: Structure, Form, and Action* (Boston: Harvard Business School Press, 1992); Walter W. Powell, "Neither Market Nor Hierarchy: Network Forms of Organization," *Research in Organizational Behavior* 12 (1990): 295-336; John L. Casti et al., *Networks in*

Action: Communications, Economies and Human Knowledge (Berlin: Springer-Verlag, 1995); Michael Best, *The New Competition: Institutions of Industrial Restructuring* (Cambridge, Mass.: Harvard University Press, 1990).

8. Thomas W. Malone and Joanne Yates, "Electronic Markets and Electronic Hierarchies," *Communications of the ACM* 30 (1987): 484-497.

9. See, for example, Nitin Nohria, "Is a Network Perspective a Useful Way of Studying Organizations?" in Nohria and Robert Eccles, *Networks and Organizations* (Boston: Harvard Business School Press, 1992).

10. Thomas Malone et al., "Electronic Markets"; see also Malone, "The Interdisciplinary Study of Coordination," *ACM Computing Surveys* 26 (1994): 87-199.

11. Mark S. Granovetter, "The Strength of Weak Ties," *American Journal of Sociology* 78 (1973): 1360-1380.

12. Max Weber, *Economy and Society* (Berkeley: University of California Press, 1978).

13. Kenneth J. Arrow, "Classificatory Notes on the Production and Transmission of Technological Knowledge," *American Economic Review* 59 (1969): 29-33.

14. 关于该观点，参见 Masahiko Aoki, "Toward an Economic Model of the Japanese Firm," *Journal of Economic Literature* 28 (March 1990): 1-27.

15. See, for example, KennethJ. Arrow, "Classifactory Notes on the Production and Transmission of Technological Knowledge," *American Economic Review* 59 (1969): 29-33.

16. Harry Xatz, *Shifting Gears: Changing Labor Relations in the United States Automobile Industry* (Cambridge, Mass.: MIT Press, 1985).

17. Allan Nevins, with Frank E. Hill, *Ford: The Times, the Man, the Company* (New York: Scribners, 1954); p. 517.

18. See James P. Womack et al., *The Machine That Changed the World: The Story of Lean Production* (New York: Harper Perennial, 1991).

19. Annalee Saxenian, *Regional Advantage: Culture and Competition in Silicon Valley and Route 128* (Cambridge, Mass.: Harvard University Press, 1994).

20. 在这一方面，我在《信任》一书中错误地高估了企业规模的重要性。巨大的企业规模可以反映出社会资本，并基于人们愿意去相信他们家庭以外的人；它也可以反映出社会资本的不足，因为在低信任度、泰勒制的层面上去组织大型公司是有可能的。公司规模并不比联系个人的社会规范更加重要。这些规范可以在单个的组织界线内存在，也可以超越个体组织。

21. Don E. Kash and Robert W Ryecroft, *The Complexity Challenge: Technological Innovation for the 21st Century* (London: Pinter, 1999).

22. Saxenian, *Regional Advantage*, pp. 32-33.

23. Ibid, p. 33.

24. See, for example, Bernardo A. Huberman and Tad Hogg, "Communities of Practice: Performance and Evolution," *Computational and Mathematical Organization Theory* I (1995): 73-92; John Seely Brown and Paul Duguid, "Organizational Learning and Communities-of-Practice: Toward a Unified View of Working, Learning, and Innovation,"

324

Organization Science 2 (February 1991): 40-57.

25. Masahiko Aoki 在 1996 年 6 月递交给三星经济研究所的论文。

26. Michael E. Porter, "Clusters and the Economics of Competition," *Harvard Business Review* (November-December 1998): 77-90; also Porter, *On Competition* (Boston: Harvard Business Review Books, 1998), pp. 197-287.

第十三章

1. Elinor Ostrom, *Governing the Commons* (Cambridge: Cambridge University Press, 1990), p. 90.

2. Robert J. Sampson et al., "Neighborhoods and Violent Crime," *Science* 277 (1997).

3. "Spring Breakers Drink in Cancun's Excess," *Washington Post*, April 3, 1998, p. Al.

4. Francis Fukuyama, *Trust: The Social Virtues and the Creation of Prosperity* (New York: Free Press, 1995), p. 28.

5. 这是由 Edward Banfield 提出的 "无关道德的家庭主义" 公式。*The Moral Basis of a Backward Society* (Glencoe, Ill.: Free Press, 1958).

6. Max Weber, *The Religion of China* (New York: Free Press, 1951), p. 237.

7. 比如参见 James Buchanan, *The Limits of Liberty* (Chicago: University of Chicago Press, 1975) 的导言。

8. 对这个话题较为详尽的论述，参见 Leo Strauss, *Natural Right and History* (Chicago: University of Chicago Press, 1953).

9. See Mark J. Roe, "Chaos and Evolution in Law and Economics," *Harvard Law Review* 109 (1996): 641-668.

10. Ibid.

11. W. Brian Arthur, "Increasing Returns and the New World of Business," *Harvard Business Review*74(1996): 100-109, "Positive Feedbacks in the Economy," *Scientific American* (1990): 92-99.

12. Friedrich Hayek, *Law, Legislation, and Liberty* (Chicago: University of Chicago Press, 1976), pp. 88-89.

13. Robert L. Simison and Robert L. Rose, "In Backing the UAW, Ford Rankles Many of Its Parts Suppliers," *Wall Street Journal*, February 6, 1997.

14. 关于这个实验的描述，参见 *Out of Control* (Reading, Mass,: Addison-Wesley, 1994), pp. 8-11.

15. 关于 Sears 的问题的描述，参见 Gary Miller, *Managerial Dilemmas* (New York: Cambridge University Press, 1992), pp. 90-94.

16. Ibid, p.99.

17. See Edgar H. Schein, *Organizational Culture and Leadership* (San Francisco: Jossey-Bass, 1988), pp. 228-253.

18. James Q. Wilson, *Bureaucracy: What Government Agencies Do and Why They Do It* (New

York: Basic Books, 1989), pp. 96-98.

19. Sec Robert H. Frank, *Choosing the Right Pond* (Oxford: Oxford University Press, 1985), pp. 21-25.

20. M. Raleigh, M. McGuire, W. Melega, S. Cherry, S.-C. Huang, and M. Phelps, "Neural   325 Mechanisms Supporting Successful Social Decisions in Simians," in Antonio Damasio et al., *Neurobiology of Decision-Making* (New York: Springer, 1996), pp. 68-71.

21. 在西方政治哲学中有一个久远的传统，即强调自豪在政治生活中的重要性。柏拉图把这种根本的心理现象理解为 Thymos，即激情。他认为 Thymos 是从理性和欲望产生的灵魂里独立的一部分。在黑格尔那里，为获得承认而进行的斗争是人类历史的主要动力。更完整的解释参见 Francis Fukuyama, *The End of History and the Last Man* (New York: Free Press, 1992), pp. 143-161.

22. Adam Smith, *The Theory of Moral Sentiments* (Indianapolis: Liberty Classics, 1982), pp. 50-51.

23. Frank, *Choosing the Right Pond,* pp. 96-99.

24. Ibid, pp. 26-30.

25. 英文版原缺。

第十四章

1. 关于这点，参见 James Q. Wilson, *The Moral Sense* (New York: Free Press, 1993), pp. 121-122.

2. 目前知道的唯一能够建立秩序严密的等级制度的动物是海豚。

3. Roger D. Masters, "The Biological Nature of the State," *World Politics* 35 (1983): 161-193.

4. Samuel P. Huntington, *The Clash of Civilizations and the Remaking of World Order* (New York: Simon & Schuster, 1996).

5. See, for example, Peter L. Berger, "Secularism in Retreat," *National Interest* (1996): 3-12.

6. 关于讨论该主题的概括性著作，参见 David Martin, *A General Theory of Secularization* (New York: Harper & Row, 1978). Martin 的观点自那时起已有所修正，参见他的 *Tongues of Fire: The Explosion of Protestantism m Latin America* (Oxford: Basil Blackwell, 1990) and "Fundamentalism: An Observational and Definitional Tour d' Honzon," *Political Quarterly 61* (1990): 129-131.

7. Seymour Martin Lipset, *American Exceptionalism* (New York: Norton, 1995), pp 60-67.

8. Martin, *Tongues of Fire,* chap. 1.

9. See Francis Fukuyama, *Trust* (New York: Free Press, 1995), especially pp. 61-67.

10. James E. Curtis, Douglas E. Baer, and Edward G. Grabb, "Voluntary Association Membership in Fifteen Countries: A Comparative Analysis," *American Sociological Review* 57 (1992): 139-152.

11. 在美国，非盈利型行业占总数的 6.8%，法国则为 4.2%，为第二高；美国该行业的产值占 GDP 的 6.3%，在第二高的英国为 4.8%。Lester Salamon and Helmut Anheier, *The*

Emerging Sector (Baltimore: Johns Hopkins Institute for Policy Study 1994), pp. 32, 35.

但是美国的社团类型和其他国家非常不同，它显示出了对美国社会中的宗教持之以恒的影响。宗教参与水平比较高的国家接下来是韩国、荷兰、加拿大，它们都比美国的程度要低。在另一方面，和欧洲大陆相比，尤其是和斯堪的纳维亚半岛的国家相比，美国、英国和加拿大与 1981 年在协会中的成员率非常低，而且在后十年大幅下降；在北欧诸国，比例在相同的时段中却上升了。

12. Diego Gambetta, *The Sicilian Mafia* (Cambridge, Mass.: Harvard University Press, 1993), pp. 18-22.

第十五章

1. Albeit O. Hirschman, "Rival Interpretations of Market Society: Civilizing, Destructive, or Feeble," *Journal of Economic Literature* 20 (1982): 1463-1484.

2. John Gray, *Enlightenment's Wake: Politics and Culture at the Close of the Modern Age* (London: Roudedge, 1995).

3. 引自 Hirschman, "Rival Interpretations," p. 1466.

4. Joseph A. Schumpeter, *Capitalism, Socialism and Democracy* (New York: Harper Brothers, 1950).

5. Daniel Bell, *The Cultural Contradictions of Capitalism* (New York: Basic Books, 1976); see also John K. Galbraith, *The Affluent Society* (Boston: Houghton Mifflin, 1958).

6. Michael J. Sandel, *Democracy's Discontent: America in Search of a Public Philosophy* (Cambridge, Mass.: Harvard University Press, 1996), particularly pp. 338-340; Alan Wolfe, *Whose Keepe? Social Science and Moral Obligation* (Berkeley: University of California Press, 1989), pp. 78-104; William J. Bennett, "Getting Used to Decadence," *Vital Speeches* 60, no. 9 (February 15, 1994). p. 264; see also Larry Reibstein, "The Right Takes a Media Giant to Political Task," *Newsweek* 125 (June 12, 1995), p. 30.

7. 商业社会的文化防卫，参见 Tyler Cowen, *In Praise of Commercial Culture* (Cambridge, Mass.: Harvard University Press, 1998).

8. Montesquieu, *The Spirit of the Laws,* Book 20, chap. 1.

9. 引自 Hirschman, "Rival Interpretations," p. 1465.

10. Adam Smith, *The Theory of Moral Sentiments* (Indianapolis: Liberty Classics, 1982), pt. 1, I.4.7; pt. 7, IV.25; *Lectures on Jurisprudence* (Indianapolis: Liberty Press, 1982), pt. B 326; *An Inquiry into the Nature and Causes of the Wealth of Nations* (Indianapolis: Liberty Classics, 1981), Book 1, VIII.41-48. 我要感谢 Charles Griswold 的这些见解。

11. Charles L. Griswold, Jr., *Adam Smith and the Virtues of Enlightenment* (Cambridge: Cambridge University Press, 1999), pp. 17-21.

12. Albert O. Hirschman, *The Passions and the Interests: Political Arguments for Capitalism Before Its Triumph* (Princeton, N.J.: Princeton University Press, 1977).

13. Smith, *Theory,* pt. VI.

14. Coleman (1988).

15. Partha Dasgupta, "Economic Development and the Idea of Social Capital," unpublished paper, March 1997.

16. See, for example, Edgar Schein, *Organizational Culture and Leadership* (San Francisco: Jossey-Bass, 1988).

17. See, for example, Thomas P. Rohlen, "'Spiritual Education' in a Japanese Bank," *American Anthropologist* 75 (1973): 1542-1562.

18. John J. Miller, *The Unmaking of Americans: How Multiculturalism Has Undermined the Assimilation Ethic* (New York: Free Press, 1998).

19. See, for example, Oliver E. Williamson, "Calculativeness, Trust, and Economic Organization," *Journal of Law and Economics* 36 (1993): 453-502. 他说，表面上值得信任的行为可以被看成是建立在理性自利的基础之上，当你把表面行为去掉之后，信任最终只会是空洞之物。   327

第十六章

1. Ted Robert Gurr, "On the History of Violent Crime in Europe and America," in Egon Bittner and Sheldon L. Messinger, *Criminology Review Yearbook,* vol. 2 (Beverly Hills, Calif.: Sage, 1980).

2. James Collier, *The Rise of Selfishness in America* (New York: Oxford University Press, 1991), p. 5.

3. Ibid, p. 5.

4. James Q. Wilson, *Thinking About Crime* (New York: Basic Books, 1975), p. 232.

5. William J. Rorabaugh, *The Alcoholic Republic* (New York: Oxford University Press, 1979), pp. 14-15.

6. Collier, *Rise of Selfishness,* p. 6.

7. Ted Robert Gurr, "Contemporary Crime in Historical Perspective," *Annals of the American Academy of Political and Social Science* 434 (1977): 114-136.

8. Ted Robert Gurr, Peter N. Grabosky, and Richard C. Hula, *The Politics of Crime and Conflict: A Comparative History of Four Cities* (Beverly Hills, Calif: Sage, 1977).

9. Collier, *Rise of Selfishness,* pp. 6-7.

10. Paul E.Johnson, *A Shopkeeper's Millennium: Society and Revivals in Rochester, New York, 1815-1837* (New York: Hill and Wang, 1979).

11. Richard Hofstadter, *Anti-Intellectualism in American Life* (New York: Vintage Books, 1963), p. 89.

12. Wilson, *Flunking About Crime,* p.233.

13. Gregory H. Singleton, "Protestant Voluntary Organizations and the Shaping of Victorian America," in Daniel W. Howe, ed., *Victorian America* (Philadelphia: University of Pennsylvania Press, 1976), p. 50.

14. Ibid, p. 52.

15. See also Gurr, Grabosky, and Hula, *Politics,* pp. 109-129.

16. Gurr in Bittner and Messinger, eds. (1980), p. 417.

17. Wilson, *Thinking About Crime,* p. 225.

18. Gertrude Himmelfarb, *The De-Moralization of Society: From Victorian Virtues to Modern Values* (New York: Knopf, 1995), pp. 222-223.

19. Wesley Skogan, *Disorder and Decline* (New York: Free Press, 1990).

20. James Davison Hunter, *Culture Wars: The Struggle to Define America* (New York: Basic Books, 1991).

21. Barbara Dafoe Whitehead, "Dan Quayle Was Right," *Atlantic Monthly* 271(1993): 47-84.

22. Stephen Goldsmith, *The Twenty-First Century City: Resurrecting Urban America* (Lanham, Md.: Regnery Publishing, 1997).

23. 对 1996 年的福利改革法案最重要的批评之一是，它鼓励了享受福利的单身母亲在孩子还小的时候就出去工作。有一项措施是必要的，但却难以实践，即通过公共政策将孩子的父亲找回来，以便加强抚养的基础。

24. 这里所讲的内容是我在 *The End of History and the Last Man* (New York: Free Press, 1992) 中所提出论点的简要概述。

BIBLIOGRAPHY

Aaron, Henry J., et al., eds., *Values and Public Policy*. Washington, D.C.: Brookings Institution, 1994.

Akerlof, George A., et al. "An Analysis of Out-of-Wedlock Childbearing in the United States." *Quarterly Journal of Economics* 111 (1996): 277–317.

Alchian, Armen A. "Uncertainty, Evolution, and Economic Theory." *Journal of Political Economy* 58 (1950): 211–221.

Alchian, Armen A., and H. Demsetz, "Production, Information Costs, and Economic Organization," *American Economic Review* 62 (1972): 777–795.

Alexander, Richard D. *How Did Humans Evolve? Reflections on the Uniquely Unique Species.* Ann Arbor: Museum of Zoology, University of Michigan, 1990.

Aoki, Masahiko. "Toward an Economic Model of the Japanese Firm." *Journal of Economic Literature* 28 (March 1990): 1–27.

Archer, Dane, and Gartner, Rosemary. *Violence and Crime in Cross-National Perspective.* New Haven, Conn.: Yale University Press, 1984.

———. "Violent Acts and Violent Times: A Comparative Approach to Postwar Homicide Rates." *American Sociological Review* 41 (1976): 937–963.

Arrow, Kenneth J. "Classificatory Notes on the Production of Transmission of Technological Knowledge." *American Economic Review* 59 (1969): 29–33.

———. "Methodological Individualism and Social Knowledge," *AEA Papers and Proceedings* 84 (1994): 1–9.

Arthur, W. Brian. "Increasing Returns and the New World of Business." *Harvard Business Review* 74 (1996): 100–109.

———. "Positive Feedbacks in the Economy." *Scientific American* (1990): 92–99.

Australian Bureau of Statistics. *Births. Catalog No. 3301.0.* Canberra: Australian Government Publishing Service, 1995.

———. *Marriages and Divorces. Catalog No. 3301.0.* Canberra: Australian Government Publishing Service, 1995.

Austrian Central Statistical Office. *Republik Osterreich 1945–1995.*

Axelrod, Robert. "An Evolutionary Approach to Norms." *American Political Science Review* 80 (1986): 1096–111.

———. *The Complexity of Cooperation: Agent-Based Models of Competition and Collaboration.* Princeton, N.J.: Princeton University Press, 1997.

———. *The Evolution of Cooperation.* New York: Basic Books, 1984.

Axelrod, Robert, and Hamilton, W. D. "The Evolution of Cooperation." *Science* 211 (1981): 1390–1396.

Azrael, Jeremy R. *Managerial Power and Soviet Policy.* Cambridge: Harvard University Press, 1966.

Banfield, Edward C. *The Moral Basis of a Backward Society.* Glencoe, Ill.: Free Press, 1958.

Barkow, J. H., Cosmides, Leda, and Tooby, John, eds. *The Adapted Mind.* New York: Oxford University Press, 1992.

Bateson, P. P. G., and Hinde, R. A., eds. *Growing Points in Ethology.* Cambridge: Cambridge University Press, 1976.

Becker, Gary S. *A Treatise on the Family.* Enl. ed. Cambridge: Harvard University Press, 1991.

———. "Altruism, Egoism, and Genetic Fitness: Economics and Sociobiology." *Journal of Economic Literature* 14 (1976): 817–826.

———. "Crime and Punishment: An Economic Approach." *Journal of Political Economy* 76 (1968): 169–217.

Becker, Gary S., et al. "An Economic Analysis of Marital Instability." *Journal of Political Economy* 85 (1977): 1141–87.

Becker, Howard S. *Outsiders: Studies in the Sociology of Deviance.* Glencoe, Ill.: Free Press, 1963.

Beirne, Piers. "Cultural Relativism and Comparative Criminology." *Contemporary Crises* 7 (1983): 371–391.

Bell, Daniel. *The Coming of Post-Industrial Society: A Venture in Social Forecasting.* New York: Basic Books, 1973.

———. *The Cultural Contradictions of Capitalism.* New York: Basic Books, 1976.

Bennett, William J. "America at Midnight: Reflections on the Moynihan Report." *American Enterprise* 29.

———. "Getting Used to Decadence." *Vital Speeches* 60, no. 9 (February 15, 1994), p. 264.

Berger, Peter L., "Secularism in Retreat." *National Interest* (1996): 3–12.

Bernhardt, Annette, et al. "Women's Gains or Men's Losses? A Closer Look at the Shrinking Gender Gap in Earnings." *American Journal of Sociology* 101 (1995): 302–328.

Best, Michael. *The New Competition: Institutions of Industrial Restructuring.* Cambridge: Harvard University Press, 1990.

Bianchi, Suzanne M. "Introduction to the Special Issue, 'Men in Families.'" *Demography* 35 (1998): 133.

Bittner, E., and Messinger, S. L. *Criminology Review Yearbook.* Vol. 2. Beverly Hills: Sage, 1980.

Blank, Rebecca M. "Policy Watch: The 1996 Welfare Reform." *Journal of Economic Perspectives* 11 (1997): 169–177.

Blankenhorn, David. *Fatherless America: Confronting America's Most Urgent Social Problem.* New York: Basic Books, 1995.

Blau, Judith R., and Blau, Peter M. "The Cost of Inequality: Metropolitan Structure and Violent Crime." *American Sociological Review* 47 (1982): 114–129.

Bok, Derek. *The State of the Nation: Government and the Quest for a Better Society.* Cambridge: Harvard University Press, 1997.

Booth, Alan, and Dunn, Judy. *Stepfamilies: Who Benefits? Who Does Not?* Hillsdale, N.J.: Erlbaum, 1994.

Bound, John, and Freeman, Richard B. "What Went Wrong? The Erosion of Relative Earnings and Employment Among Young Black Men in the 1980s." *Quarterly Journal of Economics* (1992): 201–232.

Bowman, Karlyn, and Ladd, Everett. *What's Wrong: A Study of American Satisfaction and Complaint.* Washington: AEI Press and the Roper Center for Public Opinion Research, 1998.

Braithwaite, John. *Crime, Shame, and Reintegration.* Cambridge: Cambridge University Press, 1989.

Brown, John Seely, and Daguid, Paul. "Organizational Learning and Communities-of-Practice: Toward a Unified View of Working, Learning, and Innovation." *Organization Science* 2 (1991): 40–57.

Bryner, Gary. *Politics and Public Morality: The Great American Welfare Reform Debate.* New York: W. W. Norton, 1998.

Buchanan, James M. *The Limits of Liberty: Between Anarchy and Leviathan.* Chicago: University of Chicago Press, 1975.

Buchholz, Erich. "Reasons for the Low Rate of Crime in the German Democratic Republic." *Crime and Social Justice* 29 (1986): 26–42.

Bumpass, Larry L., and Sweet, James A. "National Estimates of Cohabitation." *Demography* 26 (1989): 615–625.

Burgess, Ernest W., Park, Robert E., and McKenzie, Roderick D., eds. *The City* (Chicago: University of Chicago Press, 1925).

Burns, Ailsa, and Scott, Cath. *Mother-Headed Families and Why They Have Increased.* Hillsdale, N.J.: Erlbaum, 1994.

Caldwell, B., and Ricciuti, H. H. *Review of Child Development Research.* Vol. 3, Chicago: University of Chicago Press, 1973.

Campbell, Bernard, ed. *Sexual Selection and the Descent of Man.* Chicago: Aldine, 1972.

Castells, Manuel. *The Rise of the Network Society.* Malden, Mass.: Blackwell, 1996.

Casti, John L., et al. *Networks in Action: Communications, Economies and Human Knowledge.* Berlin: Springer-Verlag, 1995.

Central Statistical Office and Ireland. *Statistical Abstract,* various annual editions (Cork).

Chandler, Alfred D. *Scale and Scope: The Dynamics of Industrial Capitalism.* Cambridge: Harvard University Press/Belknap, 1990.

———. *The Visible Hand: The Managerial Revolution in American Business.* Cambridge: Harvard University Press, 1977.

Cherlin, Andrew J. *Marriage, Divorce, Remarriage,* 2nd ed. (Cambridge, Mass.: Harvard University Press, 1992).

Cherlin, Andrew J., and Furstenberg, Frank F., Jr. "Stepfamilies in the United States: A Reconsideration." *Annual Review of Sociology* 20 (1994): 359–381.

Children's Defense Fund. *The State of America's Children Yearbook 1997.* Washington, D.C.: Children's Defense Fund, 1998.

Clark, John. "Shifting Engagements: Lessons from the 'Bowling Alone' Debate." *Hudson Briefing Paper.* No. 196, October 1996.

Cloward, Richard, and Ohlin, Lloyd. *Delinquency and Opportunity.* New York: Free Press, 1960.

Coase, Ronald H. "The Nature of the Firm." *Economica* 6 (1937): 386–405.

———. "The Problem of Social Cost." *Journal of Law and Economics* 3 (1960): 1–44.

Coleman, James S. *Foundations of Social Theory.* Cambridge: Harvard University Press, 1990.

―――. "Social Capital in the Creation of Human Capital." *American Journal of Sociology Supplement* 94 (1988): S95–S120.

―――. "The Creation and Destruction of Social Capital: Implications for the Law." *Journal of Law, Ethics, and Public Policy* 3 (1988): 375–404.

Coleman, James S., et al. *Equality of Educational Opportunity.* Washington, D.C.: U.S. Department of Health, Education and Welfare, 1966.

Collier, James L. *The Rise of Selfishness in America.* New York: Oxford University Press, 1991.

Cordella, Peter, and Siegel, Larry. *Readings in Contemporary Criminological Theory.* Boston: Northeastern University Press, 1996.

Cowen, Tyler. *In Praise of Commercial Culture.* Cambridge: Harvard University Press, 1998.

Cready, Cynthia, et al. "Mate Availability and African American Family Structure in the US Nonmetropolitan South, 1960–1990." *Journal of Marriage and the Family* 59 (1997): 192–203.

Curtis, James E., et al. "Voluntary Association Membership in Fifteen Countries: A Comparative Analysis." *American Sociological Review* 57 (1992): 139–152.

Dahlman, Carl. "The Tragedy of the Commons That Wasn't: On Technical Solutions to the Institutions Game." *Population and Environment* 12 (1991): 285–295.

Dahrendorf, Ralf. *Life Chances: Approaches to Social and Political Theory.* Chicago: University of Chicago, 1979.

Daly, Martin. "Child Abuse and Other Risks of Not Living with Both Parents." *Ethology and Sociobiology* 6 (1985): 197–210.

Daly, Martin, and Wilson, Margot. "Children Fathered by Previous Partners: A Risk Factor for Violence Against Women." *Canadian Journal of Public Health* 84 (1993): 209–210.

―――. *Homicide.* New York: Aldine de Gruyter, 1988.

Daly, Martin, et al. "Male Sexual Jealousy." *Ethology and Sociobiology* 3 (1982): 11–27.

Damasio, Antonio R. *Descartes' Error: Emotion, Reason, and the Human Brain.* New York: G. P. Putnam, 1994.

Damasio, Antonio R., et al. *Neurobiology of Decision-Making.* New York: Springer, 1996.

Darwin, Charles. *The Expression of Emotion in Man and Animals.* New York: Appleton and Co., 1916.

Dasgupta, Partha. "Economic Development and the Idea of Social Capital." Unpublished paper. 1997.

Davis, Kingsley, and Van den Oever, Pietronella. "Demographic Foundations of New Sex Roles." *Population and Development Review* 8 (1982): 495–511.

Dawkins, Richard. *The Blind Watchmaker.* New York: W. W. Norton, 1986.

―――. *The Selfish Gene.* New York: Oxford University Press, 1989.

de Boysson-Bardies, B., ed. *Developmental Neurocognition: Speech and Face Processing in the First Year of Life.* Netherlands: Kluwer, 1993.

de Vany, Arthur. "Information, Chance, and Evolution: Alchian and the Economics of Self-Organization." *Economic Inquiry* 34 (1996): 427–443.

de Waal, Frans. *Chimpanzee Politics: Power and Sex Among Apes.* Baltimore: Johns Hopkins University Press, 1989.

Deane, Glenn D. "Cross-National Comparison of Homicide: Age/Sex-Adjusted Rates Using the 1980s US Homicide Experience as a Standard." *Journal of Quantitative Criminology* 3 (1987): 215–227.

Degler, Carl N. *In Search of Human Nature: The Decline and Revival of Darwinism in American Social Thought.* New York: Oxford University Press, 1991.

Demsetz, H. "Toward a Theory of Property Rights." *American Economic Review* 57 (1967): 347–359.

Denzau, Arthur, and North, Douglass C. "Shared Mental Models: Ideologies and Institutions." *Kyklos* 47 (1994): 3–31.

Diamond, Larry. "Toward Democratic Consolidation." *Journal of Democracy* 5 (1994): 4–17.

Dunbar, Robin I. M. *Grooming, Gossip, and the Origin of Language.* Cambridge, Mass.: Harvard University Press, 1996.

Duncan, Greg J., and Hoffman, Saul D. "A Reconsideration of the Economic Consequences of Marital Disruption." *Demography* 22 (1985): 485–498.

———. "Welfare Benefits, Economic Opportunities, and Out-of-Wedlock Births Among Black Teenage Girls." *Demography* 27 (1990): 519–535.

Durkheim, Emile. *The Rules of Sociological Method.* Glencoe, Ill: Free Press, 1938.

Eberstadt, Nicholas. "Asia Tomorrow: Gray and Male." *National Interest,* No. 53 (Fall 1998): 56–65.

———. "World Population Implosion?" *Public Interest,* No. 129 (1997): 3–22.

Ellickson, Robert C. *Order Without Law: How Neighbors Settle Disputes.* Cambridge: Harvard University Press, 1991.

Eurostat. *Demographic Statistics.* New York: Haver Analytics/Eurostat Data Shop, 1997.

Farley, Reynolds. *State of the Union: America in the 1990s.* Vol. 2: *Social Trends.* New York: Russell Sage Foundation, 1995.

Federal Bureau of Investigation and Uniform Crime Reporting Program. *Crime in the United States.* Washington, D.C.

Flora, Peter, and Heidenheimer, Arnold J. *The Development of the Welfare State in Europe and America.* New Brunswick, N.J.: Transaction, 1987.

Fourastié, Jean. "De la vie traditionelle à la vie tertiaire." *Population* 14 (1963): 417–432.

Fox, Robin. *Reproduction and Succession: Studies in Anthropology, Law, and Society.* New Brunswick, N.J.: Transaction, 1997.

———. "Sibling Incest." *British Journal of Sociology* 13 (1962): 128–150.

———. *The Red Lamp of Incest,* rev. ed. South Bend, Ind: University of Notre Dame Press, 1983.

———. *The Search for Society: Quest for a Biosocial Science and Morality.* New Brunswick, N.J.: Rutgers University Press, 1989.

Frank, Robert H. *Choosing the Right Pond: Human Behavior and the Quest for Status.* Oxford: Oxford University Press, 1985.

———. *Passions Within Reason: The Strategic Role of the Emotions.* New York: Norton, 1988.

Fukuyama, Francis. "Asian Values and the Asian Crisis." *Commentary* 105 (1998): 23–27.

———. "Capitalism and Democracy: The Missing Link." *Journal of Democracy* 3 (1992): 100–110.

———. "Falling Tide: Global Trends and US Civil Society." *Harvard International Review* 20 (1997): 60–64.

———. "Is It All in the Genes?" *Commentary* (1997): 30–35.

———. *The End of History and the Last Man.* New York: Free Press, 1992.

———. *Trust: The Social Virtues and the Creation of Prosperity.* New York: Free Press, 1995.

Galbraith, John K. *The Affluent Society.* Boston: Houghton Mifflin, 1958.

Galston, William A. "Beyond the *Murphy Brown* Debate: Ideas for Family Policy." Speech to the Institute for American Values, Family Policy Symposium. New York, 1993.

Gambetta, Diego. *The Sicilian Mafia: The Business of Private Protection*. Cambridge: Harvard University Press, 1993.

———. *Trust: Making and Breaking Cooperative Relations*. Oxford: Blackwell, 1988.

Gartner, Rosemary. "Family Stucture, Welfare Spending, and Child Homicide in Developed Democracies." *Journal of Marriage and the Family* 53 (1991): 231–240.

———. "The Victims of Homicide: A Temporal and Cross-National Comparison." *American Sociological Review* 55 (1990): 92–106.

Gartner, Rosemary, and Parker, Robert N. "Cross-National Evidence on Homicide and the Age Structure of the Population." *Social Forces* 69 (1990): 351–371.

Gazzaniga, Michael S. *Nature's Mind: The Biological Roots of Thinking, Emotions, Sexuality, Language, and Intelligence*. New York: Basic Books, 1992.

———. *The Social Brain: Discovering the Networks of the Mind*. New York: Basic Books, 1985.

———. "The Split Brain Revisited." *Scientific American* 279 (1998): 50–55.

Geertz, Clifford. *The Interpretation of Cultures*. New York: Basic Books, 1973.

Gelb, Joyce, and Palley, Marian Lief. *Women of Japan and Korea*. Philadelphia: Temple University Press, 1994.

Gellner, Ernest. *Conditions of Liberty: Civil Society and Its Rivals*. London: Hamish Hamilton, 1994.

Glendon, Mary Ann. *Rights Talk: The Impoverishment of Political Discourse*. New York: Free Press, 1991.

Glueck, Eleanor, and Glueck, Sheldon. *Unraveling Juvenile Delinquency*. New York: Commonwealth Fund, 1950.

Goldin, Claudia. "The Historical Evolution of Female Earnings Functions and Occupations." *Explorations in Economic History* 21 (1984): 1–27.

———. *Understanding the Gender Gap: An Economic History of American Women*. New York: Oxford University Press, 1990.

Goldsmith, Stephen. *The Twenty-first Century City: Resurrecting Urban America*. Lanham, Md.: Regnery Publishing, 1997.

Goode, William J. *World Changes in Divorce Patterns*. New Haven, Conn.: Yale University Press, 1993.

Government of Japan and Ministry of Justice. *Summary of the White Paper on Crime* (Tokyo, annual).

Grabher, Gernot. *The Embedded Firm: On the Socioeconomics of Industrial Networks*. London: Routledge, 1993.

Granovetter, Mark S. "The Strength of Weak Ties." *American Journal of Sociology* 78 (1973): 1360–1380.

Gray, John. *Enlightenment's Wake: Politics and Culture at the Close of the Modern Age*. London: Routledge, 1995.

Griswold, Charles L., Jr. *Adam Smith and the Virtues of Enlightenment*. Cambridge: Cambridge University Press, 1999.

Gurr, Ted Robert. "Contemporary Crime in Historical Perspective: A Comparative Study of London, Stockholm, and Sydney." *Annals of the American Academy of Political and Social Science* 434 (1977): 114–136.

Gurr, Ted Robert, et al. *The Politics of Crime and Conflict: A Comparative History of Four Cities*. Beverly Hills, Calif.: Sage, 1977.

Gutman, Herbert G. *The Black Family in Slavery and Freedom, 1750–1925.* New York: Vintage Books, 1977.

Hamilton, William D. "The Genetic Evolution of Social Behavior." *Journal of Theoretical Biology* 7 (1964): 7–52.

Hanifan, Lyda Judson. "The Rural School and Community Center." *Annals of the American Academy of Political and Social Science* 67 (1916): 130–138.

Hansmann, Henry B., and Quigley, John M. "Population Heterogeneity and the Sociogenesis of Homicide." *Social Forces* 61 (1982): 206–224.

Hardin, Garrett. "The Tragedy of the Commons." *Science* 162 (1968): 1243–1248.

Hardin, Russell. *Collective Action.* Baltimore: Johns Hopkins University Press, 1982.

Harrell, Stevan. *Human Families.* Boulder, Colo.: Westview, 1997.

Harrison, Lawrence E. *Underdevelopment Is a State of Mind: The Latin American Case.* New York: Madison Books, 1985.

Hayek, Friedrich A. *Fatal Conceit: The Errors of Socialism.* Chicago: University of Chicago Press, 1988.

———. *Law, Legislation and Liberty.* Chicago: University of Chicago Press, 1976.

———. "The Use of Knowledge in Society." *American Economic Review* 35 (1945): 519–530.

Heiner, Ronald A. "Origin of Predictable Behavior: Further Modeling and Applications." *American Economic Review* 75 (1985): 391–396.

———. "The Origin of Predictable Behavior." *American Economic Review* 73 (1983): 560–595.

Himmelfarb, Gertrude. *The De-Moralization of Society: From Victorian Virtues to Modern Values.* New York: Knopf, 1995.

Hirschi, Travis, and Gottfredson, Michael. *A General Theory of Crime.* Stanford, Calif.: Stanford University Press, 1990.

Hirschman, Albert O. "Rival Interpretations of Market Society: Civilizing, Destructive, or Feeble." *Journal of Economic Literature* 20 (1982): 1463–1484.

———. *The Passions and the Interests: Political Arguments for Capitalism Before Its Triumph.* Princeton, N.J.: Princeton University Press, 1977.

Hirshleifer, Jack. "Economics from a Biological Viewpoint." *Journal of Law and Economics* 20 (1977): 1–52.

———. "Natural Economy Versus Political Economy." *Journal of Social Biology* 1 (1978): 319–337.

Hodgson, Geoffrey M. "Institutional Economics: Surveying the 'Old' and the 'New.'" *Metroeconomica* 44 (1993): 1–28.

———, ed. *The Economics of Institutions.* Aldershot: Edward Elgar Publishing Co., 1993.

Hofstadter, Richard. *Anti-Intellectualism in American Life.* New York: Vintage Books, 1963.

Holland, John H. *Hidden Order: How Adaptation Builds Complexity.* Reading, Mass.: Addison-Wesley, 1995.

Homans, George C. *The Human Group.* New York: Harcourt, Brace, 1950.

Home Office. *Criminal Statistics: England and Wales.* London: Her Majesty's Stationery Office, various years.

Howe, D. W., ed. *Victorian America.* Philadelphia: University of Pennsylvania Press, 1976.

Huang, W. S. Wilson. "Are International Murder Data Valid and Reliable? Some Evidence to Support the Use of Interpol Data." *International Journal of Comparative and Applied Criminal Justice* 17 (1993): 77–89.

———. "Assessing Indicators of Crime Among International Crime Data Series." *Criminal Justice Policy Review* 3 (1989): 28–48.

Huberman, Bernardo A., and Hogg, T. "Communities of Practice: Performance and Evolution." *Computational and Methodological Organizational Theory* 1 (1995): 73–92.

Hunter, James Davison. *Culture Wars: The Struggle to Define America*. New York: Basic Books, 1991.

Huntington, Samuel P. *The Clash of Civilizations and the Remaking of World Order*. New York: Simon and Schuster, 1996.

———. *The Third Wave: Democratization in the Late Twentieth Century*. Oklahoma City: University of Oklahoma Press, 1991.

Inglehart, Ronald. *Modernization and Postmodernization: Cultural, Economic, and Political Change in 43 Societies*. Princeton, N.J.: Princeton University Press, 1997.

Inglehart, Ronald, and Abramson, Paul R. *Value Change in Global Perspective*. Ann Arbor: University of Michigan Press, 1995.

Jacobs, Jane. *The Death and Life of Great American Cities*. New York: Vintage Books, 1992.

Johnson, Paul E. *A Shopkeeper's Millennium: Society and Revivals in Rochester, New York, 1815–1837*. New York: Hill and Wang, 1979.

Johnston, Richard F., et al. *Annual Review of Ecology and Systematics*, vol. 5. Palo Alto, Calif.: Annual Reviews, 1964.

Jones, Elise F. *Teenage Pregnancy in Industrialized Countries*. New Haven, Conn.: Yale University Press, 1986.

Jones, Gavin W. "Modernization and Divorce: Contrasting Trends in Islamic Southeast Asia and the West." *Population and Development Review* 23 (1997): 95–114.

Jones, Owen D. "Evolutionary Analysis in Law: An Introduction and Application to Child Abuse." *North Carolina Law Review* 75 (1997): 1117–1241.

———. "Law and Biology: Toward an Integrated Model of Human Behavior." *Journal of Contemporary Legal Issues* 8 (1997): 167–208.

Judkins, Calvert J. *National Associations of the United States*. Washington, D.C.: U.S. Department of Commerce, 1949.

Kaminski, Marguerite, and Paiz, Judith. "Japanese Women in Management: Where Are They?" *Human Resource Management* 23 (1984): 277–292.

Kash, Don E., and Ryecroft, Robert W. *The Complexity Challenge: Technological Innovation for the 21st Century*. London: Pinter, 1999.

Katz, Harry. *Shifting Gears: Changing Labor Relations in the U.S. Automobile Industry*. Cambridge: MIT Press, 1985.

Katz, Lawrence F., and Murphy, Kevin. "Changes in Relative Wages, 1963–1987: Supply and Demand Factors." *Quarterly Journal of Economics* 107 (February 1992): 35–78.

Katz, Michael. *The Undeserving Poor: From the War on Poverty to the War on Welfare*. New York: Pantheon, 1989.

Keeley, Lawrence H. *War Before Civilization*. New York: Oxford University Press, 1996.

Kelling, George, and Coles, Catherine. *Fixing Broken Windows: Restoring Order and Reducing Crime in Our Communities*. New York: Free Press, 1996.

Kelly, Kevin. *Out of Control: The New Biology of Machines, Social Systems, and the Economic World*. Reading, Mass.: Addison-Wesley, 1994.

Kerjosse, Roselyn, and Tamby, Irene. *The Demographic Situation in 1994: The Movement of the Population*. Paris: National Institute of Statistics and Economic Studies, 1994.

Klein, Daniel B., ed. *Reputation: Studies in the Voluntary Elicitation of Good Conduct*. Ann Arbor: University of Michigan Press, 1996.

Krahn, Harvey, et al. "Income Inequality and Homicide Rates: Cross-National Data and Criminological Theories." *Criminology* 24 (1986): 269–295.

Krugman, Paul R. "The Power of Biobabble: Pseudo-Economics Meets Pseudo-Evolution." *Slate,* October 23, 1997.

Kuper, Adam. *The Chosen Primate: Human Nature and Cultural Diversity.* Cambridge: Harvard University Press, 1993.

Ladd, Everett C. *Silent Revolution: The Reinvention of Civic America.* New York: Free Press, 1999.

———. "The Data Just Don't Show Erosion of America's 'Social Capital.'" *Public Perspective* (1996): 4–22.

———. "The Myth of Moral Decline." *The Responsive Community* 4 (1993–94): 52–68.

Laslett, Peter, and Wall, Richard. *Family Forms in Historic Europe.* Cambridge: Cambridge University Press, 1983.

———. *Household and Family in Past Time.* Cambridge: Cambridge University Press, 1972.

Leavitt, Gregory C. "Relativism and Cross-Cultural Criminology: A Critical Analysis." *Journal of Research in Crime and Delinquency* 27 (1990): 5–29.

Lemann, Nicholas. *The Promised Land: The Great Black Migration and How It Changed America.* New York: Alfred A. Knopf, 1991.

Levi-Strauss, Claude. *The Elementary Structures of Kinship.* Boston: Beacon Press, 1969.

Light, Ivan H. *Ethnic Enterprise in America.* Berkeley: University of California Press, 1972.

Lipset, Seymour Martin. *American Exceptionalism: A Double-Edged Sword.* New York: W. W. Norton, 1995.

Locke, John L. *The De-voicing of Society: Why We Don't Talk to Each Other Anymore.* New York: Simon & Schuster, 1998.

Maine, Henry. *Ancient Law: Its Connection with the Early History of Society and Its Relation to Modern Ideas.* Boston: Beacon Press, 1963.

Malone, Thomas W. "The Interdisciplinary Study of Coordination." *ACM Computing Surveys* 26 (1994): 87–199.

Malone, Thomas W., et al. "Electronic Markets and Electronic Hierarchies." *Communications of the ACM* 30 (1987): 484–497.

Marshall, Inkeke Haen, and Marshall, Chris E. "Toward Refinement of Purpose in Comparative Criminological Research: Research Site Selection in Focus." *International Journal of Comparative and Applied Criminal Justice* 7 (1983): 89–97.

Martin, David. *A General Theory of Secularization.* New York: Harper & Row, 1978.

———. "Fundamentalism: An Observational and Definitional Tour d'Horizon." *Political Quarterly* 61 (1990): 129–131.

———. *Tongues of Fire: The Explosion of Protestantism in Latin America.* Oxford: Basil Blackwell, 1990.

Martin, Robert T., and Conger, Rand D. "A Comparison of Delinquency Trends: Japan and the United States." *Criminology* 18 (1980): 53–61.

Masters, Roger D. "The Biological Nature of the State." *World Politics* 35 (1983): 161–193.

Mayhew, Pat, and White, Philip. *The 1996 International Crime Victimization Survey.* London: Home Office Research and Statistics Directorate, 1997.

McLanahan, Sara S., and Sandefur, Gary D. *Growing Up with a Single Parent: What Hurts, What Helps.* Cambridge: Harvard University Press, 1994.

Mead, Margaret. *Coming of Age in Samoa; A Psychological Study of Primitive Youth for Western Civilisation.* New York: William Morrow, 1928.

———. *Male and Female.* New York: Dell, 1949.

Merton, Robert K. "Social Structure and 'Anomie.'" *American Sociological Review* 33 (1938): 672–682.

Messner, Steven F. "Income Inequality and Murder Rates: Some Cross-National Findings." *Comparative Social Research* 3 (1980): 185–198.

Messner, Steven F., and Rosenfeld, Richard. *Crime and the American Dream,* 2d ed. Belmont, Calif.: Wadsworth Publishing Co., 1997.

Miller, Gary J. *Managerial Dilemmas: The Political Economy of Hierarchy.* New York: Cambridge University Press, 1992.

Miller, John J. *The Unmaking of Americans: How Multiculturalism Has Undermined the Assimilation Ethic.* New York: Free Press, 1998.

Ministry of Families. Senior Citizens, and Women, and Youth. Federal Republic of Germany. *Die Familie im Spiegel der Amtlichen Statistik: Aktual unf Erweiterte Neuaufalge 1998.* Bonn, 1998.

Mitchell, B. R. *International Historical Statistics: Europe 1750–1988.* New York: Stockton Press, 1992.

Moffitt, Robert. "Incentive Effects of the US Welfare System: A Review." *Journal of Economic Literature* 30 (1992): 1–61.

———. "The Effect of the US Welfare System on Marital Status." *Journal of Public Economics* 41 (1990): 101–124.

Moynihan, Daniel P. *The Negro Family: A Case for National Action.* Washington, D.C.: U.S. Department of Labor, 1965.

Mukherjee, Satyanshu, and Dagger, Dianne. *The Size of the Crime Problem in Australia.* 2d ed. Canberra: Australian Institute of Criminology, 1990.

Mukherjee, Satyanshu, and Scandia, Anita. *Sourcebook of Australian Criminal and Social Statistics.* Canberra: Australian Institute of Criminology, 1989.

Murphy, Cait. "Europe's Underclass." *National Interest,* No. 50 (1997): 49–55.

Murray, Charles. *Losing Ground.* New York: Basic Books, 1984.

———. "Welfare and the Family: The US Experience." *Journal of Labor Economics* 11 (1993): S224–S262.

National Center for Health Statistics. "Births, Marriages, Divorces and Deaths for 1996." Washington, D.C.: Public Health Service, 1997.

———. *Vital Statistics of the United States, 1992.* Vol. 1: *Natility.* Washington, D.C.: Public Health Service, 1995.

National Commission on Civic Renewal. *A Nation of Spectators: How Civic Disengagement Weakens America and What We Can Do About It.* College Park, Md.: National Commission on Civic Renewal, 1998.

———. *The Index of National Civic Health.* College Park, Md.: National Commission on Civic Renewal, 1998.

National Commission to Prevent Child Abuse. *Public Opinion and Behaviors Regarding Child Abuse Prevention: A Ten Year Review of NCPCA's Public Opinion Research.* Chicago: NCPCA, 1997.

National Statistical Office and Republic of Korea. *Social Indicators in Korea 1995.* Seoul: National Statistical Office, 1995.

National Urban League. *The State of Black America 1996.* Washington, D.C.: National Urban League, 1997.

Nelson, Richard E., and Winter, Sidney G. *An Evolutionary Theory of Economic Change.* Cambridge: Belknap/Harvard University Press, 1982.

Neu, Dean. "Trust, Contracting and the Prospectus Process." *Accounting, Organizations and Society* 16 (1991): 243–256.

Neuman, W. Lawrence, and Berger, Ronald J. "Competing Perspectives on Cross-National Crime: An Evaluation of Theory and Evidence." *Sociological Quarterly* 29 (1988): 281–313.

Nevins, Allan, with Frank E. Hill. *Ford: The Times, the Man, the Company.* New York: Scribner's, 1954.

Nohria, Nitin, and Eccles, Robert. *Networks and Organizations: Structure, Form, and Action.* Boston: Harvard Business School Press, 1992.

Nolan, James L. *The Therapeutic State: Justifying Government at Century's End.* New York: NYU Press, 1998.

North, Douglass C. *Institutions, Institutional Change, and Economic Performance.* New York: Cambridge University Press, 1990.

North, Douglass C., and Thomas, Robert P. "An Economic Theory of the Growth of the Western World." *Economic History Review,* 2d ser. 28 (1970): 1–17.

———. *The Growth of the Western World.* London: Cambridge University Press, 1973.

Nye, Joseph S., Jr., ed. *Why People Don't Trust Government.* Cambridge: Harvard University Press, 1997.

O'Neill, June, and Polachek, Solomon. "Why the Gender Gap in Wages Narrowed in the 1980s." *Journal of Labor Economics* 11 (1993): 205–228.

Ogawa, Naohiro, and Retherford, Robert D. "The Resumption of Fertility Decline in Japan: 1973–92." *Population and Development Review* 19 (1993): 703–741.

Olson, Mancur. *The Logic of Collective Action. Public Goods and the Theory of Groups.* Cambridge: Harvard University Press, 1965.

———. *The Rise and Decline of Nations.* New Haven, Conn.: Yale University Press, 1982.

Opp, Karl-Dieter. "Emergence and Effects of Social Norms—Confrontation of Some Hypotheses of Sociology and Economics." *Kyklos* 32 (1979): 775–801.

Oppenheimer, Valerie K. "Women's Rising Employment and the Future of the Family in Industrial Societies." *Population and Development Review* 20 (1994): 293–342.

Organization for Economic Cooperation and Development. *Employment Outlook.* Paris, July 1996.

Ostrom, Elinor. *Governing the Commons: The Evolution of Institutions for Collective Action.* Cambridge: Cambridge University Press, 1990.

Ostrom, Elinor, and Walker, J. *Rules, Games and Common-Pool Resources.* Ann Arbor: University of Michigan Press, 1994.

Pew Research Center For the People and the Press. *Deconstructing Distrust: How Americans View Government.* Washington, D.C.: Pew Research Center, 1998.

———. *Trust and Citizen Engagement in Metropolitan Philadelphia: A Case Study.* Washington, D.C.: Pew Research Center, 1997.

Plotnick, Robert D. "Welfare and Out-of-Wedlock Childbearing: Evidence from the 1980s." *Journal of Marriage and the Family* 52 (1990): 735–746.

Popenoe, David. *Disturbing the Nest: Family Change and Decline in Modern Societies.* New York: Aldine de Gruyter, 1988.

———. *Life Without Father: Compelling New Evidence that Fatherhood and Marriage are Indispensable for the Good of Children and Society.* New York: Free Press, 1996.

Porter, Michael E. "Clusters and the New Economics of Competition." *Harvard Business Review* (November–December 1998): 77–90.

———. *On Competition.* Boston: Harvard Business Review Books, 1998.

Posner, Richard A., and Landes, Elisabeth M. "The Economics of the Baby Shortage." *Journal of Legal Studies* 323

Powell, Walter W. "Neither Market Nor Hierarchy: Network Forms of Organization." *Research in Organizational Behavior.* 12 (1990): 295–336.

Pugh, George E. *The Biological Origin of Human Values.* New York: Basic Books, 1977.

Putnam, Robert D. "Bowling Alone: America's Declining Social Capital." *Journal of Democracy* 6 (1995): 65–78.

———. *Making Democracy Work: Civic Traditions in Modern Italy.* Princeton, N.J.: Princeton University Press, 1993.

———. "Tuning In, Tuning Out: The Strange Disappearance of Social Capital in America." *PS: Political Science and Politics* (1995): 664–682.

Rabinowitz, Dorothy. "From the Mouths of Babes to a Jail Cell." *Harper's* (1990): 52–63.

Rahn, Wendy, and Brehm, John. "Individual-Level Evidence for the Causes and Consequences of Social Capital." *American Journal of Political Science* 41 (1997): 999–1023.

Rahn, Wendy, and Transue, John. "Social Trust and Value Change: The Decline of Social Capital in American Youth, 1976–1995." Unpublished paper, 1997.

Rankin, J., and Wells, J. E. "The Effect of Parental Attachments and Direct Controls on Delinquency." *Journal of Research in Crime and Delinquency* 27 (1990): 140–165.

Reardon, Elaine. "Demand-Side Changes and the Relative Economic Progress of Black Men: 1940–1990." *Journal of Human Resources* 32 (1997): 69–97.

Reimers, Cordelia W. "Cultural Differences in Labor Force Participation Among Married Women." *ABA Papers and Proceedings* 75, no. 2 (1985): 251–255.

Republic of China and Directorate-General of Budgeting, Accounting and Statistics. *Statistical Yearbook of the Republic of China 1992.* Taipei: Directorate General of Budgeting, Accounting and Statistics, 1992.

Rey, Marcella. "Pieces to the Association Puzzle." Paper presented to the annual meeting of the Association for Research on Nonprofit Organizations and Voluntary Action, November 1998.

Ricks, Thomas E., *Making the Corps.* New York: Scribner's, 1997.

Ridley, Matt, *The Origins of Virtue: Human Instincts and the Evolution of Cooperation.* New York: Viking, 1997.

———. *The Red Queen: Sex and the Evolution of Human Nature.* New York: Macmillan, 1993.

Rindfuss, Ronald R., and Morgan, S. Philip. "Marriage, Sex, and the First Birth Interval: The Quiet Revolution in Asia." *Population and Development Review* 9 (1983): 259–278.

Roe, Mark J. "Chaos and Evolution in Law and Economics." *Harvard Law Review* 109 (1996): 641–668.

Rohlen, Thomas P. "'Spiritual Education' in a Japanese Bank." *American Anthropologist* 75 (1973): 1542–1562.

Rorabaugh, William J. *The Alcoholic Republic.* New York: Oxford University Press, 1979.

Rosenfeld, Richard. "The Social Sources of Homicide in Different Types of Societies." *Sociological Forum* 6 (1991): 51–70.

Rosenzweig, Mark R., and Wolpin, Kenneth J. "Parental and Public Transfers to Young Women and Their Children." *American Economic Review* 84 (1994): 1195–1212.

Ross, Ruth A., and Benson, George C. S. "Criminal Justice from East to West." *Crime and Delinquency* (1979): 76–86.

Rossi, Alice. "A Biosocial Perspective on Parenting." *Daedalus* 106 (1977): 2–31.

————. "The Biosocial Role of Parenthood." *Human Nature* 72 (1978): 75–79.

Roussel, Louis. *La famille incertaine.* Paris: Editions Odile Jacob, 1989.

Salamon, Lester M. *America's Nonprofit Sector: A Primer.* New York: Foundation Center, 1992.

————. "Government and the Voluntary Sector in an Era of Retrenchment: The American Experience." *Journal of Public Policy* 6 (1986): 1–19.

————. *Partners in Public Service: Government-Nonprofit Relations in the Modern Welfare State.* Baltimore: Johns Hopkins University Press, 1995.

————. "The Rise of the Nonprofit Sector." *Foreign Affairs* 73 (1994): 109–122.

Salamon, Lester M., and Anheier, Helmut K. *The Emerging Sector: An Overview.* Baltimore: Johns Hopkins Institute for Policy Studies, 1994.

Sampson, Robert J. "Urban Black Violence: The Effect of Male Joblessness and Family Disruption." *American Journal of Sociology* 93 (1987): 348–382.

Sampson, Robert J., and Laub, John H. *Crime in the Making: Pathways and Turning Points Through Life.* Cambridge: Harvard University Press, 1993.

Sampson, Robert J., et al. "Neighborhoods and Violent Crime: A Multilevel Study of Collective Efficacy." *Science* 277 (1997): 918–924.

Sandel, Michael J. *Democracy's Discontent: America in Search of a Public Philosophy.* Cambridge: Harvard University Press, 1996.

Sardon, Jean-Paul. *General Natality.* Paris: National Institute of Demographic Studies, 1994.

Saxenian, Annalee. *Regional Advantage: Culture and Competition in Silicon Valley and Route 128.* Cambridge: Harvard University Press, 1994.

Schein, Edgar H. *Organizational Culture and Leadership.* San Francisco: Jossey-Bass, 1988.

Schudson, Michael. "What If Civic Life Didn't Die?" *American Prospect* (1996): 17–20.

Schumpeter, Joseph A. *Capitalism, Socialism and Democracy.* New York: Harper Brothers, 1950.

Scott, James C. *Seeing Like a State: How Certain Schemes to Improve the Human Conditions Have Failed.* New Haven: Yale University Press, 1998.

Sedlak, Andrea J., and Broadhurst, Diane D. "Third National Incidence Study of Child Abuse and Neglect." Washington, D.C.: U.S. Dept of Health and Human Services, 1996.

Seligman, Adam B. *The Problem of Trust.* Princeton, N.J.: Princeton University Press, 1997.

Seydlitz, Ruth. "Complexity in the Relationships among Direct and Indirect Parental Controls and Delinquency." *Youth and Society* 24 (1993): 243–275.

Shaw, Henry, and McKay, Clifford. *Juvenile Delinquency and Urban Areas.* Chicago: University of Chicago Press, 1942.

Sherman, P. W. "Nepotism and the Evolution of Alarm Calls." *Science* 197 (1977): 1246–1253.

Shoham, Shlomo G., and Rahav, Giora. "Family Parameters of Violent Prisoners." *Journal of Social Psychology* 127 (1987): 83–91.

Skogan, Wesley G. *Disorder and Decline: Crime and the Spiral of Decay in American Neighborhoods.* New York: Free Press, 1990.

Smith, Adam. *An Inquiry into the Nature and Causes of the Wealth of Nations.* Indianapolis: Liberty Classics, 1981.

————. *Lectures on Jurisprudence.* Indianapolis: Liberty Press, 1982.

————. *The Theory of Moral Sentiments.* Indianapolis: Liberty Classics, 1982.

Smith, Tom W. "Factors Relating to Misanthropy in Contemporary American Society." *Social Science Research* 26 (1997): 170–196.

Stack, Carol. *All Our Kin: Strategies for Survival in a Black Community.* New York: Harper and Row, 1974.

Stack, Steven. "Social Structure and Swedish Crime Rates: A Time-Series Analysis, 1950–1979." *Criminology* 20 (1982): 499–513.

Stack, Steven, and Kowalski, Gregory S. "The Effect of Divorce on Homicide." *Journal of Divorce and Remarriage* 18 (1992): 215–218.

Statistics Canada. *Canadian Crime Statistics 1995.* Ottawa, Onatario: Canadian Centre for Justice Statistics, 1995.

Statistics Denmark. *Kriminalstatistik (Criminal Statistics).* Copenhagen, 1996.

Statistics Finland. *Crime Nomenclature.* Helsinki: Statistics Finland, 1996.

Statistics Finland. *Yearbook of Justice Statistics 1996.* Helsinki: Statistics Finland, 1997.

Statistics Norway and Statistik Sentralbyra. *Crime Statistics 1995.* Oslo-Kongsvinger: Statistics Norway, 1997.

Statistics Norway. *Historic Statistics 1994.* Oslo: Statistics Norway, 1995.

Statistics Sweden and Statistika Centralbyran. *Kriminalstatistik 1994.* Stockholm: Statistics Sweden, 1994.

Statistics Sweden. *Population Statistics 1996. Part 4, Vital Statistics.* Stockholm: Statistics Sweden, 1997.

Stets, Jan E. "Cohabiting and Marital Aggression: The Role of Social Isolation." *Journal of Marriage and the Family* 53 (1991): 669–680.

Strauss, Leo. *Natural Right and History.* Chicago: University of Chicago Press, 1953.

Sugden, Andrew. "Spontaneous Order." *Journal of Economic Perspectives* 3 (1989): 85–97.

———. *The Economics of Rights, Cooperation and Welfare.* Oxford: Basil Blackwell, 1986.

Sutherland, Edwin, and Cressy, Donald. *Criminology.* Philadelphia: J. B. Lippincott, 1970.

Tannenbaum, Frank. *Crime and the Community.* New York: Columbia University Press, 1938.

Taub, David M. *Primate Paternalism.* New York: Van Nostrand Reinhold, 1984.

Teitelbaum, Michael S., and Winter, Jay M. *The Fear of Population Decline.* Orlando, Fla.: Academic Press, 1985.

Thornton, Arland, and Fricke, Thomas E. "Social Change and the Family: Comparative Perspectives from the West, China, and South Asia." *Sociological Forum* 2 (1987): 746–779.

Tiger, Lionel. *The Decline of Males.* New York: Golden Books, 1999.

———. *Men in Groups.* New York: Random House, 1969.

Tiger, Lionel, and Fowler, Heather T. *Female Hierarchies.* Chicago: Beresford Book Service, 1978.

Tiger, Lionel, and Fox, Robin. *The Imperial Animal.* New York: Holt, Rinehart, and Winston, 1971.

Tittle, Charles R. "Social Class and Criminal Behavior: A Critique of the Theoretical Foundation." *Social Forces* 62 (1983): 334–358.

Toffler, Alvin. *The Third Wave.* New York: William Morrow, 1980.

Tomasson, Richard F. "Modern Sweden: The Declining Importance of Marriage." *Scandinavian Review* (1998): 83–89.

Tönnies, Ferdinand. *Community and Association.* London: Routledge and Kegan Paul, 1955.

Tonry, Michael, and Morris, Norval. *Crime and Justice.* Vol. 7 Chicago: University of Chicago Press, 1986.

Trivers, Robert. *Social Evolution.* Menlo Park, Calif.: Benjamin/Cummings, 1985.

———. "The Evolution of Reciprocal Altruism." *Quarterly Review of Biology* 46 (1971): 35–56.

Trojanowicz, Robert et al. *Community Policing: A Contemporary Perspective.* Cincinnati, Ohio: Anderson Publishing Company, 1998.

U.S. Bureau of the Census. *International Database, Population.* Washington, D.C.: International Programs Center, 1998.

———. *Statistical Abstract of the United States, 1996.* Washington, D.C.: U.S. Government Printing Office, 1996.

———. *Statistical Abstract of the United States, 1997.* Washington, D.C.: U.S. Government Printing Office, 1997.

U.S. Department of Health and Human Services. *Report to Congress on Out-of-Wedlock Childbearing.* Hyatsville, Md.: U.S. Government Printing Office, 1995.

———. *Vital Statistics of the United States.* Vol. 1: *Natality.* Hyattsville, Md.: National Center for Health Statistics, 1996.

U.S. Department of Justice. *Criminal Victimization, 1973–95.* Washington, D.C.: BJS National Crime Victimization Survey, 1997.

United Nations. *Demographic Yearbook, 1995.* New York: United Nations Publications, 1995.

———. *World Population Prospects: The 1996 Revision-Annex 1—Demographic Indicators.* New York: United Nations Publications, 1996.

United Nations Department for Economic and Social Information and Policy Analysis. *Demographic Yearbook, 1990.* New York: United Nations Publications, 1990.

Van Dijk, Jan J. M., et al. *Experiences of Crime across the World.* Deventer, Netherland: Kluwer Law and Taxation Publishers, 1991.

Ventura, S. J., "Births to Unmarried Mothers: United States, 1980–1992." Hyattsville, Md.: National Center for Health Statistics, 1995.

Ventura, S. J., Martin, J. A., Mathews, T. J., and Clarke, S. C. "Advance Report of Final Natility Statistics, 1994." *National Center for Health Statistics,* 1996.

———. *Report of Final Natility Statistics, 1996.* Hyattsville, Md.: National Center for Health Statistics, 1998.

Viccica, Antoinette D. "World Crime Trends." *International Journal of Offender Therapy* 24 (1980): 270–277.

von Mises, Ludwig. *Socialism. An Economic and Sociological Analysis.* Indianapolis: Liberty Classics, 1981.

von Neumann, John, and Morgenstern, Oskar. *Theory of Games and Economic Behavior.* New York: John Wiley, 1944.

Waldrop, M. Mitchell. *Complexity: The Emerging Science at the Edge of Order and Chaos.* New York: Simon & Schuster, 1992.

Wallace, P. A., and LeMund, A. *Women, Minorities, and Employment Discrimination.* Lexington, Mass.: Lexington Books, 1977.

Warner, W. Lloyd, et al. *Yankee City.* New Haven, Conn.: Yale University Press, 1963.

Weber, Max. *Economy and Society.* Berkeley: University of California Press, 1978.

———. *The Protestant Ethic and the Spirit of Capitalism.* London: Allen and Unwin, 1930.

———. *The Religion of China.* New York: Free Press, 1951.

Wells, J. E., and Rankin, J. H. "Direct Parental Controls and Delinquency." *Criminology* 26 (1988): 263–285.

Whelan, Robert. *Broken Homes and Battered Children: A Study of the Relationship Between Child Abuse and Family Type.* Oxford: Family Education Trust, 1994.

Whitehead, Barbara Dafoe. "Dan Quayle Was Right." *Atlantic Monthly* 271 (1993): 47–84.

Williams, George C. *Adaptation and Natural Selection: A Critique of Some Current Evolutionary Thought.* Princeton, N.J.: Princeton University Press, 1974.

Williamson, Oliver E. "Calculativeness, Trust, and Economic Organization." *Journal of Law and Economics* 36 (1993): 453–502.

———. *The Nature of the Firm: Origins, Evolution and Development.* Oxford: Oxford University Press, 1993.

Wilson, Edward O. *On Human Nature.* Cambridge: Harvard University Press, 1978.

———. "Resuming the Enlightenment Quest." *Wilson Quarterly* 22 (1998): 16–27.

Wilson, James Q. *Bureaucracy: What Government Agencies Do and Why They Do It.* New York: Basic Books, 1989.

———. "Criminal Justice in England and America." *Public Interest* (1997): 3–14.

———. *The Moral Sense.* New York: Free Press, 1993.

———. *Thinking About Crime.* Rev. ed. New York: Vintage Books, 1983.

Wilson, James Q., and Abrahamse, Allan. "Does Crime Pay?" *Justice Quarterly* 9 (1993): 359–378.

Wilson, James Q., and Herrnstein, Richard. *Crime and Human Nature.* New York: Simon & Schuster, 1985.

Wilson, James Q., and Kelling, G. "Broken Windows: The Police and Neighborhood Safety." *Atlantic Monthly* 249 (1982): 29–38.

Wilson, James Q. and Petersilia, Joan, eds. *Crime.* San Francisco: ICS Press, 1995.

Wilson, William Julius. *The Truly Disadvantaged: The Inner City, the Underclass, and Public Policy.* Chicago: University of Chicago Press, 1988.

———. *When Work Disappears: The World of the New Urban Poor.* New York: Knopf, 1996.

Wolfe, Alan. *One Nation, After All: What Middle-Class Americans Really Think About God, Country, Family, Racism, Welfare, Immigration, Homosexuality, Work, The Right, The Left, and Each Other.* New York: Viking, 1998.

———. *Whose Keeper? Social Science and Moral Obligation.* Berkeley: University of California Press, 1989.

Womack, James P., et al. *The Machine That Changed the World: The Story of Lean Production.* New York: Harper Perennial, 1991.

Wrangham, Richard, and Peterson, Dale. *Demonic Males: Apes and the Origins of Human Violence.* Boston: Houghton Mifflin, 1996.

Wrigley, E. A.. *Nineteenth-Century Society: Essays in the Use of Quantitative Methods for the Study of Social Data.* Cambridge: Cambridge University Press, 1972.

Wrong, Dennis. "The Oversocialized Conception of Man in Modern Sociology." *American Sociological Review* 26 (1961): 183–196.

Wynne-Edwards, Vero C. *Animal Dispersion in Relation to Social Behaviour.* New York: Hafner Publishing, 1967.

———. *Evolution Through Group Selection.* Oxford: Blackwell Scientific, 1986.

Yeager, Matthew G. "Immigrants and Criminality: A Cross-National Review." *Criminal Justice Abstracts* 29 (1997): 143–171.

Zakaria, Fareed. "A Conversation with Lee Kuan Yew." *Foreign Affairs* 73 (1994): 109–127.

Zuboff, Shoshana. *In the Age of the Smart Machine: The Future of Work and Power.* New York: Basic Books, 1984.

索 引